岭南建筑丛书　第二辑

岭南近代建筑文化与美学

唐孝祥　著

中国建筑工业出版社

图书在版编目(CIP)数据

岭南近代建筑文化与美学/唐孝祥著. —北京：中国建筑工业出版社，2010.12
(岭南建筑丛书　第二辑)
ISBN 978-7-112-12702-3

Ⅰ.①岭… Ⅱ.①唐… Ⅲ.①建筑艺术-广东省-近代②建筑美学-广东省-近代　Ⅳ.①TU-80

中国版本图书馆CIP数据核字(2010)第229867号

责任编辑：唐　旭
责任设计：董建平
责任校对：王金珠　姜小莲

岭南建筑丛书　第二辑
岭南近代建筑文化与美学
唐孝祥　著

*

中国建筑工业出版社出版、发行(北京西郊百万庄)
各地新华书店、建筑书店经销
北京嘉泰利德公司制版
廊坊市海涛印刷有限公司印刷

*

开本：787×1092毫米　1/16　印张：12$\frac{1}{4}$　字数：305千字
2010年12月第一版　2016年7月第二次印刷
定价：39.00元
ISBN 978-7-112-12702-3
　　　(19934)

版权所有　翻印必究
如有印装质量问题，可寄本社退换
(邮政编码100037)

总 序

"岭南建筑丛书"第一辑已于2005年出版，至今已有五年了。

随着我国国民经济持续不断的发展，广东和其他地区一样，克服各种困难，推动科学发展，促进社会和谐，在"建设文化强省"的号召、鼓舞下，岭南建筑创作正逐步走上新台阶。

五年来，岭南建筑创作的发展，有喜有忧，喜的是在建筑创作上百花齐放，作品众多，如广州亚运会的场馆、亚运村环境景观等，岭南地区城市面貌发生了巨大的变化，忧的是真正能够反映岭南特征和风貌的建筑创作及环境还是不够突出。

什么是岭南建筑的特征与风貌？很难全面下一个定义，或者给出一个标准。概括来说，创作作品中，建筑功能结构要求做到务实、经济，适应本地气候地理，节能节地节材，室内与室外结合，环境典雅、舒适宜人，以人为本并富有朝气，如果能达到这些要求或者部分满足，就可以有岭南建筑的韵味了。

优秀的建筑是时代的产物，是一个国家、一个民族、一个地区在该时代社会经济和文化的反映。建筑创作表现有国家、民族的特色，这是国家、民族尊严和独立的象征和表现，也是一个国家、民族在经济和文化上成熟和富强的标帜。

现代世界建筑发展，崇尚现代化、高科技。但是，在建筑创作方面，要不要有国家、民族特色还是国际化，长期来存在较大争论，此外，也有不少学者主张多元化。

国家由民族和地区组成，民族和地区建筑的特征明显，国家建筑的特征也就明显。岭南在我国南方地区，气候地理特殊，建筑风貌表现和其他地区不一样，很有特色。总结、传承和发扬岭南地区传统和近现代建筑创作特色和经验，有助于今天的新建筑创作，也更有利于创造我国现代化的新建筑特色。

岭南建筑创作人员的工作风格是宁愿实践操作、苦干实干，而不喜撰文总结、写作，这也是创作中提高不明显的原因之一。要想在创作上进一步获得提高，理论总结和探讨是有效的方法之一。

我们组织编写这套丛书的意图，就是希望在岭南建筑创作上进行总结探索，包含创作理念、创作方法、各种工艺手法、新技术、新材料等，从实践总结提高到理论，有系统、有条理、有理念的进行介绍交流，共同提高。

岭南建筑创作当前最需要的是总结提高，加强理论。我们欢迎广大岭南建筑创作实践的教学，科研和设计人员踊跃参加这个编写队伍，为弘扬传承岭南建筑文化、加速岭南建筑创作贡献自己的力量。

于华南理工大学建筑学院

2010年10月

前　言

　　建筑美学是建筑学和美学相交而生的新兴学科。美学的学科边缘性和建筑美学的边缘交叉性质，决定了岭南近代建筑文化与美学研究在对象上的复杂性，在目标上的多样性和在方法上的综合性。

　　岭南近代建筑文化与美学是在古今中西之争的文化背景下发生发展的。近代岭南文化精神贯注于近代岭南建筑之中，并孕育了岭南近代建筑的"文化地域性格"，表现出了高度的自然适应性、社会适应性和人文适应性。本书运用理论层面的交叉综合研究和实践层面的实证调查研究相结合的方法，论述了岭南近代文化精神的价值系统、民众心理、思维方式和审美理想，又分析了中国近代美学的时代特征、思想特征、理论特征和目标特征，为揭示岭南近代建筑文化的总体特征而展示了审美文化背景的核心内容，也正是这种审美文化背景，铸塑了近代岭南建筑的文化地域性格，即鲜明而独特的地域技术特征、文化时代精神和人文艺术品格。

　　通过分析国内外建筑美学研究现状，我们可以发现，建筑美学研究的创新有赖于全面又深刻地反思建筑美学的学科地位、哲学基础和研究方法。具体地说，必须打破相袭已久的认识论的哲学框架，回复于生存论的哲学基础，同时，积极借鉴和吸收价值哲学、模糊美学等前沿学科研究的新成果，优化研究方法，构建建筑美学理论体系。

　　关于近代岭南建筑的文化地域性格的探讨是以建筑美学理论为指导的。建筑美学研究的逻辑起点是人对建筑的审美活动。建筑美是作为客体的建筑的审美属性与主体对建筑的审美需要契合而生的一种价值。建筑美的生成机制包括三个要点：离不开建筑的审美属性，取决于人的审美需要，立足于建筑审美活动。由此可见，建筑美不等于美的建筑，前者是一种价值表现，后者是一种价值评价。建筑审美活动本质上是一种情感价值活动，具有非功利性、主体性、审美快感的综合性这三大特征。从历时性特征看，建筑审美活动的心理过程包括建筑审美态度的形成、建筑审美感受的获得、建筑审美体验的展开和建筑审美超越的实现四个阶段，其中，建筑审美感知和建筑审美体验是建筑审美活动的主要阶段。在审美过程中，发挥作用的心理因素既有感知、想象、情感和理解等认识系列要素，又有欲望、兴趣、情感和意志等价值系列要素。

　　建筑审美的内在规律不仅确证了建筑审美的文化机制，而且涵盖了艺术审美的共通性。建筑审美的文化机制反映了建筑审美的冲突、分化、整合和适应，揭示了建筑审美标准既是客观的，又是发展变化的，是共同性和差异性的统一,绝对性和相对性的统一。建筑艺术与其他门类艺术具有广泛的审美共通性。建筑艺术具有书法之"势"、音乐之"韵"、绘画之"境"、诗词之"意"……这种广泛的共通性不仅丰富了建筑艺术的美学内涵和审美属性,而且为不同审美主体在建筑审美活动中感发审美情思、驰骋审美想象提供了多样化的条件和契机。

近代岭南建筑的文化地域性格反映出了开放和创新的精神品格,但是,这种开放是被迫的开放,这种创新是综合的创新,都有其自身特定的时代意蕴。近代岭南建筑文化面对具有先进性兼侵略性的西方建筑文化,进行了"双重回应",实现了文化转型。其文化转型的实现是历经自我调适、理性选择和融汇创新三个逻辑阶段而完成的,其中的自我调适阶段是最为艰难的,因为它是在经历了军事惨败、经济压迫和文化侵略之后被迫进行的。然而,一旦调适过来,则实现了建筑文化心理由封闭到开放、由拒抗到接触、由孤傲自大到理性反省的转变。近代岭南建筑文化的理性抉择是矛盾和复杂的,其类型之丰富和风格之多样就是这种矛盾性和复杂性的具体表征和生动诠释。近代岭南建筑文化的综合创新主要发生在20世纪20年代末期以后,其成就和贡献以粤中五邑地区、粤北兴梅地区和粤东潮汕地区三地侨乡建筑最为突出。

五邑、兴梅、潮汕三大侨乡的建筑类型及其变化发展反映了近代岭南建筑的高度适应性(自然适应性、社会适应性和人文适应性),也表明了岭南近代建筑的发展是不平衡的。岭南近代建筑的发展历史表明,建筑的自然适应性是近代岭南建筑发展的基础和前提,建筑的社会适应性是近代岭南建筑发展的动力,建筑的人文适应性是近代岭南建筑发展的目标和指归。以开放融合性来比较,五邑侨乡建筑表现得最为成熟,也最有成就,开始了实质性的融汇创新,兴梅侨乡建筑尚处于试探性的借鉴阶段,而潮汕侨乡建筑面对审美文化冲突时在城镇和乡村出现了复杂的、不平衡的表现。这从一个侧面体现了岭南近代时期建筑—经济—社会之间的互动关系。

文化地域性格浓缩了岭南近代建筑的审美属性。对应于建筑审美的心理过程,岭南近代建筑的审美属性表现为中西合璧的建筑造型风格、礼乐相济和自然真趣的建筑意境追求及天人合一的建筑环境理想。从文化地域性格看,五邑侨乡建筑具有鲜明的地域性、强烈的时代性和独特的文化性,它在经历了自我调适和理性选择之后完全进入了实质性的融汇创新,表现得最为成熟,最为典型,也最有成就。兴梅侨乡建筑的美学特征则在于建筑的高度适应性和对建筑环境意象的讲究,尚未发展到实质性的中西融合,而是试探性地借鉴外国建筑符号、技术和手法,主要表现为中式平面和洋式立面相结合的风格特征,其布局方式和居住模式透射出了对传统儒家文化的认同和持守。潮汕侨乡建筑的美学特征最突出地表现在了精雕细刻的装饰装修之上。近代潮汕建筑的装饰装修反映了时人的殷实经济和炫富心理,表征了时人经世致用的商业意识,说明了风水观念和五行学说的深广影响。其实,这与长期从事机遇与风险并存的商贸活动的潮汕人的文化心理直接相关。

在岭南近代建筑中,开平风采堂、汕头陈慈黉故居、梅州联芳楼、广州陈家祠、东莞可园……可谓典范之作。它们都以其丰富的审美属性作用于人们的审美感官,体现了岭南近代建筑的审美文化特征。

岭南近代建筑技术个性鲜明,人文品格独特,其中有不少建筑精品,它们体现了地域性、时代性和文化性的高度统一,是值得我们永远珍视的审美文化财富。令人欣慰的是,近年来,人们开始关注和研究近代岭南建筑的技术个性,如居住模式、装饰手法。但是,对于岭南近代建筑那种会通中西的创新精神、整体和合的系统思维以及开放融通的文化心理等人文品格没有给予应有的重视并使之发扬光大,这不能不说是令人遗憾的。

近代以来,岭南文化实现了从"得风气之先"到"开风气之先"的良性循环,岭南建筑更是首屈一指,表现充分。时至当代,岭南建筑的发展成就辉煌,名师辈出,几度引领风骚,在创作实践上汇成了令人赞许的"岭南现象",助推了学界关于岭南建筑学派的经验总结、特色分析和思想研究。

目 录

总　序
前　言
第一章　绪论 …………………………………………………………………… 1
　第一节　建筑美学研究现状述评 ……………………………………………… 3
　　一、国内建筑美学研究述评 ………………………………………………… 3
　　二、国外建筑美学研究述评 ………………………………………………… 7
　第二节　岭南近代建筑审美文化研究的对象、方法和意义 ………………… 10
　　一、岭南地区与岭南建筑 …………………………………………………… 10
　　二、研究对象和内容范围 …………………………………………………… 13
　　三、基本方法和研究意义 …………………………………………………… 15

第二章　岭南近代建筑的审美文化背景 …………………………………… 20
　第一节　岭南近代文化的基本精神 …………………………………………… 21
　　一、经世致用、开拓创新的价值取向 ……………………………………… 22
　　二、开放融通、择善而从的社会心理 ……………………………………… 23
　　三、经验直观、发散整合的思维方式 ……………………………………… 24
　　四、清新活泼、崇尚自然的审美理想 ……………………………………… 25
　第二节　中国近代美学的四大特征 …………………………………………… 26
　　一、时代特征：反对封建传统的感性启蒙 ………………………………… 26
　　二、思想特征：会通中西美学的综合创新 ………………………………… 28
　　三、理论特征：探索意境理论的自觉努力 ………………………………… 29
　　四、目标特征：近代审美理想的伟大变革 ………………………………… 31
　第三节　岭南近代建筑文化的总体特征 ……………………………………… 32
　　一、对中国古代建筑文化的传承和创新 …………………………………… 32
　　二、对西方建筑文化的吸纳与整合 ………………………………………… 34
　　三、岭南近代建筑文化的理性自觉 ………………………………………… 36
　　四、岭南近代建筑文化的转型 ……………………………………………… 38

第三章　建筑美的生成机制 ………………………………………………… 43
　第一节　关于美学研究的几个根本性问题的反思 …………………………… 45
　　一、关于美学研究的哲学基础的反思 ……………………………………… 45

二、关于美学学科定位的反思 …………………………………… 47
　　三、价值哲学研究和模糊美学研究的新成果及其借鉴意义 …… 48
　　四、建筑美的辩证本性 …………………………………………… 51
　第二节　建筑的审美属性 …………………………………………… 53
　　一、建筑的自然适应性 …………………………………………… 53
　　二、建筑的社会适应性 …………………………………………… 59
　　三、建筑的人文适应性 …………………………………………… 63
　第三节　建筑审美主体 ……………………………………………… 66
　　一、建筑审美主体的心理要素 …………………………………… 67
　　二、建筑审美主体的心理结构 …………………………………… 69
　　三、建筑审美主体的情感作用 …………………………………… 70
　第四节　建筑审美活动及其心理过程 ……………………………… 75
　　一、建筑审美活动的本质和特征 ………………………………… 76
　　二、建筑审美活动的心理过程 …………………………………… 79

第四章　建筑美与建筑审美 ……………………………………………… 85
　第一节　建筑美的表现形态 ………………………………………… 86
　　一、造型美 ………………………………………………………… 86
　　二、意境美 ………………………………………………………… 94
　　三、环境美 ………………………………………………………… 99
　第二节　建筑审美的文化机制 ……………………………………… 103
　　一、建筑审美的冲突 ……………………………………………… 104
　　二、建筑审美的分化 ……………………………………………… 106
　　三、建筑审美的整合 ……………………………………………… 108
　　四、建筑审美的适应 ……………………………………………… 109
　第三节　建筑审美与艺术的共通性 ………………………………… 111
　　一、势：建筑与书法艺术的审美共通性 ………………………… 112
　　二、韵：建筑与音乐艺术的审美共通性 ………………………… 114
　　三、境：建筑与绘画艺术的审美共通性 ………………………… 116
　　四、意：建筑与诗词艺术的共通性 ……………………………… 117

第五章　岭南近代建筑的类型发展与美学特征 ………………………… 120
　第一节　岭南近代建筑的主要类型与发展动因 …………………… 122
　　一、岭南近代行政办公建筑及其发展动因 ……………………… 122
　　二、岭南近代商业建筑及其发展动因 …………………………… 125
　　三、岭南近代民间建筑及其发展动因 …………………………… 128
　　四、岭南近代宗教与文化建筑及其发展动因 …………………… 131

五、岭南近代庭园建筑及其发展动因 …………………………………… 134
　第二节　岭南近代侨乡建筑及其审美文化特征 ……………………………… 137
　　一、近代五邑侨乡建筑及其审美文化特征 …………………………… 138
　　二、近代兴梅侨乡建筑及其审美文化特征 …………………………… 145
　　三、近代潮汕侨乡建筑及其审美文化特征 …………………………… 150
　第三节　岭南近代建筑的审美属性及典例分析 ……………………………… 158
　　一、中西合璧：岭南近代建筑的造型美（以开平风采堂、
　　　　汕头陈慈黉故居、梅州联芳楼为例）………………………………… 158
　　二、礼乐相济和自然真趣：岭南近代建筑的意境美
　　　　（以广州陈家祠、东莞可园为例）……………………………………… 164
　　三、天人合一：岭南近代建筑的环境美（以梅州棣华居、
　　　　广州市府合署为例）…………………………………………………… 168

第六章　岭南近代建筑的审美文化启示 …………………………………… 172
　第一节　总结岭南建筑的技术个性 …………………………………………… 172
　第二节　传承岭南建筑的人文品格 …………………………………………… 174
　第三节　加强岭南建筑学派研究 ……………………………………………… 176

主要参考文献 …………………………………………………………………… 179
后记 ……………………………………………………………………………… 184

第一章 绪论

本章提要

本章概述了国内外建筑美学研究的现状和主要成就，同时也分析了国内关于建筑美学研究的学术缺憾，认为我国的建筑美学研究尚处于起步和初创阶段。主要表现在：一是对建筑艺术本质的认识不足。由于在对建筑艺术本质的认识上的偏颇，不少论者在论析建筑美时，要么撇开建筑的艺术性而专注于建筑的技术和形式表现，要么无视建筑的技术个性而单论建筑的艺术共通性。二是建筑美学研究的哲学基础的错位。局限于相袭已久的认识论的哲学框架，热衷于追问美的本质，美的客观性和绝对性，审美的共同性和普遍标准。建筑美学研究的创新有赖于回复到生存论的本体论哲学基础。审美（包括建筑审美在内）作为人生存的一种表现方式，其秘密也只能从生存论的本体论角度加以破解。三是建筑美学研究方法的缺陷。或套用文艺美学研究模式，或套用哲学美学研究模式，亦或套用建筑学研究方式，难以展现建筑美学那独特而全面的交叉综合的学术品格。

在西方，后现代主义建筑思潮对现代主义建筑美学进行了极力反叛和根本否弃，带来了建筑美学观的变化，标志着当代西方建筑美学的开始。这种变化表现在：一是对长期以来传统的和谐美学观的反叛和超越，揭橥建筑的复杂性和矛盾性，关注建筑的丰富的多义性内涵。二是研究范式的变化，改变了以往注重于探讨建筑与其他艺术的共性的研究范式，努力找寻建筑艺术的差异性和个性特征。它预示了西方建筑美学的研究方法的更新和哲学基础的调整，透射出了建筑美学研究的人类生存本体论哲学基础的方法论取向。三是研究视野的拓展。后现代主义标举"文脉主义"、"引喻主义"和"装饰主义"，开始综合建筑的时代性、地域性和文化性进行建筑审美欣赏和评价。四是接触到了建筑美感的模糊性、复杂性和不确定性问题，从而与以往那种追求建筑美感的明晰性和确定性形成强烈反差和鲜明对比。然而，后现代主义建筑思潮声名鹊起之时，正是解构主义建筑美学粉墨登场之时，与解构主义建筑对后现代主义建筑的否弃相伴，新现代主义美学和高技派美学又从现代主义美学中发掘出了新的价值和意义。这种否弃、超越、回归与重构的过程及其特征，勾勒了当代西方建筑美学的发展演变图景，它既显示出了当代西方美学的批判精神和超越精神，又反映了当代西方建筑美学在开掘建筑审美意义上的巨大贡献和努力，给我们今天的建筑美学理论研究提供了启迪和借鉴。

本章提出了"文化地域性格"的概念来界定岭南建筑，以表示对目前关于岭南建筑"地域论"、"风格论"和"过程论"的理性鉴别和学术借鉴，并为下文关于近代岭南建筑的审美属性和美学特征的论述建立了理论基点和逻辑始点。本章阐明了近代岭南建筑美学研究的内容框架和研究目标，即以岭南文化为面，以美学理论为线，以近代岭南典型建筑为点，进行点—线—面相结合的动态的综合研究，确定珠江三角洲、韩江三角洲为重点研究区域，广州近代建筑和近代侨乡建筑为重点研究对象，其中心目标在于阐释近代岭南建筑的美学特征、技术个性、人文品格、文化精神，论述建筑美的表现形态及其层次结构，分析建筑审美的影响因素以及建筑审美标准的辩证法，并揭示其对于现代建筑理论与实践的可资借鉴的美学意义和价值。依据关于本课题研究对象和目标的分析，提出近代岭南建筑美学研究的方法为跨学科的多元综合研究法。

最后，从四个方面论述了近代岭南建筑文化与美学研究的学术价值和现实意义。其一，从文化层面上讲，以广州为中心的岭南地区在中外文化交流史上，特别是近代以来，往往是"得风气之先"而又"开风气之先"，对中国其他地区有着强大的辐射力。加强近代岭南建筑的审美文化研究，既可总结岭南建筑美的时代性和地域性，又有助于理解和把握中国近代建筑美学的一般规律。其二，就学理层面而言，中国近代社会乃思想大变动、文化大冲撞的社会转型时期，由西学东渐引发的别开生面的"古今中西之争"正是岭南近代建筑美学发生、发展的广阔的文化背景。这种文化背景决定了近代岭南建筑美学不仅对西方建筑思潮和美学广泛地引进和选择性地吸收，而且对中国传统建筑文化和美学积极地扬弃和批判地继承，因此，加强这种社会转型时期的岭南建筑审美文化的研究，一方面有利于丰富和推动中国近代美学的研究——近十年来美学界大声疾呼亟待加强的学术研究领域，另一方面亦有利于深化和促进中国近代建筑的研究——建筑历史与理论界普遍认同的方兴未艾的学术热点，以期在总结经验、吸取教训的基础之上构建现当代中国建筑美学理论体系。其三，近代时期是岭南建筑史上特殊重要的时期，它肩负着综合创新的历史使命，是岭南建筑走向"自觉"的历史时期。因此，加强近代岭南建筑文化与美学的研究不仅有助于中国近代建筑思想的整理，而且更有助于岭南建筑理论体系的整理和建树，有益于纠正岭南乃至全国建筑界长期存在的那种"建筑创作无需理论指导"的错误倾向和学术偏见，从而为更好地发扬岭南建筑特色、繁荣当今岭南建筑创作提供历史借鉴和理论参考。此外，侨乡建筑和侨资建筑是中国近代建筑中十分重要的内容，更是近代岭南建筑的主要内容。因此，加强近代岭南建筑美学研究，一方面可以丰富和推动中国近代建筑的重要领域——侨乡建筑和侨资建筑的研究，开辟新的研究领域，另一方面，通过对中国最大侨乡的近代典型建筑的研究分析，阐释近代岭南乃至近代中国的建筑—经济—社会的互动关系和发展规律，进一步拓展建筑及其文化研究的学术视野。

第一节　建筑美学研究现状述评

一、国内建筑美学研究述评

新中国成立六十余年来，我国美学讲座和研究曾出现两次规模宏大并反响热烈的大讨论。第一次是在20世纪50年代末至60年代初。1956年，朱光潜在《文艺报》发表了《我的文艺思想的反动性》一文，对自己在解放前的美学思想作了自我批评。与此同时，《文艺报》《人民日报》《哲学研究》《新建设》《学术月刊》等报刊陆续发表了贺麟、黄药眠、敏泽、蔡仪、李泽厚等人的文章，对朱光潜在解放前的美学思想进行了批判。同时，就美的本质、自然美、美学的对象等问题展开了热烈的争论，并形成了以朱光潜、蔡仪、李泽厚为代表的三派互相对立的美学理论，引起了学术界和文艺界的极大兴趣。第二次热潮出现于70年代末和80年代，这不仅表现在从1978年开始，全国各种报刊杂志上讨论美学问题的文章逐渐增多，而且表现在讨论的范围也逐步扩大，除了继续讨论美学对象、美的本质等问题外，还有形象思维、艺术形式美、艺术中的"自我表现"问题以及中国古典美学和西方古典美学的不同特点等问题。我国关于建筑美学的自觉研究就是从这个时候开始兴起的。

可以说，国内有意识地对建筑美学进行专门的学术研究当始于王世仁先生，他在20世纪80年代初期发表了《建筑中的美学问题》《中国建筑的审美价值与要素》《中国传统建筑审美三层次》《塔的人情味》等一系列学术论文，就建筑的艺术特征、审美价值、建筑审美的层次展开了多方面的论述。这些论文后来在1987年由中国建筑工业出版社集成《理性与浪漫的交织》出版，对国内建筑美学研究产生了很大的影响。此后，国内出版的有关建筑美学的理论著作主要有：①王振复的《建筑美学》（云南人民出版社，1987年）。②汪正章的《建筑美学》（中国建筑工业出版社，1991年）。③王世仁等的《建筑美学》（科学普及出版社，1991年）。④（英）罗杰·斯克鲁登的《建筑美学》（刘先觉（译），中国建筑工业出版社，1992年）。⑤侯幼彬的《中国建筑美学》（黑龙江科技出版社，1997年）。⑥许祖华的《建筑美学原理及应用》（广西科技出版社，1997年）。⑦孙祥斌等的《建筑美学》（学林出版社，1997年）。⑧金学智的《中国园林美学》（中国建筑工业出版社，2000年）。⑨万书元的《当代西方建筑美学》（东南大学出版社，2001年）。⑩唐孝祥的《近代岭南建筑美学研究》（中国建筑工业出版社，2003年）。⑪吕道馨的《建筑美学》（重庆大学出版社，2006年）。⑫熊明的《建筑美学》（清华大学出版社，2004年）。⑬沈福煦的《建筑美学》（中国建筑工业出版社，2007年）。这些著作的出版一方面反映了建筑美学研究已成为学界关注的热点，另一方面也拓宽了我国建筑美学研究的学术视野，对探寻和揭示建筑美和建筑审美的特征这两个在建筑美学的理论研究中最为根本的问题提供了诸多启发，特别是汪正章的《建筑美学》、王振复的《建筑美学》、侯幼彬的《中国建筑美学》、许祖华的《建筑美学原理及应用》、金学智的《中国园林美学》以及万书元的《当代西方建筑美学》。

汪正章先生认为："'美的建筑'≠'建筑的美'。那么，'建筑的美'，其意义究竟何在呢？概括地说，它是由建筑的美'因'（物质功能'因'和科学技术'因'）、美'形'（审美形式和艺术形成）、美'意'（精神和意蕴）、美'境'（自然环境和人文环境）、美'感'（审美主体和审美客体）等要素所构成的'开放式索多边形网络'。"[1] 他肯定了建筑美本质的学术地位以及建筑美丰富多样的层次性。他还说："我们认为，建筑的美及其美感之所以产生，既不能脱离建筑审美对象，也不能单纯地归结于审美主体，而在于人与建筑、反映与被反映之间所构成的某种生动、复杂的交互关系。"[2] 他试图揭示建筑美及其美感的生成机制，启发我们从生成机制的视角去把握建筑美的特点：建筑美是客观的，又是离不开"人"这一实践活动的主体的。

王振复先生的《建筑美学》有1987年云南人民出版社出版的简体字本和1993年台湾地景企业股份有限公司出版的繁体字本两种版本，全书包括后记共十二个部分，其主要贡献在于：一是在论述建筑美的本质时提出了"建筑美的模糊性"的重要观点，而这一观点的得出是依据系统论的方法进行的。他提出："建筑，是一个'系统工程'。对于这一'系统工程'的美学意义或艺术美意义上的理论解决，构成了建筑美学及建筑艺术学的全部内容。建筑美，是以建筑的物质材料、技术与结构为基本要素的，总是受一定建筑实用性功能要求的羁绊，是建筑的自然性、人工性和社会性三者的统一和谐。"[3] "既然建筑美是建筑的自然性、人工性与社会性的统一和谐，那么要问，什么叫做'统一和谐'？什么样的建筑美才算达到了'统一和谐'呢？……这就涉及到与建筑本质密切相关的建筑美的模糊性这一问题了。"[4] 二是在谈到建筑审美时，揭示了"艺术的共通性"这一十分重要的艺术审美规律和艺术美学原理，将建筑形象与相关艺术如音乐、绘画、诗歌等艺术形象进行比较，为发掘论述建筑美的模糊性提供了丰富的材料。他说："谈到对建筑形象的审美，虽然不能将建筑与音乐、绘画、诗歌等艺术混为一谈，然而，在其形象的审美时空意识上，它们又有相通之处或相似之点。"[5] 三是对于建筑美的时代精神和民族特色进行深入的论述，"特别是对中国古代哲学思想、文字、文学、艺术等的深厚传统对中国建筑的影响作了较为详尽的论述。"[6]

比较而言，许祖华的《建筑美学原理及应用》的一个显著特点在于其较为严密的理论逻辑和内容广泛性。从建筑美学的研究方法论、建筑美的本质和特征，到建筑美的艺术规律、建筑美的欣赏与批评等，该书均有论述，其中不乏富于启发性的论析，亦有不少自相矛盾之处或值得商榷的地方。

首先是关于建筑美学方法论的论述。这的确是不可忽视的重大问题，许祖华先生主张从建筑美学的概念、方法和内容三个方面来把握和构建建筑美学的方法论，不无启发意义。然而，关于方法，即建筑美学方法论的主要内容，也就是他所说的"建筑美学方法论的第二个内容"则语焉不详，显得笼统。

该书从艺术学和文化学的宏观视野判析建筑美的社会本质、文化本质和艺术本质，但继而提出了建筑美在形式、不在内容的观点，并认为："建筑的美也主要取决于建筑自身的'形式'而与建筑的'内容'没有什么关系……所谓建筑的'内容'，一是指建筑的物质功能性内容，如住宅建筑的内容、文化建筑的内容、公共建筑的内容等；一是指它的精神内容，如建筑表现了人对神的敬畏、人对自然的超越、人的豪迈与自信等。建筑艺术的美与它的'物质性内容'没有关系这一点可以理解，如何理解建筑艺术的美与它的'精神内容'也无关呢？这一论断的含义是，我们对建筑美的感受和把握并不需要通过对其内容的了解而获得，也就是说，并不是因为某灰（疑为错字，引者注）建筑表现了什么精神内容而引起了我们的审美激动，而是由于建筑它自身的造型、色彩、质地等显现出来的那种美的形式刺激了我们的感官，从而使我们产生一种审美的愉悦。"[7] 这一观点值得商榷，也与该书关于建筑的本质的论述自相矛盾。如果说建筑美只在形式，不关乎建筑的功能性内容和精神性内容，那么，建筑的形式又怎能存在呢？事实上，正是建筑的功能内容或精神内容从客观方面决定了建筑的形式表现和类型特征。作者接着引用康德和黑格尔有关审美鉴赏在于形式的论述为自己佐证，从而归纳说："这就告诉我们，在对建筑艺术的审美观照中，建筑所表现的精神内容是很难左右我们的审美判断的。最为明显的例子是，我们不会因为哥特式教堂表现了神的庄严和骗人的宗教内容而认为它们那雄伟的造型、精巧的构图'丑'，我们仅仅从它们的外在形态上看到了它那昭然灿烂的美姿、美态。"[8] 这表明作者无视建筑的精神性内容对建筑审美的巨大影响作用。事实上，建筑审美虽然是从建筑的形式开始的，但形式所象征和隐喻的精神性内容是建筑审美的根本和决定因素，是引发建筑审美想象和深化建筑审美体验的关键。

侯幼彬先生的《中国建筑美学》运用丰富的史料就四个主要方面展开了令人信服的论述：一是综论中国古代建筑的主体——木构架体系；二是阐释中国建筑的构成形态和审美意匠；三是论述中国建筑所反映的理性精神；四是专论中国建筑的一个重要的、独特的美学问题——建筑意境。该书"借鉴接受美学的理论，阐释了建筑意象和建筑意境的含义，概述了建筑意境的三种构景方式和山水意象在中国建筑意境的构成中的强因子作用，把建筑意境客体视为'召唤结构'，区分了意境构成中存在的'实境'与'虚境'和'实景'与'虚景'的两个层次的'虚实'，试图揭示出一直被认为颇为玄虚的建筑意境的生成机制，并从艺术接受的角度分析'鉴赏指引'的重要作用，论述中国建筑所呈现的'文学与建筑焊接'的独特现象，展述了中国建筑成功地运用了'诗文指引'、'题名指引'、'题对指引'来拓宽意境，触发接受者对意境的鉴赏敏感和领悟深度。"[9]

金学智先生的《中国园林美学》诚如作者在"前言"中的自述，"尝试着走理论思辨、实例丛证、鉴赏分析三者结合之路"，"力求较全面、详尽地阐述中国古典园林的美学、文化学内涵"。[10] 作者在"余论"中说到，该书"除了概括中国古典园林美的历史行程、真善美的定性之外，除了用分析的方法论述园林美的物质性、精神性的建构序列之外,还在用综合的方法论述园林审美意境整体生成诸规律的同时特设一编,列论了园林文化心理积淀、审美距离、心境、心理、艺术泛化品赏等问题,同时兼论了作为品赏者的审美主体与意境整体生成的美学关系。所有这些,均意在说明意境生成包括两大层面:通过物质性或精神性建构体现了意境十大规律的审美客体以及与之相应相生的审美主体及其审美文化心理。正是这两大层面的交融契合、相谐相和,生成了园林美的整体意境。"[11]

此外,万书元的《当代西方建筑美学》可谓国内以当代西方建筑为对象进行系统美学研究的首部论著。正如该书摘要所言:"对当代西方建筑美学观念的演变过程进行了细致的梳理,对当代西方建筑美学思潮、审美思维和美学精神进行了深入的探讨。"万先生归纳并分析了当代西方建筑美学在审美思维层面表现出来的非总体性、非理性、非线性和共生思维这四大特征,具有重要的创新价值和启发意义。

实际上,随着我国社会经济的快速发展,普通民众的建筑审美意识显得越发自觉、越发自由,有关建筑评论和建筑审美问题得到了学界越来越广泛的关注和讨论。刘心武先生的《我眼中的建筑与环境》(中国建筑工业出版社,1998年)、王振复先生的《建筑美学笔记》(百花文艺出版社,2005年)、赵魏岩先生的《当代建筑美学意义》(东南大学出版社,2001年)、赵鑫珊先生的《建筑是首哲理诗》(百花文艺出版社,1998年)、谭元亨先生的《城市建筑美学》(华南理工大学出版社,2005年)等就是明证,尚不包括为数不少的尚未出版的有关建筑美学的硕士学位论文和博士学位论文。

综观国内关于建筑美学的研究,我们不难发现,我国的建筑美学研究尚处于起步和初创阶段,虽然近年来已有不少的相关论著问世,但大多缺乏理论的系统性和全面性,主要集中于关于建筑审美的现象描述,而对建筑美及其本质特征、建筑审美及其标准问题论之不深甚至太少,从而表现出距离建构我国的建筑美学理论体系、建立建筑美学学科的目标相去甚远。究其原因,主要在于:一是对建筑艺术本质的认识不足。建筑是技术和艺术的综合体,建筑的技术个性决定了建筑的艺术表现和人文品格,建筑艺术的审美属性根本上在于其技术个性和人文品格的相辅相成的和谐统一,由于在建筑艺术本质的认识上的偏颇,不少论者在论析建筑美时,要么撇开建筑的艺术性而专注于建筑的技术和形式表现,要么无视建筑的技术个性而单论建筑的艺术共通性。二是建筑美学研究的哲学基础的错位。目前,关于包括建筑美学在内的美学的研究并没有完全打破长期以来限于认识论的框架之中的研究困局,导致了热衷于追问美的客观性和绝对性、审美的共同性和普遍标准的现象和局面。建筑美学研究的创新有赖于走出相袭已久的认识论的哲学框架,回复到生存论的本体论基础,审美(包括建筑审美在内)作为人生存的一种表现方式,其秘密也只能从生存论的本体论角度加以破解。三是建筑美学研究方法的缺陷。建筑美学是一门交叉边缘学科,建筑美学的学科特点决定了其研究方法不能是单一的,而应是多元综合的。目前,建筑美学研究的方法缺陷表现出或套用文艺美学研究模式，或套用哲学美学研究模式，亦或套用建筑学研究方式，具体科学的某一研究方法的运用有助于建筑美学某些内容与特征的揭示，但难以展现建筑美学那独特而全面的交叉综合的学术品格。

二、国外建筑美学研究述评

人类的建筑审美活动源远流长，历史悠久，无论中西，莫不如此。古希腊罗马建筑十分推崇人体美，讲究度量及秩序和谐，充分反映了时人的审美趣味和审美理想。古希腊罗马建筑的"五柱式"就是明证。国外关于建筑美学的专门研究，是1750年美学作为独立的学科诞生以后的事情，最早可追溯到德国古典美学的集大成者——黑格尔。黑格尔视建筑为艺术之始，把它作为艺术发展的第一阶段——象征型艺术的代表。他认为："建筑是与象征型艺术形式相对应的，它最适宜于实现象征型艺术的原则，因为建筑一般只能用外在环境中的东西去暗示移植到它里面去的意义。"[12] 显然，黑格尔的美学思想是他哲学思想的一部分，黑格尔论述建筑美的全部意义和根本目的在于说明"美是理念的感性显现"。他通过将建筑艺术与雕刻艺术相比照，认为建筑作为艺术的起源以及包括建筑美在内的建筑艺术的全部意义，最为重要的在于找到建筑物本身的自有意义，这就是自在自为的理念或绝对精神，这"是打开建筑的多种多样的结构秘密的一把钥匙，也是贯穿到迷径似的建筑形式中的一条线索"。[13] "由于建筑艺术与雕刻艺术的分别在于这种艺术作为建筑并不创造出本身就具有精神性和主体性的意义，而且本身也不具有能完全表现出这种精神意义的形象，而是创造出一种外在形状只能以象征方式去暗示意义的作品。所以，这种建筑无论在内容上还是在表现方式上都是地道的象征性艺术。"[14]

注重艺术的形式分析是西方艺术和美学研究的显著特征和一贯传统，这一传统在黑格尔生活的时代深深影响到艺术和美学研究。黑格尔认为，艺术是普遍理念和个别感性形象对立统一的精神活动，艺术发展所经历的象征型、古典型、浪漫型三个不同阶段也就是艺术理念与艺术形式之间关系的三种不同表现，即形式大于理念、形式与理念的和谐、形式小于理念，浪漫型艺术（如音乐、诗歌）是艺术发展的顶峰，艺术从此就要衰落，艺术精神就要脱离艺术发展到宗教和哲学上去，从而得出了艺术消亡的错误结论。

黑格尔建筑美学的贡献和启发主要在于考察艺术史的历史哲学高度及其闪烁的辩证思想的光辉，黑格尔美学的终极目的虽然在于论证理念或绝对精神自己实现自己并又回复到自己的发展过程，但对包括建筑在内的各种具体艺术的研究是深刻的，指出了建筑的一些特征，阐释了艺术发展的一些规律。尽管黑格尔的出发点和前提是错误的，但整个西方艺术理论可以说到了他那里才有了完整的体系。

与中国的情况不同，在西方文化传统中，建筑历来被视为一门艺术，与雕刻、音乐、绘画相提并论，因此探论建筑与其他艺术之间的关系便成了西方美学研究的重要内容之一。比黑格尔略早的许莱格尔、歌德、谢林等人的比喻——"建筑是凝固的音乐",至今人们还耳熟能详。对此,黑格尔曾经明确指出:"弗雷德里希·许莱格尔曾经把建筑比作冻结的音乐,实际上这两种艺术都要靠各种比例关系的和谐,而这些比例关系都可以归结到数,因此在基本特点上都是容易了解的。"[15]

19世纪以后,西方建筑艺术理论研究分为现代主义和后现代主义两个时期。在现代主义发展时期,西方建筑艺术流派纷呈,主义繁多,如"形式随从功能"、"国际主义风格"、"机器美学"、"房屋是居住的机器"、"装饰就是罪恶"等主张,如未来派、构成派、风格派、造型主义等流派,表征了这一时期西方建筑艺术思潮的发展演变。从总体上看,它们都倾向于功能主义的美学取向,从不同方面以各自立场为功能主义展开论述。有如学术界达成的共识:这一时期建筑的美学风格可以概括为"功能主义"的技术美。因为它们的审美特征突出地表现在形式服从功能,认定功能是建筑美的基础甚至全部,直接利用新材料的表现力,不求过多装饰,而是通过一定基本形式的部件的重复组合,通过建筑群的简洁明朗的配置,以形成生动的韵律、变化的"乐章"。这一时期,有关建筑美学的主要著述有:奈尔维的《建筑的审美与技术》、密斯的《谈建筑》、柯布西耶的《走向新建筑》、吉地翁的《空间——时间与建筑》、赖特的《给从事于建筑的青年》、约翰逊的《论国际式风格》、佩夫斯纳的《现代设计的先驱者们——从莫里斯到格罗皮乌斯》、班能的《建筑论文四篇》、格罗皮乌斯的《全面建筑观》、塞维的《对建筑的解释》、拉斯穆辛的《建筑的体验》等。

关于现代主义建筑的理论观点,吴焕加先生曾概括出五个主要方面:①强调建筑随时代而发展变化,现代建筑要同工业社会的条件与需要相适应。②号召建筑师要重视建筑物的实用功能,关心有关的社会和经济问题。③主张在建筑设计和建筑艺术创作中发挥现代材料、结构和新技术的特质。④主张坚决抛开历史上的建筑风格和样式的束缚,按照今日的建筑逻辑(Architectonic),灵活自由地进行创造性的设计与创作。⑤主张建筑师借鉴现代造型艺术和技术美学的成就,创造工业时代的建筑新风格。[16]结合现代主义时期的建筑创作实例,通过对现代主义建筑许多代表人物的理论主张的分析,我们可深刻地感受到现代主义建筑所刻留的工业化社会的时代烙印。工业化发展时期,人们追求的是技术革新和提高生产效益与生产效率,在建筑界则表现为对功能主义的追求和对新建筑运动的响应和努力。就这一时期的建筑美学而言,技术美学是主流,它影响并试图改变人们传统的艺术和审美观念,显示出对建筑的技术个性的关注和热情,与黑格尔建筑美学形成了鲜明的对比和强烈的反差,仿佛是建筑美学领域的一股新风。然而,在深层的本质意义上并没有改变。也就是说,其审美理想和审美标准仍然是追求艺术的普遍性、和谐性、确定性和明晰性,这在风格派和包豪斯学派表现得最为明显。

真正的建筑美学新风是20世纪50年代开始酝酿并于六七十年代开始劲吹

的。经过"二战"结束后的头几年的探索,到现代主义后期,无论是建筑实践还是建筑理论,都在酝酿着对原有审美理想和审美标准的超越。这种超越最典型的实例便是 1955 年落成的由勒·柯布西耶设计创作的朗香教堂。这与他的 20 年代的《走向新建筑》一书中的理论主张迥异其趣,甚至背道而驰。正如吴焕加教授所指出的:"勒·柯布西耶二战之后建筑风格上的变化正是表现了一种新的美学观念,新的艺术价值观。概括地说,可以认为勒氏从当年的崇尚机器美学转而赞赏手工劳作之美,从显示现代化派头转而追求古风和原始情调,从主张清晰表达转而爱好浑沌模糊,从明朗走向神秘,从有序转向无序,从常态转向超常,从瞻前转向顾后,从理性主导转向非理性主导。这些显然是十分重大的风格变化、美学观念的变化和艺术价值观的变化。"[17] "但是,现代主义与晚期现代主义之间仍有不少一致性,如两者均强调自身革命性,因而割断历史传统,不重视人文、感情和文脉因素,偏重于立足科学技术,着眼于建筑的物质方面,却又过分重视设计的独创性和建筑美学的抽象性,如此等等,说明晚期现代主义没有完全脱离现代主义,这时,甚至有些现代主义元老也或多或少表现出夸张的倾向,一反往常的刻板做法。"[18] 因此,晚期现代主义是由现代主义走向后现代主义的西方建筑美学转型的酝酿期和过渡期,显示出了西方建筑美学由现代主义向后现代主义进行理论转型的双重品格和过渡性。

需要指出的是,晚期现代主义与后现代主义的区别并不在于时间顺序的前后,而是在于它们的建筑风格和审美理想的分野,所以,不能因为罗杰·斯克鲁通(Roger Scruton)在 1979 年出版其《建筑美学》而将其视为后现代主义的理论代表。事实上,罗杰·斯克鲁通的理论主张可算是功能主义余绪。他说建筑的更进一步的特征是技术性,他认为,我们鉴赏的是建筑形式对功能而言的那种适应性。[19]

后现代主义是 20 世纪 60 年代兴起的,它是许多建筑运动的统称。虽然这些新流派没有共同的风格,也没有团结一致的思想信念,但它们满怀着批判现代主义的热情和希冀,共同相约在"后现代主义"旗帜下。

可以说,后现代主义的名字是通过"五本洋书"(文丘里:《建筑的复杂性与矛盾性》、詹克斯:《后现代建筑语言》、沃尔夫:《从包豪斯到现在》、戈德伯格:《后现代时期的建筑设计——当代美国建筑评论》、詹克斯:《什么是后现代主义》),"三次展览"(1980 年威尼斯第 39 届艺术节上的建筑展、后现代建筑 1960 国际巡回展览、1987 年西柏林国际建筑展)、"七位明星"(文丘里、格雷夫斯、约翰逊、波菲尔、霍莱因、矶崎新、穆尔)不胫而走,影响世界的。我们无意于追溯后现代主义建筑思潮的来龙去脉,但透过后现代主义的上述五部著作以及后现代主义思潮的复古主义倾向、装饰的倾向、重视地方特色和文脉的倾向、玩世不恭的创作态度、国际化的倾向,可以窥视后现代主义思潮所带来的建筑美学观的变化。这种变化主要表现在四个方面:

一是对长期以来传统的和谐美学观的反叛和超越,揭橥建筑的复杂性和矛盾性,注重建筑的丰富的多义性内涵。重提反和谐美学观的建筑学意义,对传统的西方建筑界信奉的建筑美在于建筑形式要素的和谐观点开始了最为深刻的质疑，这在后现代主义建筑的代言人詹克斯那里表现得最为突出。詹克斯在阐释其建筑主张时借用了许多属于语言学或与语言学相近的术语，因为他把建筑理解为一种"语言"。他不满足于传统的建筑理论把建筑美的要素局限于统一、均衡、比例、尺度、韵律、色彩等方面，传统的建筑美学用来描述建筑美的那些通用术语在他看来都太贫乏了，以致无法用来区别建筑的现代主义及其当代的新发展，更无从区别"后期现代主义"和"后现代主义"形式各异的建筑风貌。

第二个变化是研究范式的变化。改变了以往注重于探讨建筑与其他艺术的共性的研究范式，努力找寻建筑艺术的差异性和个性特征。表面上看来，这似乎只是研究重点的变化和转移，其实有着更深层的意义。它预示了西方建筑美学的研究方法的更新和哲学基础的调整，透射出了建筑美学研究的人类生存本体论哲学基础的方法论取向，从而显著区别于强调普遍性、一般性研究的方法和知识论哲学基础。这是一个具有深刻启发意义的不可低估的重大贡献。

第三个变化在于研究视野的扩大和研究层次的深化。此前，西方建筑美学往往以建筑单体的形式关系和形式特征作为研究对象，在功能主义思想的影响下，更多地偏注于建筑的实用功能及其形式表现的技术个性，较少注意到建筑与环境、建筑与文化以及建筑群体之间的关系。而后现代主义则标举"文脉主义"（Contextualism）、"引喻主义"（Allusionism）"装饰主义"（Ornamentation），开始综合建筑的时代性、地域性和文化性进行建筑审美欣赏和评价。

第四个变化在于接触到了建筑美的模糊性、复杂性和不确定性问题，从而与以往那种追求建筑美感的明晰性和确定性形成强烈反差和鲜明对比，与美学学科的边缘性、交叉性、综合性的人文学科的本真面目更紧更亲、更近更明，给我们今天的建筑美学理论研究提供了启迪和借鉴。

后现代主义建筑思潮对现代主义建筑美学的极力反叛和根本否弃标志着当代西方建筑美学的开始。后现代主义建筑思潮声名鹊起之时，正是解构主义建筑美学粉墨登场之时，与解构主义建筑对后现代主义建筑的否弃相伴，新现代主义美学和高技派美学又从现代主义美学中发掘出了新的价值和意义。这种否弃、超越、回归与重构的过程及其特征，勾勒了当代西方建筑美学的发展演变图景，它既显示出了当代西方美学的批判精神和超越精神，又反映了当代西方建筑美学在开掘建筑审美意义上的巨大贡献和努力，是值得肯定和永远珍视的。

第二节　岭南近代建筑审美文化研究的对象、方法和意义

一、岭南地区与岭南建筑

岭南本来是一个自然地理概念。岭南的得名来自于它的自然地理区位，系

指南岭山系以南的地区，即南岭之南，北纬8°56′~25°31′，东经108°37′~117°45′之间，这是岭南概念的最原初的含义和世人关于岭南的最基本的认识。

从现有的研究来看，关于"五岭"、"岭南"的确切记载始见于司马迁的《史记》。"北有长城之役，南有五岭之戍"，"山东食海盐，山西食盐卤，岭南、沙北，固往往出盐，大体如此也"。岭南作为官方定名，始于唐代。唐太宗即位后，将全国分为十道，岭南道是其中之一，这时，岭南作为地理概念在官方的行政区划上开始表现出来。862年（懿宗咸通三年），岭南道划分为岭东道和岭西道。宋初，在岭南置广南路，宋太宗晚年把广南路分为广南东路和广南西路。元、明时期，岭南地区的行政区划因各朝的地方行政制度的不同而变化。广东是岭南的中心地区，作为省级建制，始于清朝，并沿相至今。故此，现今人们对"岭南"作狭义的理解，即沿用岭南为广东地区的代称。

岭南地势北高南低，地形复杂，山脉连绵，河渠纵横。境内有全国闻名的珠江，珠江上源有东、西、北三江。其中东江和北江虽源出江西、湖南，却在粤东和粤北形成其主要流域。西江发源于云南，近贯广西全境，由梧州流入广东西部，成为了珠江干流。岭南地区虽以山地、丘陵为主，但东、北、西三江下游构成了珠江三角洲水网地带，加上粤东的韩江下游，形成了珠江三角洲和韩江三角洲这两个岭南地区最主要的平原地区和水乡地区。

由于岭南地区北有南岭天然屏障，在传统社会里，这一地区的对外交流则主要依靠海域与河道。岭南地区漫长的海岸线以及众多的岛屿和良好的港湾使这里的海上交通十分便利，是我国通往东南亚、大洋洲、中东及非洲等地区的重要出海口，加之广东南面与越南、马来西亚、新加坡、印度尼西亚、菲律宾等国隔海相望，自古以来，以穗港为中心的岭南地区对外经贸繁荣，文化交流活跃。

岭南地区的气候与岭北相比，差异明显。从类型上说，岭南地区的气候属热带、亚热带季风气候，其特点可概括为湿、热、风，即：雨量充沛，天气潮湿；日照时间长，气候炎热；夏秋间多台风。

显然，岭南地区的自然地理环境，在整个中国大陆内是颇具特色的，这种独特的自然地理环境是铸塑包括岭南建筑特色在内的岭南文化特色的十分重要的客观物质条件。

岭南建筑的称呼是伴随着新中国建筑实践的发展与特色明显的广东新建筑的突出成就的取得而逐渐为人们所接受的。20世纪50年代中后期，我国建筑界盛行复古主义，刮起了一股"大屋顶"之风，产生了"凡建筑须盖大屋顶"的无形规定。面对滚滚而来的复古主义潮流，深受岭南文化熏陶、"敢为天下先"的广东建筑师们并未随波逐流，人云亦云，他们在行动上表现出了灵活的变通性，在思想上开始有意识地探索广东建筑的地方特色和艺术特征。1957年，时任我国建筑工程部部长的刘秀峰同志在全国建筑艺术座谈会上提出了"要创造中国的社会主义的建筑新风格"的要求和倡议。自1960年开始，广东建筑界围绕"新建筑"、

"新风格"展开了热烈、持久、认真的讨论,至1966年"文革"开始的六年时间里,基本上是每月讨论一次,讨论的中心话题是:广东建筑是否应有自己的特色?大家在讨论中对这一问题作了肯定回答,认为广东有自己的特点,广东建筑也应该有自己的特色,即应有岭南建筑的特点。与此同时,广东建筑界也开始尝试着对以往建筑实践进行理论上的总结和归纳。

从学理层面上说,关于"岭南建筑"的自觉理论研究始于1958年,其标志是时任华南工学院建筑学系教授的夏昌世先生在1958年的《建筑学报》第10期上发表了题为《亚热带建筑的降温问题——遮阳、隔热、通风》的学术论文。夏昌世教授指出:岭南建筑应有自己的特点,满足通风隔热、遮阳的要求。首次论述了岭南建筑(广东新建筑)的特点。这不仅开启了岭南建筑理论研究的先声,也成为了岭南建筑的学名渊源,此后岭南建筑渐渐地为人们所知晓、接受和承认,知名于全国建筑界,并成为广东新建筑的代名词。"岭南"本意指地理上的五岭之南的广大地区,但"岭南建筑",从其被提出的学理初衷和被认可的时代背景来看,即指建国以来的广东建筑,或称广东新建筑。正是在这个意义上,广东古建筑被称为古代岭南建筑,从1840年到1949年的广东近代建筑被称岭南近代建筑。

由于广东在地理条件、历史条件、经济条件、人文条件等方面的独特性和优越性,广东建筑在新中国的各个建设时期往往开全国风气之先,如20世纪五六十年代的"矿泉别墅"、"广州友谊剧院",70年代的"广交会"、"白云宾馆",80年代的"白天鹅宾馆"、"国贸大厦"……曾几度出现引领全国建筑界的建筑创作的繁荣局面。

随着广东新建筑的创作繁荣和成功实践,国内建筑界一方面对这种实践的成功经验进行学习和和总结,另一方面也开始了关于以上述建筑为代表的广东新建筑的地域性、时代性和文化性的理论争鸣和学术探讨。在这场方兴未艾的探讨争鸣中,其中一个最具根本性的问题就是关于岭南建筑的学术界定。目前,学术界对此表述不一,众说纷纭,但总体上可以概括为三种主要观点:一是"地域论"。这种观点从岭南的地理概念出发,认为岭南建筑即建在岭南地区的建筑,包括广东、海南、港澳以及广西大部、福建南部、台湾南部等区域的建筑。二是"风格论"。持此论者认为,岭南建筑即具有独特的岭南文化艺术风格的建筑,这种风格特征主要表现在适合岭南气候特点的平立面设计、建筑部件的结构与造型以及富于岭南地域文化内涵的建筑装饰上。三是"过程论"。与前面两种观点不同,过程论者着眼于建筑艺术的创作主体及其创作实践活动,认为岭南建筑是指在岭南地区这块特定的土地上所开展和进行的求新、求变、不断探索的建筑创作实践活动。换言之,岭南建筑即岭南建筑创作实践活动的简称。

我们认为,上述三种观点都有其相对的合理性和借鉴意义,但也都存在着一定的局限性,难以说明岭南建筑的丰富的本质内涵。"地域论"强调建筑的地域性,有助于揭示岭南建筑的地域特征和某些方面如通风、隔热、遮阳等的技术个性。

但是,"岭南建筑,是一个有自己的追求和风格的建筑创作流派,正如并不是所有岭南的绘画都可归于'岭南画派'一样,并不是所有建在岭南地区的建筑都可以称之为'岭南建筑'。"[20] 有学者在界定岭南文化时曾经指出:"岭南文化与'岭南的文化'完全不是一回事,所有发生在岭南地区的文化现象都是'岭南的文化',而只是那些具有岭南文化的主导精神和统一风格的文化现象才属于岭南文化,岭南文化也可以发生在岭南地区之外。"[21] 同样,在所有岭南的建筑中,只有那些具有岭南文化的主导精神和统一风格的建筑,或者说,只有那些具有岭南文化地域性格的建筑,才称得上岭南建筑。

"风格论"更接近于对岭南建筑的艺术特征的揭示,强调建筑的文化性,有助于把握岭南建筑的文化和艺术本质。然而,为了强调建筑的艺术性而否定建筑的技术个性、为了强调建筑的形式风格而淡化建筑的文化地域性格,不但有悖于建筑是技术与艺术的结合这样一个客观事实,而且也难以真正阐释建筑的风格问题。因为,建筑的艺术风格有赖于对建筑材料的技术处理,有赖于建筑师的知识修养和对地域文化精神的深层理解和个性表现,甚至,建筑的技术水平与发展在很大程度上决定了建筑风格的形成与演变。

"过程论"强调建筑是一种纯粹的创作实践活动,无视建筑的地域性和文化性的理论探索和经验总结,流露出一种"建筑创作无需理论指导"的非理性倾向,无益于岭南建筑创作及其发展。

我们认为,界定岭南建筑的关键在于岭南建筑所蕴涵的岭南文化的"文化地域性格"。夏昌世和莫伯治两位前辈,在论述岭南庭园时指出,岭南地区包括了"广东、闽南和广西南部,这些地区不但地理环境相近,人民生活习惯也有很多共同之处"。[22] 正是岭南地区的自然、社会和人文环境,孕育了岭南文化的精神品格,影响着岭南建筑的形成和发展,铸塑了岭南建筑的文化地域性格,从而决定了岭南建筑所独有的技术个性和人文品格。"文化地域性格"的提出,不仅反映了对目前关于岭南建筑"地域论"、"风格论"、"过程论"的学术借鉴和理性鉴别,而且诠释了岭南建筑的三大层面的内涵,即岭南建筑的地域技术特征、文化时代精神、人文艺术品格。建筑美的最高标准在于建筑实现了地域性、文化性、时代性三者的统一。"文化地域性格"论的意义正在于对岭南建筑的地域性、文化性、时代性这三者的综合揭示。

二、研究对象和内容范围

对象的确立是任何一项科学研究工作的前提,明确界定岭南近代建筑文化与美学研究的对象或主要内容是本课题研究的基础工作,因为它直接决定了研究的目标、方法和意义。

事物发展规律表明,任何事物都不是静止、孤立地存在的,而是处于错综复杂的联系之中和连续永恒的运动变化之中。因此,我们对岭南近代建筑文化与美学研究的对象进行时空定位时,必须立足于近代岭南建筑文化与美学所固有的联系和发展的辩证本性。

从时间维度看，岭南近代建筑文化与美学研究的时域定位为近代中国社会的岭南建筑美学，即从1840~1949年间的岭南建筑美学。然而，事物发展的历时性表现绝不可能是平衡一致的，而是强弱有别、疾迟分明的，从而呈现出跌宕起伏的运动轨迹。中国近代建筑的发展就体现了这一规律性。杨秉德先生在论述中国近代建筑史的分期问题时说："1840~1949年，中国近代建筑史的发展是极不均衡的，大致的情况是：1900年以前及1937年以后，建筑活动密度很小，主要的建筑活动集中在1900~1937年的37年间，而在这37年中又以1927~1937年的10年最为集中。为了充分论述这一时期的建筑活动，分期方案将1900~1937年的发展兴盛期在第二个层次上又划分为发展前期、发展中期与发展后期。"[23] 岭南近代建筑的发展也应作如是观。20世纪二三十年代的岭南建筑是近代岭南建筑发展的高峰，建筑创作涉及多种多样的建筑类型，行政办公建筑、商业建筑、居住建筑、文化教育建筑……无所不包，应有尽有。尤其是在这一时期出现并得到蓬勃发展的侨乡建筑，以会通中西为手段，以综合创新为目标，最为鲜明而典型地体现了岭南近代建筑的中西合璧特色，而且，岭南近代建筑正是在此时开始走向觉醒和自立的，它自然应是岭南近代建筑文化与美学研究的重点。

从空间维度看，我们在确定岭南近代建筑文化与美学的研究内容时不仅要仔细分析岭南近代建筑文化与美学的外部联系，而且要认真研究其内部结构要素的相互关系。就外部联系而言，岭南近代建筑文化与美学的研究内容包括岭南近代文化的精神特质和中国近代美学的整体风貌。这是因为，岭南近代建筑文化与美学是岭南近代审美文化的一个突出表现，是近代岭南文化的开放性、兼容性、求实性、变通性、创新性的形象反映，体现了岭南文化的人文精神和审美情趣，表征了近代岭南文化的价值取向、思维方式、民众心理和审美理想，同时，近代岭南建筑美学的变化发展也必然打上中国近代美学的烙印，因此，探讨中国近代美学的时代特征、思想特征、理论特征、目标特征等理当成为岭南近代建筑文化与美学研究的题中之义。此外，值得注意的是，岭南近代建筑文化与美学的外部联系，除去近代岭南文化和中国近代美学这两大影响圈，还应当看到岭南建筑文化所具有的特殊规律性，特别是近代岭南建筑文化面对激烈壮阔的古今中西之争所作出的理性回应和美学抉择。

就内部联系而言，岭南近代建筑文化与美学的研究内容概括起来就是岭南建筑的近代百年历史发展中的审美文化特征和审美文化规律。从横向层面看，即研究近代社会时期岭南建筑的文化精神、美学价值、审美标准、岭南人的建筑审美观、岭南各类建筑的美学评价。从纵向层面看，应当立足于岭南建筑近代百年的事实甄别和梳理，探明近代岭南建筑兴衰变化的轨迹及启示，分析岭南建筑的两大区域重点——珠江三角洲地区和韩江三角洲地区建筑发展所表现出来的宏观上的共同性和微观上的差异性。由于以广州为中心的珠江三角洲地区在近代岭南社会的政治、经济、文化上的中心地位和"辐射源"地位,因此,通过对珠江三角洲地区的近代建筑的典型案例分析来论证和归纳近代岭南建筑的美学特征以及审美文化观的变化规律当是本研究的最主要内容。

由上可知,以近代岭南文化为面,以美学理论为线,以近代岭南典型建筑为点所形成的点—线—面相结合的动态复合系统便构成了近代岭南建筑文化与美学研究的内容框架。

三、基本方法和研究意义

研究方法根本上是由研究对象决定的,如黑格尔所说,方法是对象的类似物。美学的学科边缘性和建筑美学的边缘交叉性质,决定了近代岭南建筑文化与美学研究的方法不可能是单一的,而应当是多元综合的。我国著名美学家蒋孔阳关于美学研究的方法的一段话很有启发意义:"美学是关于人生价值的一门科学,凡是与人生有关的学问都与美学有关。美学的这种性质决定了美学方法的多样化。同时,美学作为一门历史的科学,它不是静止的,而是在动态的发展中,随着研究者主观目的和能力的变化,随着客观形式和规律的变化而在不断地发展和变化。这更加强了美学方法的多样化性质。"[24] 可见,研究方法的选择和确定必须从研究对象及其规律、研究目标和研究者的能力三个方面加以考量,它直接关系到对对象研究的程度的深浅和研究目标能否实现。甚至可以说,一项研究工作的成就和意义在一定程度上就直接表现在该项研究的方法之上。半个多世纪以来的我国民居建筑研究的发展和成就就是很好的说明。中国民居研究的发展历程反映了研究方法的层次演进,从而表现出了不同的研究阶段。一是 20 世纪 40~80 年代,这是以传统民居的调查、测绘为中心的建筑考据法时期;二是自 80 年代至今的从历史学、民俗学、语言学、社会学、美学等角度展开的以民系民居研究为代表的建筑文化法时期。随着研究的不断深入,研究对象及其规律的变化与发展,人们主观能力的发展提高,以实践性、历史性、开放性相结合为特点,以唯物辩证为内核的多元综合研究方法必将成为中国民居研究方法体系的方向和中心。

研究的深入和研究方法是相互促进、相辅相成的。事实上,建筑美学的诞生固然是美学和建筑学的共同发展相交而生的结果,但同时,在一定程度上说,这门新学科的生成与建筑学、美学的研究方法的多元化亦有因果关系。也就是说,研究方法的多元化开辟了研究对象的新领域。对此,北京大学的阎国忠教授就明确提出:"美学方法多元化的提倡,使美学研究步入了一个异常活跃的新时期。首先是信息论、系统论、控制论及模糊数学等自然科学方法的引进,其次是现象学、解释学、分析哲学、结构主义等现代西方哲学方法的移植,再次是对中国传统美学的重直观、重体悟、重体验的方法的借鉴,多种多样的方法把人们引向美学的多种多样的层面,面对多种多样的问题,形成多种多样的观念,从而为美学开辟了十分广阔和充满诱惑力的前景。"[25] 多元综合的研究方法并不是指近代岭南建筑文化与美学研究的某一具体方法,也不是说在研究过程中将各样各种的研究方法不加分析地生搬硬套,而是指出和说明近代建筑文化与美学研究的方法定位和方法特征。周来祥教授说过:"在文艺学、美学的方法问题上,我主张既应是多元的、多样化的,一切有益的方法均要吸取,不可排斥,同时又应是综合的、一体化的、统一的,即最终又融合到马克思主义辩证思维中来,成为丰富、深化辩证思维的一个有机因素。"[26] 但是,"揭示某一客观真理的方法只有一个,而不是多样的,不是任何一种方法都可以的"。[27]

针对本课题研究对象的跨学科性质,我们拟采取理论层面的交叉综合研究与实践层面的调查考证研究相结合的研究方法,立足于近代岭南文化"古今中西之争"的广阔背景,运用跨学科(哲学、自然科学、社会科学、工程技术科学、人文科学)的综合研究方法,就近代岭南主要建筑类型展开审美文化研究。在研究思路上以岭南文化为面,以美学理论为线,以近代岭南典型建筑为点,进行点—线—面相结合的动态综合研究。特别是针对本课题研究的核心问题——建筑美的本质,拟吸取混沌学、价值哲学、模糊美学等前沿学科的最新成果论证建筑美作为确定性和不确定性相统一的有机整体的发展规律,阐明建筑美的模糊特性,揭示建筑审美的共同性、差异性及其成因。

作为建筑学和美学相交而生的交叉新兴学科,建筑美学的研究属于跨学科研究,预示着广阔的学术前景和强大的生命力,因为它遵循并体现了当代科学发展的规律,表征着当代科学发展所呈现的既高度分化又高度综合的特点和趋势。中国社会科学院的李惠国先生曾经指出:"当代社会历史的客观进程,当代任何重大的科学技术问题、经济问题、社会发展问题和环境问题等所具有的高度的综合性质,不仅要求自然科学、技术科学和社会的各主要部门进行多方面的广泛合作,综合运用多学科、跨学科的知识和方法,而且要求把自然科学、技术和人文社会科学知识结合成为一个创造性的综合体。当代人类面临的问题的高度综合性质和跨学科性质,决定了当代自然科学和技术必须与人文社会科学相结合,这是当今科学发展的新趋势和新特点。"[28] 建筑美学研究体现了当代科学发展的高度综合性质和跨学科性质,反映了当代科学发展的新趋势和新特点。加强建筑美学研究不仅有助于美学的研究和发展,"扩大美学研究的范围和领域,加强美学理论和实际的联系……加强美学理论的社会作用,使美学理论能够像其他理论一样积极地在现实生活中发挥作用"[29],而且也有助于建筑学的研究和发展。以吴良镛先生为代表的当代建筑学家早已强调并呼吁对建筑学进行跨学科的综合研究,因为"建筑正是在文化的土壤上培养出来的"[30],"建筑与城市科学本身就是跨越人文科学和自然科学、科学和艺术的集合学科群"[31]。建筑的含义不单是给人们一个可供居住的物质空间,也是人们情之所系的生存环境,是物质使用价值和精神审美价值的综合载体。

本课题着眼于哲学、美学与建筑学交叉综合的跨学科研究领域,选取"岭南"这一特定地域和"近代"这一特定时域而展开建筑文化与美学研究,具有重大的理论和现实意义。

首先，从文化层面上讲，以广州为中心的岭南地区在中外文化交流史上，特别是近代以来，往往是"得风气之先"而又"开风气之先"，对中国其他地区有着强大的辐射力。"经过对爱国的情感和追求进步的理性之间的冲突进行合理的调适之后，岭南地区的文化精英以开放而又健全的心态，在融汇中西优秀文化传统的基础上，不仅实现了创造性的文化转换和文化重构，而且也完成了由'得风气之先'向'开风气之先'的飞跃，孕育了推动中国文化向近代形态转变的岭南近代文化精神。"[32] 现今可见的近代广州沙面建筑和近代广东侨乡建筑透射出了浓郁的近代岭南建筑的人文气息和时代理性。加强近代岭南建筑文化与美学研究，既可总结岭南建筑的地域性、时代性、文化性，又有助于理解和把握中国近代建筑美学的一般规律。

其次，就学理层面而言，中国近代社会乃思想大变动、文化大冲撞的社会转型时期，肇始于鸦片战争的西学东渐潮流激起并加剧了中西两种异质文化的碰撞和冲突，并贯穿于中国近代社会的始终。由西学东渐引发的别开生面的"古今中西之争"正是岭南近代建筑文化与美学发生、发展的广阔的文化背景。这种文化背景决定了近代岭南建筑审美文化既不能在西方建筑思潮和美学面前无动于衷，又不能将中国传统建筑文化和美学彻底地抛弃，而是在这两种美学的支撑下去求得自己的新生，从而表现出不仅对西方建筑思潮和美学广泛地引进和选择性地吸收，而且对中国传统建筑文化和美学积极地扬弃和批判地继承，努力探觅两种美学的契合之处，以达到两种审美文化的交融汇合。因此，加强这种社会转型时期的岭南建筑美学研究，一方面有利于丰富和推动中国近代美学的研究——近十年来美学界大声疾呼亟待加强的学术研究领域，另一方面亦有利于深化和促进中国近代建筑的研究——建筑历史与理论界普遍认同的方兴未艾的学术热点，以期在总结经验、吸取教训的基础之上构建现当代中国建筑美学的理论体系。

再次，近代时期是岭南建筑史上特殊重要的时期，这种特殊重要性不仅仅在于近代时期是个性鲜明的岭南建筑由传统向现代转变之时，岭南建筑肩负起了综合创新的历史使命，更在于近代岭南的综合创新是以理论自觉为鹄的、为主题的。也就是说，近代时期是岭南建筑走向"自觉"的历史时期。张复合先生曾从建筑教育、建筑设计和学术活动三个方面，对20世纪二三十年代的中国近代建筑历史上的"自立"时期进行了专文论述。[33] 从时间上看，岭南建筑的自觉与整个中国近代建筑的自立是大体一致的，20世纪20年代，广东省立勷勤大学、国立中山大学相继开办建筑系以及1936年广东省立勷勤大学建筑系创办《新建筑》便是一个重要标志。因此，加强近代岭南建筑文化与美学研究不仅有助于中国近代建筑思想的整理，而且更有助于岭南建筑理论体系的整理和建树，有益于纠正岭南乃至全国建筑界长期存在的那种"建筑创作无需理论指导"的错误倾向和学术偏见，从而为更好地发扬岭南建筑特色、繁荣当今岭南建筑创作提供历史借鉴和理论参考。

另外，侨乡建筑和侨资建筑是中国近代建筑中十分重要的内容，占据十分重要的地位，而作为岭南腹地的广东省是中国第一大侨乡。海外华侨中，广东籍华侨占华侨总人口的68%[34]，广东侨汇在20世纪30年代即占全国侨汇的80%左右，潮汕、兴梅和五邑地区是广东的重点侨乡，也是近代岭南建筑的主要发展地区。因此，加强近代岭南建筑美学研究一方面可以丰富和推动中国近代建筑的重要领域——侨乡建筑和侨资建筑的研究，开辟新的研究领域；另一方面，通过对中国第一侨乡的近代典型建筑的研究分析阐释近代岭南乃至近代中国的建筑—经济—社会的互动关系和发展规律，进一步拓展建筑及其文化研究的学术视野。

最后，值得指出的是，近代以来，关于岭南建筑的理论研究相对于岭南建筑的创作实践显得滞后和贫弱，其结果是影响和制约了岭南建筑的实践，而且也造成了这样一个人所共知的现象：岭南建筑在全国建筑界的地位、影响、意义和贡献没有得到应有的正视。岭南建筑在全国知名似乎首先不在于岭南建筑而是在于广东率先于全国的改革开放。事实上，近代以来的岭南建筑师们的探索和实践成绩卓著，不仅创作出了堪称典范的建筑作品，而且有丰富的关于岭南建筑理论的真知灼见。为此，我们更感加强岭南建筑理论研究的必要性和紧迫性。甚之，相对于岭南建筑理论研究而言，关于岭南建筑文化与美学的研究更是无人问津的拓荒性工作，从而显示出了本课题研究所具有的抛砖引玉的开创性意义。

本章注释：

  [1] 汪正章.建筑美学.北京：人民出版社，1991：67.

  [2] 汪正章.建筑美学.北京：人民出版社，1991：195.

  [3] 王振复.建筑美学.台北：台湾地景企业股份有限公司，1993：38.

  [4] 王振复.建筑美学.台北：台湾地景企业股份有限公司，1993：39.

  [5] 王振复.建筑美学.台北：台湾地景企业股份有限公司，1993：75.

  [6] 王振复.建筑美学·罗哲文序.台北：台湾地景企业股份有限公司，1993：8.

  [7] 许祖华.建筑美学原理及应用.南宁：广西科技出版社，1997：41-42.

  [8] 许祖华.建筑美学原理及应用.南宁：广西科技出版社，1997：42.

  [9] 侯幼彬.中国建筑美学·前言.哈尔滨：黑龙江科学技术出版社，1997：2.

  [10] 金学智.中国园林美学·前言.北京：中国建筑工业出版社，2000：9.

  [11] 金学智.中国园林美学.北京：中国建筑工业出版社，2000：445.

  [12] 黑格尔.美学.朱光潜译，北京：商务印书馆，1979：29-30.

  [13] 黑格尔.美学.朱光潜译，北京：商务印书馆，1979，3：30.

  [14] 黑格尔.美学.朱光潜译，北京：商务印书馆，1979，3：30.

  [15] 黑格尔.美学.朱光潜译，北京：商务印书馆，1979，3：64.

  [16] 吴焕加.论现代西方建筑.北京：中国建筑工业出版社，1997：60.

  [17] 吴焕加.论现代西方建筑.北京：中国建筑工业出版社，1997：149.

  [18] 乐民成.美国建筑学界略览.世界建筑导报.1987，10.

[19] 罗杰·斯克鲁通.建筑美学.英国美学杂志.1973.

[20] 曾昭奋.云归岭南.莫伯治集.广州：华南理工大学出版社，1994：275.

[21] 郑刚.岭南文化向何处去.广州：广东旅游出版社，1997：17.

[22] 夏昌世，莫伯治.漫谈岭南庭园.建筑学报.1963，3.

[23] 杨秉德.中国近代建筑史分期问题研究.建筑学报.1998，9.

[24] 蒋孔阳.美学研究的方法.1991，8.

[25] 阎国忠.体验·反思·思辨——关于美学方法论问题.北京大学学报.2000，5.

[26] 周来祥.再论美是和谐.南宁：广西师范大学出版社，1996：170.

[27] 周来祥.再论美是和谐.南宁：广西师范大学出版社，1996：149.

[28] 金吾伦.跨学科研究引论.北京：中国编译出版社，1997：1.

[29] 王振复.建筑美学.蒋孔阳序.台北：台湾地景企业股份有限公司，1993：3.

[30] 吴良镛.广义建筑学.北京：清华大学出版社，1989：66.

[31] 吴良镛.广义建筑学.北京：清华大学出版社，1989：217.

[32] 胡波.岭南文化与孙中山.序一.广州：中山大学出版社，1997.

[33] 汪坦，张复合.第五次中国近代建筑史研究讨论会论文集.北京：中国建筑工业出版社，1998：1-7.

[34] 厦门大学南洋研究所.近代华侨投资国内资料汇编.1960：4.

第二章　岭南近代建筑的审美文化背景

本章提要

建筑是文化的现象，也是文化的载体，岭南近代建筑的审美文化背景怎样，在整体上又有何特征，当是岭南近代建筑审美文化研究不可回避的问题。对此，本章首先以深层的学理视角，在借鉴和创造性吸收学界最新研究成果的基础上，从价值系统、民众心理、思维方式和审美理想四个层面论析了近代岭南文化的基本精神，即经世致用、开拓创新的价值取向，开放融通、择善而从的民众心理，经验直观、发散整合的思维方式，清新活泼、崇尚自然的审美理想。

其次，本章立足于中国近代美学发生、发展所依的波澜壮阔的古今中西文化之争，归纳出了中国近代美学的时代特征、思想特征、理论特征和目标特征，分别表现为中国近代美学的反封建意义，中国近代美学的综合创新，中国近代美学对意境理论的自觉探索，中国近代美学的审美理想的变革。

最后，本章通过对岭南近代建筑文化融古今、会中西之述论，概括了岭南近代建筑文化的总体特征，揭示了岭南近代建筑发展的"适应性规律"，并从建筑适应性的理论层面分析了岭南近代建筑的文化地域性格，即近代岭南建筑的自然适应性、社会适应性和人文适应性。岭南近代建筑文化面临具有先进性兼侵略性的西方建筑文化并与之发生冲撞融合之时，不仅表现出了理性自觉，而且实现了文化转型，显露了开放、创新的品格。本章指出，近代岭南建筑文化转型历经了三个逻辑阶段：自我调适、理性选择和融汇创新。其中的自我调适阶段是最为痛苦、最为艰难的，也是最为漫长的。近代岭南建筑文化的自我调适，其内容在于从原来对西方建筑样式的漠视、对西方建筑技术的无知、对西方建筑材料的陌生和对西方建筑文化的鄙夷变为后来对西方建筑材料、技术、样式的好奇和了解及对西方建筑文化的正视和关注，其结果则是实现了建筑文化心理由封闭到开放，由拒抗到接触，由孤傲自大到理性反省的调适和转变。然而，必须注意的是，这种调适和转变并不是自觉自愿、积极主动的，而是在经历了军事惨败、经济压迫和文化侵略之后被迫进行的，与中国当代建筑的主动开放、平等交流的文化背景根本不同，内含着难以言表的屈辱和痛苦，从而成为了决定这种调适和转变的艰难性和长期性的深层原因。岭南近代建筑文化的理性选择是矛盾和复杂的，从根本上讲，这是由近代中国社会所载负的启蒙和救亡的双重使命决定的。岭南近代建筑的类型之丰富和风格之多样就是这种矛盾性和复杂性的很好的表征和生动诠释。从20世纪20年代末期开始，岭南近代建筑文化在自我调适和理性选择之后，发展至融汇创新阶段，并以大量的建筑创作实践活动实现了自身的文化转型。

总之，岭南近代建筑文化的转型是古老而封闭的中国古代建筑文化与远渡重洋的西方建筑文化经由规模空前的大冲撞、大交流后的必然结果，是通过自我调适、理性选择和融汇创新的道路的艰辛跋涉而获得的。这种转型的标志便是相袭已久的以木构架体系为主体的古代岭南建筑文化的解体，和融合了新的先进的西方建筑技术和西方建筑材料的新建筑体系的诞生。

第一节　岭南近代文化的基本精神

岭南文化是源远流长且丰富多彩的中华文化的一朵奇葩，是中华文化体系中成就卓著且风格独特的地域文化之一，有如三秦文化、齐鲁文化、荆楚文化、燕赵文化、吴越文化、巴蜀文化、三晋文化、西域文化等，同属于中华文化的亚文化范畴。

众所周知，岭南地区在历史上开发较晚，古代被视为"化外"之地，"瘴疠"之乡，但由于得天独厚的地理条件，岭南地区从汉唐时期开始便成为沟通中外关系的重要门户。岭南这种与国外的联系代代延续，即使在清朝时期整个中国厉行闭关政策的岁月里亦未中断，从而铸塑了岭南文化"得风气之先"的品格。到了近代，在中国文化总体上呈现出保守封闭特征的文化格局中，"得风气之先"的岭南文化更是风格独特，显得弥足珍贵，而且还开启了了解世界、学习西方的历史进程，完成了由"得风气之先"到"开风气之先"的历史性飞跃，成为了推动中国近代文化发展的主角。

"得风气之先"与"开风气之先"的良性循环，二者之间的相得益彰、相互促进，便是近代岭南文化的整体精神风貌。对此，中山大学陈胜粦教授曾作出精辟的论述："在近代相当长的时期内，学习'先进的西方'经常给人们带来两难的处境。'先进的西方'同时也是'侵略的西方'，怀着爱国的情感憎恨与反抗'侵略的西方'和带着追求进步的理性去师法'先进的西方'，就是我们所说的'双重回应'，但对其中任何一方面的冷漠忽视或片面夸大，都将造成有害的文化偏见，其极端的结果是盲目排外的狂热和对'全盘西化'的追求。近代岭南文化的发展表明，只有以健全的文化精神来调适情感与理性的冲突，才能对困扰着人们的文化难题作出正确的解答。康有为、梁启超、孙中山等文化精英以其思想和行动显示，爱国的情感和追求进步的理性之间的冲突在他们那里得到了合理的调适。以此为基础，他们一度把握了近代文化和近代历史发展的脉搏。与这种文化精神相联系，他们从岭南文化的深厚基础出发，提出撷取中国传统文化和西方近代文化的精华，创造出超载于所有文化之上的中国新文明的主张，探索会通中西、熔铸古今的民族文化发展路径。"[1]

关于岭南近代文化的理论研究，总体上存在着两种不同的视角和方向。一种是着眼于微观，运用比较的方法揭示近代岭南文化的特点；另一种是着眼于宏观，采取归纳的方法探寻岭南近代文化的精神。目前，学界同仁更多地注重于岭南近代文化特点的分析。有人认为，岭南文化的特点在于重商性、开放性、兼容性、多元性、受用性、直观性和远儒性七个方面。[2] 有人指出，近代岭南文化有四大特点：①与爱国救亡斗争相结合，其核心是民主与科学。②是中西文化冲突融合的产物。③具有速变性、开创性和对内在进行辐射的领先地位。④多样性和奇异性。[3] 有人则认为，近代岭南文化具有"实"、"新"、"活"、"变"四个特征。"实"就是明快活泼，反应迅速、灵敏。岭南文派、诗派、画派、广东音乐、建筑和货品等，都散发出一种灵巧、新鲜的气息。"变"就是变化、发展、与时俱进，在中西文化的冲撞、交流和融汇中，不断扬弃、变革、重构，显示出一种进取的态势。[4] 有人则将岭南近代文化与中国其他区域近代文化相比较，认为它们的区别主要不在于基本内容，而在于表现形式，主要不是时代性，而是区域性，将近代岭南文化的特点概括为五点：一是岭南近代文化的代表人物既集中又突出，二是岭南近代文化在各个阶段的发展上都处于领先地位，三是岭南近代文化中的西学的痕迹更广更深，四是岭南近代文化思潮的演变与中国近代风云的变幻紧密相联，五是岭南近代文化中华侨文化和港澳文化占重要地位。[5] 还有人将岭南近代文化的特点概括为开放融通性、动态发展性、新异实用性、多元层次性、商业商品性、家庭本位性、大众参与性、经验直观性这八个方面。[6] 亦有人认为"岭南的人文精神，可以概括为五个主要方面"，即爱国主义精神，革命精神，重视经济、关心国计民生的经世致用精神，崇尚科学、追求民主的进取精神，放眼世界的文化融合精神。[7]

上述关于岭南近代文化特点的研究成果虽然在具体的侧重和强调之处存有分殊，但都持之有故，有助于我们对岭南近代文化的认识，为我们分析和归纳岭南近代文化的基本精神提供参考和借鉴。从学理层面上说，岭南近代文化的基本精神是一切岭南近代文化现象中最精微的内在动力，是指导和推动岭南近代文化不断前进的思想和观念，其实质就是在岭南近代文化的发展过程中表现出来的岭南人的价值系统、思维方式、民众心理以及审美理想等内在特质的基本风貌。以下从四个方面分而述之。

一、经世致用、开拓创新的价值取向

无论从纵向的时间角度还是从横向的空间角度看，岭南近代文化在价值取向上表现出了鲜明的经世致用、开拓创新精神。一方面，岭南近代文化继承和发展了传统岭南文化经世致用的功利性特征。早在古代，地处南海之滨的岭南地区，商贸素称发达，处于岭南中心的广州是中国最古老的海港城市，是古代"海上丝绸之路"的重镇，岭南又因大山阻隔而免受北方战乱和政治风波的干扰，逐渐形成了重利实惠的社会风尚。在这种商业氛围的影响下，岭南的文化人士都比较清醒地认识到了经济是国家的命脉，乃苍生之所依，因而他们的学术视野无不关注到这一领域。从丘睿的《大学衍义补》到屈大均的《广东新语》，都体现了岭南学者对国计民生的垂注,而在明清之际岭南地区一大批"儒商"的崛起,更是这种精神的真实写照。自明万历年间以降,广州因外贸的刺激和商品经济的发展,商品意识不断强化和明确化,重商、求利的价值取向更显突出,特别是近代时期西方资本主义生产方式与经济贸易进入岭南,进一步助长了岭南人务实求利、经世致用的观念意识。这一特征不仅反映在近代岭南思想家们的思想体系具有明显的实用主义倾向之中,而且也更集中地表现在了近代岭南的经济思想之中。事实上,中国近代经济思想史上几种有影响的经济思想皆发源于岭南,几个有影响的经济思想家也产生于岭南,从洪秀全、洪仁玕,到郑观应、何启,再到康有为、梁启超,一直至孙中山,均是如此。另一方面,近代岭南文化也承续了革故鼎新、开拓创新的岭南人文精神。唐代,张九龄开创了诗歌的清淡之风,一洗六朝与初唐的脂粉之气;慧能改革佛教,首创南禅的顿悟法门。明代,丘睿革新了明理学为主导的思想,首开政治经济学术方向,"经济理学,兼而有之";陈白沙创江门学派,与传统理学抗衡,早于王阳明走向心学倾向。到了近代,开拓创新的岭南精神得到了进一步强化和集中体现。洪秀全领导的太平天国的农民斗争,康、梁为首的资产阶级改良运动,孙中山领导的革命斗争,梁启超创造的新文体,黄遵宪进行的诗界革命,陈澧开创的新的地理、音韵研究方法,如此等等,无一不体现近代岭南文化开拓创新的文化特质。而且,岭南近代文化的开拓创新精神相对于近代时期整个中国文化思想的封闭格局,更显耀眼和可贵,使得岭南地区成为了近代中国新思想、新观念、新方法、新精神的发源之地。

二、开放融通、择善而从的社会心理

岭南近代文化的开拓创新精神是与开放融通、择善而从的社会心理紧密相联的。在对待异质异地文化的问题上,岭南近代文化表现出了开阔的胸襟、博大的气魄,它不害怕"异端"、"邪说",而是兼容并蓄,择善而从,甚至直接进行文化嫁接,拿来为我所用。

从逻辑意义上说,岭南近代文化的开放性包括两个层次:一是民众心态和社会观念上的开放意识。岭南人以一种开放的姿态和健康的心理接受外来新事物,这使得岭南人能够机敏地感受到外界的信息和刺激,赶上时代的潮流,不断更新观念,丰富文化的内涵和生活的情趣,从而较少有保守的思想和封闭的心态,有利于新生事物的萌生和成长。另一层次是指开放意识在理论上的升华,这表现在岭南近代思想家的学说中即呈现为一种开放型思想体系,这不仅有利于新思想、新观念的吸收,而且有利于整个思想体系的不断修正、充实与丰富。康有为如此,梁启超亦如此,孙中山更是如此。孙中山曾明确指出:"要想实业发达,非用门户开放主义不可。"[8]这种开放性使得岭南文化在近代能获得强大的生命力,具有丰富的内容和崭新的观念,从而在中华文化体系中占据特殊的地位。

如果说开放性是岭南近代文化的对外姿态,那么,融通性则可谓与岭南近代文化开放性相表里的内在心理。岭南近代文化融通性的显现,从历史上看,与岭南文化重视融通的历史有着分不开的渊源关系。唐宋以来，岭南文化曾出现数次大融汇，韩愈、苏东坡的南谪岭南，在此兴学育才、普及教化以及张九龄等人的北涉中原，助推了中原汉文化与岭南本地文化的交流与融合；及至明朝，岭南产生了自己的思想家陈白沙，他从理论上总结了岭南文化融通、求实、调和的特点，试图中和诸家、兼容并蓄；再到明末清初，西学东渐，利玛窦等西方传教士在岭南传教，岭南文化出现了新的融通；进入近代，广东沿海地区成为了西方资本主义入侵的前沿，亦成为了西方文化东侵的最早据点。岭南文化在一种既相异于中国古代的封闭自足的传统文化背景又有别于当代中国主动开放、平等交流的文化背景的特定条件下与处于强势状态的西方文化相激相荡，在新的时代潮流冲击下步入了新的融合。

岭南近代文化的融通性的必然结果便是兼容并蓄、择善而从，其现实反映便是古与今、土与洋、中与西的"大杂烩"。近代岭南的思想理论、审美艺术、大众饮食、民风民俗皆是如此，特别是西方的生活方式和习俗引进岭南后，很快与当地生活方式结合了起来，传统的与现代的、本土的与外来的、中国的与西方的，随处可见，同时并存。这种融通性在岭南近代思想理论层面表现得最为明确和集中。康有为的思想是"含咀于吾国数千年来之文化以及印度、希腊、波斯、罗马古哲之懿言及近代英、法、德、美先哲之精华，损益古今，斟酌至当"[9]而融汇构成的。孙中山的思想体系之建构，也是博采众家之长的，自称："凡一切学术，有可能助余革命之知识及能力者，余皆用以为研究之原料，而组成余之革命学也。"[10]孙中山曾说明其思想渊源为："余之谋取中国革命，其所持主义，有因袭我国固有之思想者，有规抚欧洲之学说事迹者，有吾所独见而创获者。"[11]开放融通、择善而从实则是综合创新。这样的社会心理使得近代岭南文化在身处激烈的古今中西之争中时能够高瞻远瞩，进行合理的文化调适，从而广纳博收，取长补短，焕发出岭南文化的新光彩、新精神。岭南近代侨乡的建筑文化的特色和风貌（如开平立园、开平风采堂、朝阳西园）便是开放融通、择善而从的综合创新精神的生动体现。

三、经验直观、发散整合的思维方式

思维方式，处于文化深层结构的核心地位，是考量一种文化的基本精神的重要视角。关于岭南近代文化的思维方式，尚是学界研究很少的学术难题。这种困难源于影响近代岭南文化思维方式的形成条件的多样性和复杂性，简单地说，岭南近代文化的思维方式既承续了古代以来岭南人思维方式的一些特征，又不可避免地受到中国传统思维方式的影响，同时也兼具西方文化思维方式的某些特点。需要指出并值得注意的是，岭南近代文化包括社会精英文化和民间大众文化两个层面。岭南近代文化思维方式既有文化精英的思维方式的分析性、科学性乃至相对先进性的一面，又有广大民众思维方式的经验性、象征性和直观性的一面，而且后者的现象表现更为广泛，更为普遍，甚至从一定意义上说，民间大众文化是岭南近代文化的主体内容。因此，从总体上说，岭南近代文化的思维方式的特点是直观、经验、发散、整合。

岭南近代的民众文化关于自然和社会的知识，对文化活动的选择和偏好，更多采用直观性的、经验性的认识方法，常用各种谣谚来进行生动形象的陈述，而较少诉诸抽象的概念和理性的思辨。诸如"海水热，谷不结，海水凉，禾登场"[12]等，足以反映其直观经验型文化特点。从学理上分析，岭南近代文化直观经验的思维方式与岭南文化经世致用的价值取向和岭南禅宗思想的深厚基础及影响是分不开的，经世致用的文化价值观使得岭南人过于强调直观经验和感性的满足，"顿悟成佛"的南禅思想促进岭南人追求在直观、经验的日常劳作中实现各自的理想，直观经验的思维方式在近代岭南的民间工艺、大众饮食、侨乡建筑、宗教信仰等方面，给人印象深刻，在现今岭南文化中亦不无影响。

另一方面，岭南近代社会是一个风雷激荡、复杂多变的时代，身处思想阵地前沿的岭南文化精英们深刻地认识到了自己面临的时代历史课题——如何回应侵略而先进的西方文化。兼容并蓄、择善而从以图综合创新的文化发展目标决定了岭南近代文化精英们的思维取向是发散、求异、整体、综合的，从而诞生了岭南近代思维方法的新气象，这也表明了岭南近代文化思维方式的先进性和科学性。如康南海为了论证"制度"变革，采取了"实测之理"、"公法"、"比例"等新的方法。孙中山同样采取了一种科学的态度和实验的方法，以进化论阐述人类社会的发展。

这里要强调的是，岭南近代文化的思维方式具有两面性，即大众文化层面的直观经验性和精英文化层面的发散整合性，但是，这种两面性不是截然相分的，而是整体与共的，即使在近代岭南精英文化最典型的代表人物孙中山那里，其思维方式的两面性也鲜明可见。有的学者指出，孙中山的思维方法既"把中国问题放到世界全局中去考虑"，"学习西方与发扬民族优秀传统相结合"，"从实际出发，循序渐进"，又"不注意逻辑的严密性"，"在说明许多重大的理论问题的时候，孙中山很喜欢用比喻的方法"，"具有直观性的经验论的弱点"。[13]

四、清新活泼、崇尚自然的审美理想

岭南近代文化所具有的经世致用、开拓创新的价值取向和开放融通、择善而从的社会心理在审美艺术领域则表现为追求新异的审美实践和崇尚自然、清新活泼的审美理想。

从思想渊源来看，早在南宋时期，新会的陈白沙就曾标举和推崇"以自然为宗"。"天命流行，真机活泼。水到渠成，鸢飞鱼跃。得山莫杖，临济莫渴。万化自然，太虚何说？"[14]这里描述了生机盎然的自然景象，抒发了万物自然的审美理想，给人一种纵横云海、自由奔放的清新感觉。这种"以自然为宗"的审美观要求契合自然之真、生活之真、性情之真，反对矫揉造作，晦涩繁琐，主张直抒胸臆，真切自如，这也成为了岭南近代艺术的共同追求。岭南近代园林，不同于文人园林"怡情写意,隐逸超脱"的意匠指归,它追求自然和生活意义的真实,并博采众长,创造发展。从东莞可园到余荫山房,从余荫山房的深柳堂到清晖园的船厅,无论布局形式、装饰装修,还是山石造景、水泉形制,亦或是花木配置,都充分表现出了"求真而传神,求实而写意"的审美风格和艺术精神,形成了独特的造园风格:"满院绿荫人迹少,半窗红日鸟声多。"近代岭南音乐、岭南绘画、岭南文学、岭南书法都无不如此。近代岭南音乐在旋律、节奏、配器上进行了一系列革新,音色清脆明亮,曲调流畅优美,节奏明快清新,声韵悠扬动听,显著区别于中原古曲音乐死板凝重的格调,具有自然流畅、一气呵成、清新明快、活泼优美的特点。岭南音乐内容丰富,题材多样,如表现风俗图景的《赛龙夺锦》、《雨打芭蕉》,描绘生活情趣的《渔歌晚唱》《鸟投林》,歌颂幸福的《孔崔开屏》,抒发喜悦的《步步高》,哀叹人生的《昭君怨》……皆自然谐和,流畅丰富。近代岭南绘画更是独树一帜,以其清新自然、艳丽生动的风格著称于画坛,这在近代早期岭南画坛的"高峰"苏仁山那里便可见端倪。厄运迭至、一生坎坷的苏仁山,与朱耷借奇特的造型、敛约的线条透露出其抑郁苦闷的内心世界完全不同,极少将自己的人生际遇和内心苦痛宣泄于作品。"相反的是,他喜欢画乐观、洒脱的仙凡各路人物,画李太白醉倚舟中,画渊明先生在劳作间的小憩,而他们都一样地凝神静思,一样地如云横泉涌般的宁静、幽远。"[15]他追求的是自然天趣的绘画之境。"二居"兄弟的花鸟画,笔法清丽自由,设色湿润明丽,形成了清新活泼的风格。"居廉在笔致工整、设色妍丽、生意盎然的方面更为突出;而居巢的宋元神韵、得妙处于笔墨之外的韵味则又是另一番境界。"[16]至于"二高一陈"的新国画运动,他们本着兼容并蓄、综合创新的思想精神,在继承中国画传统技法的基础上,吸收日本、欧洲的画法和摄影的影响,强调师法自然,重视写生,风格独特,影响深远。

第二节 中国近代美学的四大特征

中国近代社会经历了亘古未有的思想大变动、文化大冲撞。肇始于鸦片战争的西学东渐潮流激起并加剧了中国传统文化前所未有的蜕变和中国近代文化艰难曲折的生成。由西学东渐引发的别开生面的"古今中西之争"正是中国近代美学发生、发展的广阔的文化背景,这种文化背景决定了中国近代美学既不能在西方美学面前无动于衷,又不能将中国传统美学彻底地抛弃,而是在这两种美学的支撑下去求得自己的新生,努力探觅西方美学与中国传统美学之间的契合之处,以求对中西美学的综合创新,从而凸显了中国近代美学的时代特征、思想特征、理论特征和目标特征。

一、时代特征:反对封建传统的感性启蒙

由物质技术层面至社会制度层面至观念精神层面,是文化结构的层次表现,

也是近代中国社会中西文化冲突与融汇的轨迹路线，它昭示了近代两种异质文化冲突的核心在于价值观念。价值观念的变革表明了外来文化对于中国传统文化最有威力的震撼，同时也意味着对整个中国封建文化体系的打破和否定。西学东渐的不断扩大和逐步深化促成了近代文化的变迁发展及其批判精神的日渐成熟，使得学习西方成为了时代的风尚，当时的文化界和思想界正如鲁迅所描述的"言非同西方之理弗道，事非合西方之理弗行"。从洋务派到维新派，从戊戌变法到民主革命，薪尽火传，理想不变，那就是：变陈规旧习，反封建传统。如果说，救亡图存是近代中国的历史使命，那么，反对封建传统，崇尚民主和科学的现代性追求则是近代中国的时代精神，这种时代精神同样流注于近代美学思想发展的始终，成为中国近代美学在西学东渐的浪潮中进行抉择的价值尺度和衡量标准。

中国近代美学反对封建传统的启蒙意义首先证之于超功利美学观的引进与传播。以王国维、蔡元培、梁启超为代表的近代美学家们之所以大力引进和鼓吹西方超功利美学观，一个重要的原因就在于，它是批判封建功利主义美学传统的强大的理论武器，是对近代民主主义革命的有力声援。王国维是从叔本华的悲观意志说出发来继承和发挥康德的超功利美学观的，他认为，要摆脱生活之欲带来的苦痛，非求助于美和艺术不可，因为，"美之性质，一言以蔽之，曰：可爱玩而不可利用者是已。"[17]美和艺术在本质上是超功利的，不涉及物质功利欲求。审美的超功利性是王国维美学思想的基础和核心，他自觉介绍和接受西方超功利美学观并贯之于自己的文学批评和美学研究，显露出了反对封建美学传统的斗争锋芒，开启了一代风气。蔡元培毕生热衷于美学研究，致力于美育实践，在美的本质问题上，他始终坚持审美超功利性的看法，他在《以美育代宗教说》一文中认为："盖以美为普遍性，决无人我差别之见能参入其中。美以普遍性之故，不复有人我之关系，遂亦不能有利害之关系。"[18]在《美育和人生》一文中指出，美"既有普遍性以打破人我之见，又有超脱性以透出利害的关系"。[19]梁启超竭力鼓吹的趣味主义和生活的艺术化，骨子里依然是审美的超功利性的思想。梁启超认为，要使生活充满趣味，要在生活中感到美，就应该具有宇宙不济和人生无我的人生观。[20]这种人生观能使精神从狭隘的功利需要中解脱出来，以无功利的态度对待生活，从中寻找到趣味和美。他这种对趣味主义和生活艺术化的鼓吹实际上是对封建传统的文艺审美观和扼杀人的个性情感的封建社会的愤怒声讨。

中国近代美学的反封建意义亦可证之于声势浩大的近代美育思潮。无论是王国维、梁启超、蔡元培，还是早期的鲁迅，无一例外地倡导美育，甚至身体力行，投身于美育实践。王国维旨在"使人之感情发达"的美育思想与传统以来"止乎礼义"的教化思想是格格不入甚至针锋相对的。梁启超的主张"把情感教育放在第一位"的高扬人性的美育思想具有鲜明的民主启蒙意义，而且得到了陶曾佑、徐念慈、康有为等人的普遍响应，成为了民主启蒙时代人们的共同愿望和要求。蔡元培更是把美育提到国家教育方针的高度并确立下来，不仅如此，他还把自己的美学思想和美育理论同反封建的革命斗争实践紧密地结合了起来，致力推行美育实践。尤其当他主长北京大学之时，校园里，音乐会、书法研究会、画法研究会如雨后春笋般涌现，各种美学讲座和各项美育活动蓬勃开展，一时间，上海、杭州等地亦仿效创办美学研究会和美术学校，美育实践活动风行全国。

中国近代美学的反对封建传统的时代特色还表现在对俗文化的高度重视，为俗文化正名。小说在封建文化中素来被视为"末伎"、"闲书"，为人们所轻视。到了近代，小说的地位有了极大提高，与传统雅正的"六艺"平起平坐，新小说的创作亦空前繁荣。近代美学对俗文化的重视并不限于小说，源远流长的民间歌谣亦不例外。近代社会对俗文化的重视，反映了近代美学思想的变化和更新，其锋芒所向就是陈腐的封建文化和传统的审美观念，体现了鲜明的反封建意义和时代特征，实质上，这也正是以思想启蒙和服务现实为内容的时代要求向近代美学提出的任务。

二、思想特征：会通中西美学的综合创新

中国近代美学是中国美学研究走向理论自觉、走向世界的真正起点，其贡献远远不止于对西方美学思想和美学理论的广泛引进，中国近代美学已经开始了对中国传统美学思想和西方美学思想的批判继承和综合创新，是中国美学思想史上的一次伟大革命。这种综合创新不仅表现为对中西美学的思想理论内容之融合，而且表现为对两大美学体系的审美思维方式之贯通。

近代美学家以"别求新声于异邦"为目的，胸怀"须将世界学说为无限制的尽量输入"的决心，努力宣扬和吸收西方美学思想。王国维更是以一位哲人的眼光指出："异日发扬光大我国之学术者，必在兼通世界学术之人，而不在一孔之陋儒。"[21] 表现出了近代美学家们力求博采众长、会通中西的宏大气魄。他们通过对中国美学的固有传统和西方美学的理论进行比勘、研究，进而对中国古代传统作出时代诠释，进行重新估价，以便批判地加以继承和发展。王国维的境界说，梁启超的小说戏剧理论，蔡元培的美育理论就是吸纳西方美学思想去改造中国传统美学思想的创造性成果。

王国维的境界说融合了中国传统美学的意境理论和西方美学的典型学说。境界说是《人间词话》的基本理论，也是王国维对中国近代美学的真正贡献和主要贡献之一，它不仅给中国传统的意境理论"注入了新观念的血液"，而且也"拟具了一套简单的理论雏形"[22]，充分体现了王国维美学思想所具有的思想品格和时代特色。这种特点集中表现在：理论上已摆脱原来的自发状态而开始走向理论自觉，开始以将西方的科学精神与中国的艺术精神相结合的方式来观照艺术并探讨其美学价值。梁启超从改良政治的时代要求出发，一反封建传统轻视小说的观念倾向，重视小说的艺术审美特征，指出小说具有"熏"、"提"、"刺"、"浸"四种功力，给人耳目一新之感。在小说的创作方法上，从西方美学中引进有关美学范畴，结合我国的文艺实际，发展了创作方法的理论，提出了"写实派"与"理想派"，"写实主义"和"浪漫主义"的创作审美要求，以小说为中心展开了关于

文艺与时代、文艺与政治的关系，小说的审美创作以及小说的美感特征等一系列艺术美学问题的探讨。这无疑是梁启超对传统的轻视小说的观念的反思和否定，是参照西方文艺美学思想，在批判和吸收的基础上，为构建中国近代小说美学思想体系所作的努力和贡献。蔡元培在《美育与人生》一文中指出："既有普遍性以打破人我之见，又有超脱性以透出利害的关系，所以当着紧要关头，有'富贵不能淫，贫贱不能移，威武不能屈'的气概，甚至有'杀身以成仁'而不'求生以害仁'的勇敢。这完全不由于知识的计较，而由于感情的陶养，就是不源于智育，而源于美育。"[23] 显然，蔡元培是在用西方美学观点来解释中国儒家"礼乐相济"的传统，为古代传统思想增添新的内容，同时也使西方美学理论融合了中华民族的现实的具体内容和形式，从而把中西古今加以融会贯通，使他的美育理论同样体现出中西合璧的特色。

中国近代美学理论的形成和发展不仅在美学理论、美学观念上吸收了西方美学思想的有益营养，更重要的是，在思维方式上也受到了西方科学文化精神的深刻影响，从而极大地震撼了中国传统美学那种重直觉、重体悟、重整体的直观把握的思维审美方式。西方文化的科学精神已然深入到我们民族的思维方式之中，并且与传统的思维方式有机地融合在一起，一种包容着中国诗的艺术精神与西方科学哲学的艺术精神的审美思维方式应时而生。这种具有时代特点的思维方式内在地、深刻地影响且规定了中国近代美学思想的形成和发展，拓展了美学研究的领域，加强了美学研究的知性逻辑分析，注重研究的科学性与理论性，注重研究方法的多样化、综合化，从而使近代中国美学呈现出了中国古代美学所没有的风貌和特色。

三、理论特征：探索意境理论的自觉努力

通过中西美学传统的比较，我们可以发现，西方美学从罪感文化出发，追求神人合一，重形式，重再现，较早地发展了"摹仿"说和典型性格理论，中国美学从乐感文化出发，追求天人合一，重神韵，重表现，较早地发展了"言志"说和艺术意境理论。这种意境理论在庄子的寓言，荀子的《乐论》和《礼记·乐记》中已经具体而微，至魏晋南北朝便奠定了基础，经过源远流长的发展，到明清之际达到了总结阶段。近代时期，中国美学在介绍、理解和消化西方的美学理论的同时，始终努力探索着具有中国民族特色的艺术意境理论，王国维、梁启超、朱光潜、宗白华、鲁迅就是其中代表。

王国维把西方艺术典型学说与中国艺术传统结合起来，考察意境理论，提出了富有创造性的"境界"学说，为中国近代美学的发展作出了突出贡献。王国维的境界说将境界分为"有我之境"与"无我之境"，提出"境界"是评论诗词的艺术标准，阐明了"隔"与"不隔"之别以及境界创造与文学流派的关系。王国维认为："言气质，言神韵不如言境界。有境界，本也。气质，神韵，末也。有境界，而二者随之矣。"[24] 中国传统美学的意境理论认为，艺术要在情境交融中

体现理想。王国维不仅继承了这一理论,指出"能写真景物、真感情者,谓之有境界"[25],要求像屈原那样把"北方人之感情与南方人之想象合而为一"[26],而且还将其融之于西方美学的典型理论。他认为,"境界"就是要从个别中揭示一般,有限中抓住无限,短暂中显出不朽,瞬间中体悟永恒,这是对中国美学意境理论的重大发展。

王国维的境界说是成书于1908年的《人间词话》的基本理论,此后,梁启超、朱光潜、宗白华、鲁迅又从不同的侧面考察了意境理论。梁启超主张"趣味主义",他认为趣味的来源有三条:第一是"对境的赏会与变现",即对自然美的欣赏,对良辰美景、赏心乐事的领悟;第二是"心态的抽出与印契",是指情感的快乐或痛苦能够自由地抒发出来;第三条是"他界之冥构与摹进",是指在超越现实的理想境界中享受自由。他认为,趣味是艺术的本质和作用,艺术趣味是由内心的情感和外部环境的作用引出来的,因而具有相对性。"就社会全体论,各个时代趣味不同;就一个人而论,趣味亦刻刻变。"[27]可见,梁启超的趣味主义理论实质上是把艺术意境的三个要素割裂开来了。

朱光潜是一位学贯中西、承前启后的近现代美学家,他沿着王国维的路子,用美学上的表现说来解释艺术意境,着重对"情景交融"这一点进行阐发,比王国维更加深入,更为缜密。朱光潜认为,在诗、艺术的境界中,情感表现于意象,被表现者是情感,表现者是意象,情感、意象经心的综合(即直觉)而融贯为一体,就构成了意境。朱光潜以为,不论现实主义还是理想主义,都是模仿,都是不对的,他用美学上的表现说来反对模仿论和典型化理论。因此,朱光潜的意境学说一方面脱离了现实主义的前提,另一方面又忽视了意境的理想性质。至于1949年以后,朱光潜美学思想的变化发展则超出了本文讨论的范围。

宗白华在解放前的美学理论主要也是关于意境理论的探索。他不同于梁启超讲"趣味"和朱光潜讲"形相的直觉",他讲"道表象于艺",特别强调了意境的理想性。他说:"艺术家以心灵映射万象,代山川而立言,他所表现的是主观的生命情调与客观的自然景象的交融互渗,成就一个鸢飞鱼跃、活泼玲珑、渊然而深的灵境,这灵境就是构成艺术之所以为艺术的'意境'。"[28]作为情与景的结晶品,意境无非是借自然景象的色相、秩序、节奏、和谐,以窥见自我心灵最深处的律动。宗白华又认为,艺术意境并非单纯的写实,不是平面的再现自然,而是一个有层次的创造。他说:"从直观感相的模写,活跃生命的传达,到最高灵境的启示,可以有三层次。"[29]第一层是写直观的形象,第二层是传神,第三层是妙悟,达到最高灵境就可以把"鸿濛之理"表现出来。他说:"艺术意境之表现于作品,就是要透过秩序的网幕,使鸿濛之理闪闪发光。这秩序的网幕是由各个艺术家的意匠组织线、点、光、色、形体、声音或文字成为有机和谐的艺术形式,以表出意境。"[30]宗白华的意境理论让人感受到诗人的灵气,哲人的睿智。

鲁迅从"启蒙主义"立场出发,赞同文艺为人生的思想,文艺家要敢于面对现实,对社会的不平表示愤怒、抗争,才能创造伟大的作品。因此,鲁迅认为,在中国古典美学的意境理论中的"金刚怒目"式的艺术意境更应当引起人们的注意。据此,鲁迅批评朱光潜的讲意境、强调静穆的观点,他认为,把平和静穆作为诗的极境,而厌恶那种金刚怒目、忿忿不平的样子,是"徘徊于有无生灭间的文人"的心情表现。同时,鲁迅还较好地解决了艺术的永久性与相对性的辩证关系,与梁启超讲艺术意境理论强调相对性、朱光潜强调永久性相比,是明显的进步和理论的超越。

四、目标特征:近代审美理想的伟大变革

随着西方美学思想的大量引进和广泛传播,随着美育运动的蓬勃开展,随着近代民主革命运动的推进,"中和之为美"的美学传统遭到了阵阵冲击,特别是伴随着尚力思潮的不断推进和渗透震荡,借助于文学革命和新文化运动,使得这种冲击以排山倒海的磅礴气势,打破了"中和之为美"的陈腐传统,代之以"力为美"的时代理想,汇成了审美艺术观的全面更新和审美理想的时代变革。近代尚力思潮是伴随着近代中国的日益沦亡,民族危机的不断加深,特别是中日甲午战争的失败而开始的。换言之,近代中国所遭遇的一连串的军事失败,特别是中日甲午战争的失败及由之深化的"病失"意识引发了尚力思潮。倘若说近代中国所遭遇的一连串的军事惨败加剧了的民族危机构成了尚力思潮的现实社会背景的话,那么,由惨败而来的强烈的"病夫"意识则成为了尚力思潮发端的心理契机。正是这种社会危机和心理危机的双重背景,导致了近代中国对"力"的发现。

严复以《原强》篇首先揭橥"鼓民力"的口号,这是近代中国对"力"的警觉呼唤和理性审视的第一个标志,成为了近代尚力思潮的先声。他把斯宾塞"教育论"中的体育观念转译成"力"或"体力",并把"鼓民力"放在"开民智"、"新民德"的同等地位。谭浏阳可谓一生崇尚力量,他在《仁学》中列出诸如"锐力"、"吸力"等共18种力。稍后的梁启超进一步挖掘"力"的丰富内涵,认为力有心力、胆力和体力三种形式。这种对力的发掘激荡出了以投注于异域和返顾于本民族的"力"的寻根为两个视角的军国民主义思潮。在蔡元培提出的新式教育方针中就包括了军国民主义的教育内容,从而彰显了近代感性启蒙的伟大意义和鹄的:希望人们从过分的理性化、伦理化的封建禁锢中迈步而出,重新确认生命本身的意义和价值。生命就是外在肉体感性的确征,生命就是力量。生命既是自在状态,又必须通过个体化的意志和情感来扩展、丰富、创造和超越自我,这种超越又突出地表现为审美超越。

自从严复提出"鼓民力"之后,尚力思潮在思想文化界持续了近半个世纪,有如时人蒋智由所言:"尚武尚力之声日不绝于忧时者之口也。"然而,尚力不只是尚武,它有着自身的流传变迁和深层意义的转换。从痛感于"东亚病夫"之辱而掀起的军国民主义,到鲁迅的"诗力"、"意力"、"强力"思想,经崇尚情感的新文化运动,至"力"的本体化和"唯情本体论",旨在重建中国感性精神,重建一种新的生命意识,新的审美理想。其深层美学意义在于"尚人"、"尚情",

主情尊性，铸塑"力为美"的审美理想。

第三节　岭南近代建筑文化的总体特征

相对于近代岭南文化而言，岭南近代建筑文化是一个十分显目且成绩斐然的组成部分，它表征着近代岭南文化的基本特征和时代精神，透射出了近代岭南文化经世致用、开拓创新的价值取向，开放融通、择善而从的民众心理，经验直观、发散整合的思维方式，清新活泼、崇尚自然的审美趣味。相对于中国近代美学而言，岭南近代建筑美学又鲜明而直观地表现了中国近代美学的内在特征，体现出了浓烈的时代性和地域性。因此，近代岭南建筑文化深深地打上了近代岭南文化和中国近代美学的烙印，不仅表现出了对包括岭南古代建筑文化在内的中国古代建筑文化的承传与创新，而且表现出了对西方建筑文化特别是现代西方建筑思潮的广泛吸纳和努力整合，探索近代岭南建筑文化的技术个性和人文品格，铸塑了近代岭南建筑的文化地域性格。

一、对中国古代建筑文化的传承和创新

中国古代建筑文化博大精深，源远流长，经过几千年的历史积淀，形成了迥异于西方的木构架建筑体系，表现了中华民族独具特色的审美追求和文化理想。纵观中西文化发展的漫长历程，我们不难发现，无论是价值系统、民族心理，还是思维方式、审美趣味，中西文化都是迥异其趣的。中西文化是两种异质文化，它们的根本相异最突出地表现在"天人合一"与"神人合一"的区别上。有学者指出："无论东方人类，还是西方人类，在生产劳动、文化娱乐活动中都要在人本身之外寻找支持和依赖。就是说，要找到力量和归宿。这一点，东、西方都是一样。找到一个权威的东西，就是'合'的过程，西方找到了'神'，中国找到了'天'，于是形成了'神人合一'与'天人合一'。'神人合一'和'天人合一'就是中西文化以至美学的差异所在。"[31]具体来说，中国古代建筑文化所表达的文化精神主要有如下四点：以人为本的人文传统，自强不息的民族心理，重直觉的整体思维，天人合一的审美理想。[32]这同样是主导岭南古代建筑文化的基本精神，而且还由于岭南地区气候、地理的特殊性以及生产生活方式的某些特点，使得岭南古代建筑文化的地域特色愈发彰显。

建筑是人为且为人的人居环境。建筑形式的变化和建筑实践的发展始终遵循并体现出建筑对自然的适应性、对社会的适应性和对人文的适应性的发展规律，而且把追求建筑的自然适应性、社会适应性和人文适应性这三者的高度统一作为建筑的最高标准和审美理想。建筑的自然适应性，是指建筑对所处自然条件的适应，如地理、气候、材质。建筑的社会适应性，是指建筑对所处社会条件的适应，如经济、政治、军事、管理等。建筑的人文适应性，是指建筑对所处人文条件的适应，如情感、心理、理想等。所以说，建筑是多层面综合的文化现象。建筑的

变化与发展、建筑的继承与创新是以建筑的自然适应性为基础，以建筑的社会适应性为动力，以建筑的人文适应性为目标的动态的综合作用的过程。建筑文化的这一规律性在近代岭南建筑文化对中国古代建筑文化特别是古代岭南建筑文化的继承和创新中得到了具体而生动的体现。

首先，乡村民居的梳式布局和三间两廊的平面形制反映了建筑的自然适应性。广东地区传统村落布局形式虽然不是只有梳式布局系统一种，但梳式布局系统是最为普遍的、最为典型的，究其原因，主要在于其自然适应性。对此，陆元鼎教授曾经提出："梳式系统布局的村落虽然密度高，间距小，每家又有围墙，独立成户，封闭性很强，但因户内天井小院起着空间组织作用，故具有外封闭、内开敞的明显特色。同时，这种布局通风良好，用地紧凑，很适应南方的地理气候条件，是我国南方的一种独特的村落布局系统。"[33] 所以，"广东农村的这种梳式布局系统，可以说是中国农村传统布局的沿袭，但又结合了本地区的自然气候地理条件。"[34] 在设计手法上，三间两廊的单元布局，以厅堂为中心，以天井（小院）为枢纽，以廊道（巷道）为交通联系，把各个小院建筑组合起来所形成的广东地区的各类型民居就是对古代民居建筑布局设计手法的继承和发展。

其次，宗庙祠堂体现了建筑的社会适应性。在中国古代，宗庙祠堂是宗法族权的象征，是中国传统礼制文化的表征，是古代中国社会宗法氏族思想的反映。血缘家族的聚合心理和光宗耀祖的表现心态要求祠堂显示出一种威严、礼谨、庄重的气氛，因而在总体布局和平面形制设计上，采用了中轴对称和遵规守正的手法，遵遁"前门、中堂、后寝"的形制，反映出了古代宗庙祠堂建筑的高度的社会适应性。这在广州的陈家祠、开平的余氏祠堂、三水的郑公祠等近代祠堂建筑中得到了继承。如广州的陈家祠，按封建礼制规定的祭祀程序和要求布置了它的平面与空间，表现了敬天法祖的思想，以祈求对祖先顶礼膜拜的行为佑荫家族的兴旺发达、繁荣昌盛。它继承了古代建筑中"前门、中堂、后寝"的形制，按"三进三路九堂两厢杪"进行布局，中间以六院八廊互相穿插，中轴对称，主次分明，虚实相间，一气呵成，形成了纵横规整而又明朗清晰的平面布局。如果说，近代岭南乡村民居的布局设计对古代建筑文化的继承主要表现在建筑的自然适应性这一点上，那么，近代岭南宗祠建筑更主要地继承了古代建筑文化中建筑的社会适应性的一面，特别是封建宗法性和人文伦理性。

再次，城市骑楼是表现建筑的社会适应性和自然适应性的新的建筑类型。就近代岭南建筑文化所继承的建筑的社会适应性这一层面而言，其表现形式除了宗庙祠堂建筑外，城市骑楼也很具代表性。不过，需要指出并值得注意的是，宗祠建筑继承的是建筑的社会适应性中的封建宗法性层面，而城市骑楼继承的主要是建筑的社会适应性中的重商求利性层面（当然也离不开适应气候条件的自然适应性这个基础）。从19世纪末到20世纪20年代，岭南城市的部分街道开始出现骑楼建筑，如广州的长堤大马路、一德路、人民南路、中山五路，江门的堤中路、仓后路、莲平路。关于近代岭南城市骑楼的产生和发展的原因，不少学者进行了研究，有学者认为，"骑楼本是外来建筑形式"[35]，有学者认为，它"是由竹筒屋根据南方地区防雨防晒、结合商业经营的需要发展而来的"[36]，还有人认为，"骑楼建筑之所以能够在某一特定的历史时期得以推广和流行，一方面是由于骑楼可以为行人遮阳挡雨，调节道路交通情况，另一方面，更是由于炎热的空气经过骑楼过滤变得清澈而进入室内，起到对小气候的调节作用"[37]。事实上，近代城市骑楼在岭南盛行，其原因是多方面的，而非单一原因所致，有气候、地理的原因，也有经济、政治、文化等社会原因，但从深层次的建筑文化的继承性的视角看，有两点最为突出，即满足近代岭南城市快速发展的商业需要和适应炎热多雨的气候条件。这正好说明了建筑的社会适应性和自然适应性。

最后，近代岭南建筑的装饰装修是以建筑的自然适应性为基础，以建筑的社会适应性为内容规范和题材要求，以建筑的人文适应性为指归的。近代岭南建筑的装饰装修无疑地要遵循并反映岭南的气候地理条件，透射出建筑的时代特点和社会属性，但更为重要的在于，它体现的是建筑的人文适应性的规律性特点，即生动地表征了近代岭南建筑的艺术追求、情感取向和审美趣味。从装饰手法上看，三雕（砖、木、石）、三塑（灰、泥、嵌瓷）及彩画等传统工艺在近代岭南建筑装饰中得到了继承和广泛使用。在装饰部位上，施饰的重点依然是门、脊、墙、窗、壁等视线集中的醒目之处，并且装饰部位的夸张突出因建筑类型的差异而有所不同，如宗庙重脊饰，民居重宅门。就装饰题材而言，依然以花木鸟兽、传说故事为主，祠庙入口置石狮的布设在继续沿用。

以上从"建筑的适应性"规律和理论视角简析了近代岭南建筑文化对古代岭南建筑文化的继承和创新。事实上，这种继承不可能是古代建筑文化的照搬，而是建筑的适应性规律在新的生产生活方式的条件下的新的发展，是包含有否定的继承，是创造性的继承，是继承中的创新和创新中的继承。同时，必须注意的是，近代岭建筑文化的这种创新是以西方建筑文化的输入为契机的。

二、对西方建筑文化的吸纳与整合

1840年的鸦片战争，英国侵略者凭借其坚船利炮在岭南的中心城市广州洞开了泱泱中国的大门，不仅实现了其资本输出和商品输出的主观目的，而且产生了改变中国社会历史性质的客观结果。自此，在武力与和平的并力推动下，西方文化和文明渐渐得到国人的承认和重视，从而为西方建筑文化在岭南的广泛传播并被岭南建筑文化吸纳整合提供了新的历史契机。

应当指出的是，鸦片战争以前，岭南地区虽有外国商馆（或称夷馆）等西洋建筑的出现，但数量少，规模小，不足以对岭南建筑文化产生实质影响，与岭南建筑文化在总体上尚处于信息隔断的态势。这从当时国人的意识和心态便可推知，上及君皇，下至庶民，都认为："天朝无所不有，原不管外洋货物以通有无。特因天朝产茶叶、瓷器，是西洋各国必需之物，是以加恩体恤。"[38]天朝自大的心理也决定了国人对西方建筑的鄙视和傲慢。

岭南近代建筑文化对西方建筑文化的吸纳整合有着自身的演进和发展过程，大体上分为观察期、影响期和融合期。相应地，可以沙面建筑、教会建筑和20世纪30年代的建筑作为比照加以说明。

1856年第二次鸦片战争爆发。广州人民面对侵略暴行，义愤填膺，于1856年12月14日至15日将沙面"十三行"烧为灰烬。1861年，英法两国根据《天津条约》强租沙面。此后，在周密的规划下，沙面成为了外国领事馆、银行、洋行、教堂的聚集地，建成了成片的西洋建筑群，就其形式风格而言，有新巴洛克式、新古典式、折中主义式、券廊式、仿哥特式等多种建筑。在施工等建筑技术方面，沙面建筑多为砖木结构，材料也多取自本地，一般情况是外国人设计，中国人施工。在解决跨度问题时，多采用拱券，同时少量地辅以工字钢及钢筋混凝土构件。

沙面西洋建筑的移入，虽然为了适应岭南的气候而不免作了些变化，但毕竟带来了西方建筑的整套体系，成了当时国人了解西方建筑的一个窗口，拓展了时人的视野。同时，岭南匠人们按外国人的要求及喜好去完成建造任务，使他们熟习并掌握了西方建筑的处理手法，从而为后来岭南建筑对西洋建筑的模仿、借鉴以至吸纳整合提供了技术积累。

如果说，沙面建筑是外国列强为实施经济侵略而移入岭南的一类建筑，那么，教会建筑则是外国列强继经济侵略后实施的文化侵略，企图达到从社会上、政治上、宗教上控制中国的目的。这类建筑类型多样，形式丰富。类型如教会、教堂、学校、医院、布道会、图书馆等，其中以教会学校的数量和规模为最大。与沙面西洋建筑群一样，此时的教会建筑（1927年以前）也是外国人设计、中国人建造，使用钢筋混凝土和工字钢等建材以及西方先进的建筑技术。不同的是，教会建筑出于传教、布道等目的，更易于为国人心理所接受，其设计师们根据自己的理解大胆借鉴中国传统建筑形式，出现了不中不西、亦中亦西的建筑样式。比如，平面较规整的建筑多半扣上了一个简化了的大屋顶，若建筑的平面不规整，将顺着平面的形状，将大屋顶灵活运用，或伸或缩，或高或低。在具体的装饰构件上，亦采用简化的手法，以装饰意味很强的琉璃构件取代垂兽及走兽。由此可见，岭南近代建筑文化对西方建筑文化的吸纳在教会建筑这里表现出了另一番风貌，即西方的建筑师们对中国传统建筑形式采取拿来主义的态度，以西为体，以中为用，进行建筑文化的再造。

1927年是一个值得注意的时间分界。但这并不是说教会建筑的兴建止于1927年，而是指，此前的近代岭南建筑创作活动以外国建筑师为主，此后的建筑创作活动则由中国建筑师担纲。自此，岭南近代建筑文化步入了一个新的时期，中西建筑文化开始了实质性的融合。这种实质性融合的重大结果便是促成岭南建筑发展过程的突变和中国新建筑体系的产生，如杨秉德先生所言："这种突变使中国建筑由以传统木构架体系为主体的旧建筑体系直接转化为具备近代建筑类型、近代建筑功能、近代建筑技术、近代建筑形式的新建筑体系。"[39]从而标志着近代岭南建筑发展的文化转型。

1928~1936年是中国近代建筑发展的鼎盛期，也是岭南建筑特别是广州建筑发展的高潮，林克明、杨锡宗、胡德元等一批留学归来的中国建筑师们走上了建筑创作的舞台，由于他们的知识背景是系统的西方现代主义建筑教育，所以，他们不仅在言论上呼吁建筑创作的现代主义，而且主动结合西方先进的建筑技术和建筑材料，运用现代主义的建筑语汇和设计思想进行创作实践，以探索岭南建筑文化发展的新路。

三、岭南近代建筑文化的理性自觉

早在1516年，葡萄牙人斐斯特罗到达中国，从此开始了欧洲与中国的海上交通，资本主义对中国的经济与政治侵略以及西洋建筑方式的传入也从此开始。至明代中叶，葡萄牙人由开始的租借濠镜泊口（今南湾沿岸山崖地区）到占据澳门，慢慢经营，逐渐建造了圣安东尼教堂（1553年），耶稣会教堂（1565年），澳门天主堂（1577年）、"大三巴"教堂（1582年）、玫瑰堂（1590年）、西望洋山教堂及松山圣母教堂（1622年）等西式建筑。"它们既为澳门当地其他建筑做出了西式建筑的榜样，也成为了内地建筑西化的滥觞。"[40]至清朝，中国国力日弱，西方资本主义在岭南的渗透日深，外国列强在广州先是筑起了十三夷馆，后又经由两次鸦片战争，大批兴建西式建筑，以满足其经济、政治、文化需要，达到其侵略目的。以广州沙面建筑群和教会建筑为代表的大量西洋建筑的出现，标志着岭南建筑文化的重大变革，岭南建筑文化的体系结构被打破！岭南建筑文化自足的惯性发展被改变！

从西洋建筑在近代岭南的发展及其影响这个角度来看，近代岭南建筑文化经历了从抵制西洋建筑到学习西洋建筑再到融合西洋建筑的发展过程，它与中国近代文化对先进西方文化所作出的文化价值抉择由物质层面而制度层面而观念层面的不断深化存在着同构关系。这表明，伴随着中国近代文化的不断觉悟，岭南近代建筑在西方建筑文化的推动下艰难地进行着文化转型，反映出岭南近代建筑文化理性自觉的内在品格。

如上所述，鸦片战争以前，岭南虽有西洋建筑的存在，但洋人的建筑及其活动都在严格的限定之中，对岭南建筑影响很小，人们对它的态度只是觉得新奇。鸦片战争以后，外国侵略者以胜利者的姿态出现在岭南，作为他们生活方式之形象表现的西方建筑开始增多，并逐步影响到人们的生活。特别是沙面租界这"国中之国"的建立，西方的生活模式已经比较全面地移植入岭南，生活环境的变化改变了人们对待西方建筑的心态，这种变化突出表现为由原来的好奇心态转为在遭受侵略之后发自内心的愤慨抵制。时人管同主张："洋与吾，商贾皆不可复通，货之在吾中国者，一切皆焚毁不用。违者罪之。"[41]

随着洋务运动的推广展开，随着时间的推移，人们对西洋建筑的实际接触增多、加深，亲眼看到甚至亲身感受到西洋建筑的材料和技术的先进性，通过生活的体验直接分辨出西式建筑与中国传统建筑孰优孰劣,从而淡化甚至改变了原来内心存有的对西式建筑的蔑视和仇恨。特别是到了20世纪20年代,中国建筑师(多为留洋人士)出现之后,在中国建筑界,接触过西方建筑学的人开始从学理的层面批评中国传统建筑的落后,内容包括学理不科学、功用不科学、结构构造不科学[42],从而形成了一种对传统建筑非科学性的否定和对西式建筑的崇尚的时代取向,近代岭南建筑文化的自觉意识得以助长和深化。如何在建筑创作中既体现西式建筑的科学性,又反映传统建筑的民族精神,创造一种融东西方建筑之特长的建筑,成为了当时中国建筑师的共同理想。正如1932年11月,中国建筑师学会会长赵深在《中国建筑》杂志的"创刊词"中倡议的:"融合东西方建筑学之特长,以发扬吾国建筑固有之色彩。"这种时代强音在岭南建筑界得到了积极的响应。以林克明、杨锡宗、胡德元为代表的岭南建筑师们不仅自觉地进行学理倡导,而且还在建筑实践方面积极地探索综合创新之路。

1936年10月10日,由广东省立勷勤大学建筑系师生共同创办的"南中国唯一纯正建筑刊物"[43]——《新建筑》(图2-1)面世。编者在扉页的"创刊词"里以鼓动性的口吻写道:"我们青年的建筑研究者,对于这种无秩序,不调和,缺乏现代性的都市机构,是不能漠视的,对于这不卫生,不明快,不合目的性的建筑物是不能忍耐的。"[44]结合当时政府倡导的"新生活运动",编者说:"在积极提倡新生活的运动当中,我们《新建筑》的产生不是没有意义的,至少它能给新生活运动以有价值的帮助。"[45]从1936年12月出版的第2期开始,《新建筑》便以醒目的字号在扉页上宣传自己的主张和信念:"反抗现存因袭的建筑样式,创造适合于机能性、目的性的新建筑!"[46]从而揭橥了当时的岭南建筑界的探索宗旨——综合创新,也回应了当时各种各样的理论主张,如现代主义、国际主义、民族主义、复古主义。本着综合创新的目的和要求,创造出符合时代要求、满足生活需要的新建筑,成为了岭南建筑师的共同追求。林克明先生在《国际新建筑会议十周年纪念感言》一文中说:"我国向来文化落后,一切学术谈不到获取国际地位,建筑专门人才向无切实联合,即过去的十年间,建筑事业略算全盛时代,然亦只有各个向私人业务发展,盲目地、苟且地只知迎合当事人的心理、政府当局的心理,相因成习,改进殊少,提倡新建筑运动的人寥寥无几,所以,新建筑的曙光,自国际建筑会议后已成一日千里,几遍于全世界,而我国仍无相继响应,以至国际

图2-1 《新建筑》1936年10月创刊号封面

新建筑的趋势适应于近代工商业所需的建筑方式,亦几无人过问,其对于学术前途的影响实在是很大的。"[47]抗战结束后,《新建筑》于1946年复刊,由毕业于勷勤大学的郑祖良（笔名郑梁）担任主编,在"复刊词"中,直接以"新建筑新技术时代"作为标题,并从建筑美学角度评介《新建筑》:《新建筑》创刊于1936年,是一份介绍国际新建筑运动的成果及从事中国新建筑运动理论建设的探讨和行动的指导刊物,抗战时期迁移内地会继续出版战时刊,始终站在为新建筑技术而奋斗的岗位上努力……自新技术、新材料能作普遍的使用以后,新建筑家之创作已与工学家（技术家）混合为一,今日新建筑之'型'是技术的,它的美学的评价与过去时代完全两样,今日工业技师（新建筑家）设计之'裸的结构'的新的建筑工学的价值已被人认识了,此种,外在审美观念之转移实有其时代的意义,此等技术工学的建筑自有其构筑上的新建筑美。新材料（钢铁玻璃三合土等）,混用新技术所构成的建筑,是创造建筑物的目的性之适应的最适宜的结构。此等力的表现的新建筑是现时代最亲切的产物。"[48]这种对"力的表现的新建筑"的肯定和呼唤反映了中国近代美学审美理想的变革对岭南建筑文化的影响,表明由"中和之为美"到"力为美"的审美理想的变革已渗透到建筑文化之中并被岭南建筑师们所接受了,而且与当时国际建筑界倡导的"技术主义美学"相一致。岭南近代建筑文化的开放务实、综合创新的理性自觉品格也由此可见一斑。

四、岭南近代建筑文化的转型

鸦片战争以后,岭南凭借其独特的地理位置以及时代机缘,从"得风气之先"的地区,而成为近代中国"开风气之先"的地区。岭南文化在经历古今中西之争的艰难抉择之后,在吸收、变通和选择中实现了创造性的文化转换。在近代社会经济变迁的过程中,岭南在兴办实业、发展民族工商业、加强海内外贸易、引进外资、学习西方先进科学技术、开发生产力资源和拓宽商品销售市场上,都敢为人先。

潮水般涌来的西洋货,成为了当时岭南人欢迎的商品,融入了岭南人的生产生活之中,同时也冲击着岭南人的思想观念和文化心理。古代岭南文化中的实用性、融通性和开放性以及岭南人特有的应变能力,在急剧的社会经济变革中显示出了它的优势。各行各业都带有明显的近代化倾向。种种迹象表明,在发展商品经济、输入西方文化、实现现代化诸方面,岭南大踏步地走在了中国其他地区的前面。

岭南文化在经历古今中西之争的艰难抉择之后,在吸收、变通和选择中实现了创造性的文化转换。近代岭南建筑作为近代岭南文化的一种具体表现形态,在西方建筑文化以强势文化态势与处于弱势文化态势的中国古代建筑文化进行碰撞、交流并尝试着融合的过程中,同样表现出了自我调适、理性选择和融汇创新的时代精神,从而完成了创造性的文化转型。也就是说,岭南近代建筑文化的转型是与近代岭南文化的创造性转换和中国近代建筑的发展主题相一致的，是近代岭南文化和中国近代建筑文化的自我调适、理性选择和融汇创新的结果和表现。岭南近代建筑文化的转型历程记录了近代中国社会的复杂多变和文化价值观的多重矛盾激荡。

岭南近代建筑文化转型历经了三个逻辑阶段：自我调适、理性选择和融汇创新。其中的自我调适阶段是最为痛苦、最为艰难的，也是最为漫长的。近代岭南建筑文化的自我调适，其内容在于从原来对西方建筑样式的漠视、对西方建筑技术的无知、对西方建筑材料的陌生和对西方建筑文化的鄙夷变为后来的对西方建筑材料、技术、样式的好奇和了解及对西方建筑文化的正视和关注，其结果则是实现了建筑文化心理由封闭到开放、由拒抗到接触、由孤傲自大到理性反省的调适和转变。然而，必须注意的是，这种调适和转变并不是一开始就自觉自愿、积极主动的，而是在经历了军事惨败、经济压迫和文化侵略之后被迫进行的，与中国当代建筑的主动开放、平等交流的文化背景根本不同，内含着难以言表的屈辱和痛苦，是这种调适和转变的艰难性和长期性的深层原因。

包括西方建筑文化在内的西方文明的强行输入，改变了近代岭南社会的方方面面，近代经济和工商业的发展，使得中国传统建筑的木构架形制、大屋顶及合院制无法适应近代社会的生产、生活对建筑类型功能性、多样化及灵活性的新要求。同时，近代工业文明带来的建筑技术、材料、施工等方面的先进性，使中国传统建筑所依赖的手工操作方式和粗加工材料相形见绌，明显落后。因此，一旦近代岭南建筑文化完成自我调适，其文化转型的必然性愈发彰显，其转型进程亦明显加快，从而在洋务运动晚期到20世纪20年代，岭南近代建筑文化迈入了理性选择时期。

建筑文化的理性选择本质上是建筑文化的价值取向问题。赖德霖先生就曾指出："'科学性'与'民族性'是近代建筑价值观的两个不同的取向，中国人不仅有追求建筑民族性的一面，也有追求建筑科学性、崇尚西式建筑的一面，中国近代建筑史上有'中西结合'导致的形式与内容的矛盾，也有顺应建筑发展规律的正常发展。"[49] 岭南近代建筑文化的理性选择是矛盾和复杂的，从根本上讲，这是由近代中国社会所载负的启蒙和救亡的双重使命决定的。岭南近代建筑的类型之丰富和风格之多样就是这种矛盾性和复杂性的表征和生动诠释。

关于近代建筑文化的矛盾性和复杂性的理论探索，是一个开始受到学界关注的较深层次的研究课题，但民族性和科学性的矛盾是近代建筑文化的矛盾性和复杂性的核心和关键，它们代表中西两种异质建筑文化的根本对立。因此，调和民族性和科学性的矛盾，以使中西建筑文化相互融合，便成为了近代中国建筑文化的时代课题和奋斗目标。

由教会建筑发端，在学院派建筑思潮影响下出现的折中主义建筑的种种式样，到以"中国固有形式"为特征的"传统复兴"建筑潮流，岭南近代建筑文化如同整个中国近代建筑文化，其价值抉择是相当矛盾和错综复杂的。到20世纪20

年代,由于受到民国政府政治文化的导向以及"首都计划"和"大上海中心区计划"等建筑活动的影响,"当时,中国建筑师在'中体西用'、'中道西器'、'中国本位'的文化观的笼罩下,认为采用'中国固有形式'意味着复兴中国建筑之法式,发扬中国建筑之精神,把它视为融合中西建筑文化的理想模式。"[50] 作为对"中国固有建筑形式"创作思潮的表现和回应,广州中山纪念堂、广州市府合署、国立中山大学主体建筑等相继落成。

从20世纪20年代末期开始,近代岭南建筑文化在自我调适和理性选择之后,发展至融汇创新阶段,并以大量的建筑创作实践活动实现了自身的文化转型。这是一个自觉的建筑创作时期,这种自觉的融汇创新主要有三种表现:一是传统平面布局和西洋立面样式的结合,二是洋人设计和国人建造施工的结合,三是装饰内容和题材上的中西结合以及中西建筑文化符号的创造性借用。这在近代广州城市建筑中有充分的表现,如城市民居的竹筒屋、沿街骑楼、茶馆就体现出了对两种异质建筑文化的综合创新。又如作为当时广州标志性建筑的爱群大厦,更显示出了诸多方面的创新。在建筑结构上,"爱群大厦是广州市第一栋钢结构高层建筑,也是迄今为止广州唯一的钢结构高层建筑";在建筑风格上,建筑师们"既借鉴美国当时创摩天大厦新风格的纽约伍尔沃斯大厦(Woolworth Building)的设计手法,又在哥特复兴风格中渗入岭南建筑风格"[51];在建筑式样上,爱群大厦开创了广州高层建筑周边做柱列骑楼的先例。

岭南近代建筑文化的融汇创新还突出地表现在20世纪二三十年代正处高潮的岭南侨乡建筑活动之中。在潮汕、兴梅及五邑地区,当时,随着侨汇的增多,不仅使买田建房成为可能,而且更为主动自觉地接受了外国建筑文化的影响,反映了中西合璧的融汇创新特色。如建于1926年的开平立园,"是旅美华侨谢维立以西洋建筑的特点,结合中国园林优美雅致的风格,按照《红楼梦》中的大观园的布局兴建的"[52];又如1934年建成的广东梅县白宫镇的联芳楼,是一座中西合璧、富丽堂皇的客家民居建筑,该建筑的平面布局基本维持客家民居三堂四横的传统模式,但立面造型洋气十足,正立面在柱头、柱顶处采用西方的巴洛克、洛可可等风格的浮雕,在装饰内容题材中,既有中国式大鹏展翅、狮子滚绣球之类的题材,又有透露出西方文化气息的内容。

综上所述,岭南近代建筑文化的转型是古老而封闭的中国古代建筑文化与远渡重洋的西方建筑文化(特别是欧美建筑文化)经过规模空前的大冲撞、大交流后的必然结果,这种转型的标志便是相袭已久的以木构架体系为主体的古代岭南建筑文化的解体和融合了新的先进的西方建筑技术和西方建筑材料的新建筑体系的诞生。两种异质建筑文化的碰撞,使自足的岭南建筑文化大为震惊和迷惘,不仅因为声势浩大,而且因为二者相异太大太远,以致要使岭南建筑文化接纳并融之于异已的西方建筑文化,不但有内心情感的楚痛,也存在着诸多客观困难。但是,一旦真正融合起来,对于岭南建筑文化的发展,则是一次更大的飞跃。正如当时的美学家、教育家蔡元培所说:"综观历史,凡不同的文化互相接触,必能产生出一种新文化。"[53] 近代岭南建筑文化正是通过自我调适、理性选择和融汇创新的道路的艰辛跋涉而获得自身的文化转型的。

本章注释：

[1] 刘圣宜，宋德华．岭南近代对外文化交流史·序．广州：广东人民出版社，1996：2-3.

[2] 李权时．岭南文化：一种富有活力的地域文化．羊城晚报．1997.

[3] 华茗．岭南近代文化特点研讨会综述．广东社会科学．1991，5：125.

[4] 华茗．岭南近代文化特点研讨会综述．广东社会科学．1991，5：125.

[5] 华茗．岭南近代文化特点研讨会综述．广东社会科学．1991，5：125.

[6] 胡波．岭南文化与孙中山．广州：中山大学出版社，1997：62-69.

[7] 冼剑民．跨越历史时空的岭南人文精神．羊城晚报．1998.

[8] 孙中山全集．北京：中华书局，1982（2）：532.

[9] 康有为．大同书·序．沈阳：辽宁人民出版社，1990.

[10] 孙中山全集．北京：中华书局，1985（5）：55.

[11] 孙中山全集．北京：中华书局，1985（7）：60.

[12] 胡朴安．中华全国风物志．中州古籍出版社，1990.

[13] 袁伟时．从民权主义看孙中山思维方法的若干特点．中山大学学报．1990，2.

[14] 李锦全等．岭南思想史．广州：广东人民出版社，1993.

[15] 李公明．广东美术史．广州：广东人民出版社，1993.

[16] 李公明．广东美术史．广州：广东人民出版社，1993.

[17] 北京大学哲学系美学教研室编．中国美学史资料选编．北京：中华书局，1981.

[18] 文艺美学丛书编委会编．蔡元培美学文选．北京：北京大学出版社，1984.

[19] 文艺美学丛书编委会编．蔡元培美学文选．北京：北京大学出版社，1984.

[20] 葛懋春，蒋俊．梁启超哲学思想论文选．北京：北京大学出版社，1984.

[21] 刘纲强．王国维美论文选．长沙：湖南人民出版社，1987.

[22] 叶嘉莹．王国维及其文学批评．广州：广东人民出版社，1982.

[23] 文艺美学丛书编委会编．蔡元培美学文选．北京：北京大学出版社，1984.

[24] 北京大学哲学系美学教研室编．中国美学史资料选编．北京：中华书局，1981.

[25] 北京大学哲学系美学教研室编．中国美学史资料选编．北京：中华书局，1981.

[26] 北京大学哲学系美学教研室编．中国美学史资料选编．北京：中华书局，1981.

[27] 北京大学哲学系美学教研室编．中国美学史资料选编．北京：中华书局，1981.

[28] 宗白华．美学散步．上海：上海人民出版社，1981.

[29] 宗白华．美学散步．上海：上海人民出版社，1981.

[30] 宗白华．美学散步．上海：上海人民出版社，1981.

[31] 王生平．天人合一与神人合一：中西美学的文化比较．石家庄：河北人民出版社，1989：2.

[32] 黄鹤.中国传统文化释要.广州：华南理工大学出版社，1999.

[33] 陆元鼎，魏彦钧.广东民居.北京：中国建筑工业出版社，1990.

[34] 陆元鼎，魏彦钧.广东民居.北京：中国建筑工业出版社，1990.

[35] 吴庆洲.广州建筑.广州：广东省地图出版社，2000.

[36] 邓其生.岭南古代建筑文化特色.建筑学报.1993，12.

[37] 邬芃.从堤中商业区看江门近代建筑.建筑学报.1998，7.

[38] 谢少明.广州建筑近代化过程研究.华南工学院硕士学位论文.1987.

[39] 杨秉德.中国近代城市与建筑.北京：中国建筑工业出版社，1993.

[40] 刘先觉.鸦片战争前中国的西式建筑概述.华中建筑.1999.

[41] 管同.禁用洋货议.晚清文选.生活出版社，1937.

[42] 赖德霖."科学性"与"民族性"——近代中国的建筑价值观.建筑师.

[43]《新建筑》封底，1936年创刊号。

[44] 新建筑.1936，1.

[45] 新建筑.1936，1.

[46] 新建筑.1936，2.

[47] 新建筑.1938，7.

[48] 新建筑新技术时代——代复刊词.新建筑.1946，1：7.

[49] 赖德霖."科学性"与"民族性"——近代中国的建筑价值观.建筑师.

[50] 侯幼彬.中国近代建筑的发展主题：现代转型.2000年中国近代建筑史国际研讨会论文集.

[51] 汤国华.岭南近代建筑的杰作——爱群大厦.中国近代建筑研究与保护.北京：清华大学出版社，1999.

[52]《羊城晚报》1999年11月23日第25版"立园蒙尘七十载，梳洗装扮重出场"。

[53] 蔡元培全集.北京：中华书局，1984，4：50.

第三章 建筑美的生成机制

本章提要

美学理论研究必须有正确的哲学基础，建筑美学理论研究也是如此。本章首先通过对传统美学研究的哲学基础的反思，揭示了传统美学研究的哲学基础的错位和关于美学学科定位的认识误区。这种哲学基础的错位表现在沿袭肇始于柏拉图的认识论（知识论）哲学，相应地也将美学认定为一门社会科学。这种错位和误判的后果是极其严重的，不仅会导致美学研究的沉寂和美学理论品质的贫瘠，而且更具危害的是使美学自身的学术品格丧失，使美学研究偏离正道，甚至越走越远。

本章提出并论证了美学理论研究的人类生存论的哲学基础。借鉴自然科学的新三论、价值哲学、模糊美学等前沿学科研究的新成果，论证了建筑美的生成机制的三个要点，即离不开客体、取决于主体、立足于建筑审美活动，提出了"建筑美是建筑的审美属性与人对建筑的审美需要契合而生的一种价值"。也就是说，建筑美是在建筑审美活动中产生的，建筑美的生成离不开客体，离不开建筑的审美属性，更取决于作为主体的人，取决于人对建筑的审美需要。

建筑的审美属性是客观的，人对建筑的审美需要是在人的生存活动中形成的，是历史地形成的，也是客观的。因此，建筑美既是客观的，又是相对于作为主体的人才获得意义的，是客观性和相对性的统一，统一的基础即人对建筑的生命情感活动。从建筑审美实践的动态过程来看，作为客体的建筑审美属性是确定的，而作为主体的人的情感是个性的，模糊的和不确定的；从建筑审美实践的实际结果来看，审美实践是以获得审美享受和情感愉悦为目标的，这是确定明晰的，而获得审美愉悦的主体的情感内容则是不可名状、模糊不定的。所以说，建筑美是确定性和模糊性的统一。客观性和相对性的统一，确定性和模糊性的统一，这便是建筑美内在的辨证本性。

建筑审美活动是建筑美学研究的逻辑起点。建筑美学研究的最为重大而艰巨的任务在于探究人对建筑的生命情感活动何以可能。依据建筑发展的适应性理论，本章通过分析大量的中外建筑实例，较为广泛深入地论述了建筑的审美属性（建筑的自然适应性、社会适应性和人文适应性）。

在传统美学研究中，一般从认识论框架去分析审美心理，从而把参与审美过程的心理因素片面地概括为感知、想象、情感、理解四要素。事实上，在审美过程中发挥作用的心理要素除了感知、想象、情感、理解等审美的认识心理要素外，还有欲望、兴趣、情感、意志等审美的价值心理要素。在建筑审美活动中，审美主体的心理要素包括审美认识心理要素系列和审美价值心理要素系列两个系列。其中，情感是最活跃的主体心理要素，发挥着重大而特别的作用。

建筑审美活动是人对建筑的生命体验活动和情感价值活动，具有非功利性、主体性、审美快感的综合性等主要特征。建筑审美活动的非功利性是区别于人对建筑的实用功利活动和科学认识活动的首要特征，但它并不意味着对建筑功能的排斥和否定。建筑审美活动关注的是建筑形象的感性形式（包括造型形式，环境形式，空间、意境形式），但是，这种感性形式是以建筑的功能要求和建筑的表现形式的和谐统一关系为本质内容的，绝不是不顾建筑功能要求的唯形式主义。建筑审美活动的主体性主要表现在人对建筑审美选择的自主性和能动性以及主体在建筑审美活动中的自由性和超越性。建筑审美愉快是一种综合心理效应，既不是单纯的感官快乐，也不是单纯的理性快乐，是感性和理性两种心理活动的相互渗透和融合的综合心理效应。

从历时性特征看，建筑审美活动的心理过程分为四个阶段：建筑审美态度的形成、建筑审美感受的获得、建筑审美体验的展开和建筑审美超越的实现。其中，建筑审美感知和建筑审美体验是建筑审美活动的主要阶段。建筑审美感知过程既是主体面对建筑的形式刺激而产生的情感上的接受过程，又是主体按照自身的情感模式主动地建构一个完美的建筑审美对象的过程。建筑审美体验的展开是以建筑审美感受为基础的。建筑审美体验是建筑审美感受的主体化、内在化和理性化。在建筑审美体验中，建筑的存在和意义就在于它外化了主体的生命情感，显现了主体的生命情感。人对建筑的审美体验根本上即主体的生命情感体验。

开展建筑的审美文化研究，其逻辑前提之一便是正视建筑是一种文化现象。对于文化而言，其核心内容乃人与人性及其变化发展。所以，建筑作为文化的符号，作为文化之有形和具体的表现，必然烙下了人的生存状态的印记，必然折射出人的生存意识、生存价值和生存理想。这正是建筑艺术的文化内涵和人文本性。

依据广义建筑学，建筑的要义在于创造良好的人居环境，也就是说，建筑是人为且为人的居住环境。对此，不仅已有1999年国际建协《北京宪章》的深刻诠释，而且也成为了学界的共识。吴良镛教授曾经指出："建筑的问题必须从文化的角度去研究和探索，因为建筑正是在文化的土壤中培养出来的，同时，作为文化发展的进程，成为了文化之有形的和具体的表现。"[1] 艺术上高品位的建筑无不具有丰富的文化内涵和深刻的人文本性，以至于人们在建筑审美活动中往往能够得到充分的美感享受。具有全球影响的经典建筑，如法国的朗香教堂、美国的古根汉姆博物馆、澳大利亚的悉尼歌剧院，人们耳熟能详，自不待言，在中国美学史上，亦有关于建筑美欣赏的大量记载。《诗·小雅》形容建筑的屋顶："如鸟斯革，如翚斯飞。"计成在《园冶》中赞叹园林"拍起流云，翴飞霞伫"的飞动气势之美。梁洽在其《晴望长春宫赋》中直抒自己的审美情思："视河外之离宫兮，信寰中之特美；飞重檐之杳秀兮，撩长垣而层趾。"[2]《岳阳楼记》《醉翁亭记》《滕王阁序》更是久负盛名，脍炙人口的美文。

那么，建筑审美何以可能，有何特征？建筑美如何生成又如何表现？建筑的审美属性是什么？又是如何表现的？建筑审美主体及其心理结构如何？这些问题显然是建筑美学研究所不能回避的。但是，由于长期以来美学研究的哲学基础的错位和研究方法的局限，特别是发轫于古希腊哲学家柏拉图且延续至今的美学研究的知识论哲学的倾向及其对中国美学研究的深广影响，不仅使得在美学研究中一直热衷于美的本质问题的探索且不断重复着柏拉图在两千多年前发出的"美是难的"的感叹和无奈，而且导致了这种困境和窘迫在建筑美学研究中的蔓延和放大。对此，已有学者发出了共鸣："尽管现、当代西方哲学家已对知识论哲学传统进行了批判性的反思，尽管他们使用的术语也出现在国内的各种学术刊物上，但这一批判反思的实质未被国内学术界所领悟，特别是，这种思想的闪电还远未照亮美学研究的园地。"[3] 因此，在讨论建筑美的生成机制时反思传统美学研究的哲学基础、学科定位根本性问题是十分必要的。

第一节 关于美学研究的几个根本性问题的反思

一、关于美学研究的哲学基础的反思

在西方哲学史上，从苏格拉底、柏拉图到黑格尔，知识论哲学一直主导着西方哲学传统的发展，直到克尔凯郭尔、叔本华、马克思、尼采等哲学家开始反思这一传统，它才陷入窘境之中，但对知识论哲学倾向的实质性反思和根本性动摇是由于20世纪哲学家海德格尔对知识论哲学的批判才得到进一步深化的。

美学作为一门独立的学科，是德国启蒙主义哲学家鲍姆嘉通（Baumgarten 1714-1762）于1750年创立的。按照"美学之父"鲍姆嘉通的界定，"美学的对象就是感性认识的完善（单就它本身来看），这就是美；与此相反的就是感性认识的不完善，这就是丑。正确，指教导怎样以正确的方式去思维，是研究高级认识方式的科学，即作为高级认识论的逻辑学的任务；美，指教导怎样以美的方式去思维，是研究低级认识方式的科学，即作为低级认识论的美学的任务。"[4] 显然，他认为美学应该与逻辑学同属哲学分支，美学的对象是"感性认识"，美学是"低级的认识论"。康德虽然不同意鲍姆嘉通的主张，不认为作为低级认识论的美学可以成为一门独立的学科，甚至强调了美学中的审美判断和认识论中的逻辑判断的根本性区别："用自己的认识能力去了解一座合乎法则和合乎目的的建筑物（不管它是在清晰的还是模糊的表象形态里），和对这个表象用愉快的感觉去意识它，这两者是完全不同的。"[5] 但是在康德的哲学体系中，美学依然是以认识论或知识论来处理的。受他们的影响，中国的美学研究从王国维、蔡元培

开始，就认定了美学的认识论基础。就是在我国20世纪的两次美学大讨论中涌现出来的国内的所谓不同的美学学派，实际上都有着相同的认识论哲学基础。宗白华、朱光潜、蔡仪、李泽厚都有明确的表述。如朱光潜认为："美学实际上是一种认识论，所以它历来是哲学或神学的附庸。"[6] 蔡仪曾经指出："美学观点实际上是哲学观点在美学这一特殊领域的具体运用。美学必须以哲学为基础，美学基本问题的解决最终总是由哲学基本问题的解决而决定的。"[7]

美学研究的认识论哲学基础和认识论化倾向必然地导致了对认识论研究模式的套搬。如认识论研究关注的根本问题是：世界是什么？世界的本质是什么？把这种关注套移到美学中便是：美是什么？美的本质是什么？又如，认识论研究中的真理问题引发了美学研究中对"主观的美"的批判和对"客观的美"的倡导。美学研究的认识论化的严重后果便是美学的独立品格的消逝，从而走向美学研究的沉寂。

可见，美学要获得自身的尊严和独立品格，必须反思自己的哲学基础并作出新的选择。我们认为，美学研究的哲学基础是生存论哲学，而不是知识论哲学。依据生存论哲学，人作为"在世之在"，首先生存着。在生存中，人相对于周围世界的关系不仅仅是一种抽象的求知关系，而首先是一种意义关系。审美作为人的生存方式之一，其秘密只能从人的生存中加以破解。也就是说，美的存在和意义的获得，是以人的存在为前提的，是与生存着的人不可分离地关联在一起的，是在人的生命活动中显示出来的。因此，只有返回到人的生存状态中去，美的秘密才会被揭示出来。马克思关于音乐美的一段论述就很好地说明了这一点："对于没有音乐感的耳朵说来，最美的音乐也毫无意义。"[8] 尼采也曾以非常坚定的口吻说道："没什么东西是美的，只有人是美的，全部美学都建筑在这个简单的事实上，它是美学的第一真理。"[9] 在这里，尼采以人的生存作为前提而使审美获得了一个基础性的批判维度。

对美学研究的哲学基础的反思在海德格尔的"差异说"存在理论那里得到了进一步深化。通过对西方哲学中柏拉图的"理念"、笛卡尔的"沉思"、斯宾诺莎的"实体"、康德的"自在之物"以及黑格尔的"绝对精神"的反思和批判，海德格尔发现，这些关于世界本体的答案都不是真正的存在。为什么会这样呢？问题就是提问方式的错误。不应当问"存在是什么"，而应当问"存在何以存在"，因为前者在提问时已于观念中设定了作为存在者的存在，从而忽略了本真的"为什么存在"。因此，他认为他所揭示的存在是一切存在者的本源。为此，他使用了与存在紧密相连的两个概念：此在和存在者。"此在"就是指人，是一种特殊的存在者，既尚待规定，又能决定自己的存在方式，追问自己存在的意义。正是在这种哲学基础之上，海德格尔指出："美属于真理的自行发生。美不仅仅与趣味相关，不只是趣味的对象。美依据于形式，而这无非是因为，形式一度从作为存在者之存在状态的存在那里获得了照亮。"[10]

美学研究的哲学基础的改弦更张必然改变原来研究过程的话语方式，必然产生新的问题域,有如维特根斯坦所说:"一旦新的思维方式建立起来,旧的问题也就消失了。"[11] 从生存论哲学的前提出发,美学研究的第一个问题不再是什么是美,而应该是为什么人类在生存活动中需要审美,也就是说,重要的不是关于美的抽象的知识,而是美相对于人所具有的意义。以知识论哲学为基础的美学研究不可避免地陷入了美是客观的还是主观的问题的争论以及对美感的普遍的绝对标准的追求和探寻,而建立在生存论哲学基础之上的美学研究立足于人的生命活动、人性发展和自由追求,认为美既是客观的,又是相对于作为主体的人才获得意义的,换言之,"美不可能离开鉴赏主体而存在,它本质上是客体的审美特质与主体审美能力之间的一种契合。"[12] 在美感问题上,则从人的生命情感的差异性出发,着眼于审美对象的个性特征,更加关注美感的差异性问题,这与以从经验事物的个别性中寻找普遍的东西为根本任务的知识论是迥然不同的。

上述关于美学研究的哲学基础的反思,揭示出审美是对生命的肯定,对自由的追求和对差异的探索。这无疑有助于美学研究彻底摆脱知识论哲学的束缚,重新回到生命的轨道上来。与此同时,它还引发了我们对美学学科定位问题的思考。

二、关于美学学科定位的反思

美学的学科定位问题关涉到美学能否成立或在何种意义上成立的问题,因而就美学的学科建设和美学研究来说具有至关重要的意义,对建筑美学研究的指导意义也是不言而喻的。然而,这一关于美学独立品格的讨论在我国近一个世纪以来的美学研究中很少有人关注,因为,"搞美学的人在相当长的时间里似乎是毫无疑义地把美看作一门社会科学学科的。只要翻开建国以来出版的美学教材(包括论文、著作),就不难发现,它们大都是按照社会科学的学科框架来建构理论体系的,从这类教材和著作中,几乎可以找到所有与社会科学学科相对应的概念和范畴。"[13] 美学研究需要引进社会科学和自然科学方法,可以有多种研究的角度,"但美学就其根本性质而言,既不属于自然科学学科,也不属于社会科学学科,而是属于两者之外的第三学科,即人文学科。"[14] 美学学科的这种定位有助于彻底冲破长期以来的认识误区,结束那种古典的自然本体论的传统以及那种以科学方法论为工具的社会科学的传统,从而实现向人类生存本体论的复归,彰显美学的独立品格和学科意义。

我们说美学属于有别于自然科学学科和社会科学学科的人文学科,并不是指在自然和社会之外另有一个人文的世界,也不是指人文精神和人文学科的领域在人与自然、人与社会的关系之外,而是强调美学所具有的"人文"性质的内容有别于"自然"与"社会"性质的内容。人文学科的领域并不是一个事实的世界,而是一个人类生存价值的世界和意义的世界,这是一个由人类自己创造出来并确证自己的文化世界。这个文化的世界不但不能外在于自然和社会,而且包括自然和社会在内,从人类生存的终极关怀出发来赋予自然和社会以意义,从人类的自由追求出发赋予自然和社会以价值。事实上,"人文"就再也不可能不在"自然"和"社会"之中。换言之,人是人文科学、自然科学、社会科学共同的对象,自然科学学科(如生理学和医学)涉及的是人的自然领域,社会科学学科(如政治科学、经济学和法学)只针对人的社会行为或关系,而人文科学学科(如哲学、美学、伦理学)研究的是人的整个生命活动的全部意义世界,关涉自然和社会两个领域。正因为这样,人文科学在方法论上,不仅可以同时借鉴自然科学与社会科学的方法,还可以采取以生命去直接体验的方法,而只有把这些方法结合起来才能真正沉入到对象中去。也正因为这样,人文科学学科往往具有边缘性、交叉性、综合性的特点。美学就是如此。美学具有人文科学的基本特征,是一门人文学科。

依据美学的生存论哲学基点,美学的学科本体即人的存在及其活动,或者说人的生命活动。美学研究的对象是人的审美活动,是需要人的整个生命投入其中的活动,是人的一种生命活动。美是人类追求的一种价值,而不是某种实体性的事实存在,是在人的生命活动中向人生成的。由此,那些认为美可以离开人的存在和活动,将美归源于事物本身的属性,或者是所谓的"理式"、"理念",亦或是上帝、神,或者是独立于人及其活动的"自在的自然界"等说法的荒谬性昭然若揭。

从本质上说,审美就是一种旨在超越人生的有限性以获得人生的终极意义和生命精神的人类活动。在这种活动中,人是作为一个完整的生命体出现的。审美使片面的人成为完整的人,而这正是人类人文活动的指归。而且,美学也只有把审美活动纳入到人的生命之中,从生命的整体去观察审美活动时才能走向科学。因此,正如上文所述,"美学研究必须避免方法论上的单一化,而尽量把观察、比较、分析、综合以及体验、反思、思辨等结合起来。"[15] 运用跨学科的多元结合的研究方法,不仅要借鉴心理学、生理学、物理学等自然科学的成果,而且要参照历史学、社会学、考古学等社会科学已有的种种结论,同时还要善于从模糊数学、混沌学、价值哲学等新兴学科的研究成果中获到启发和信息,使美学研究永远处于开放的状态和发展的境况,并使这种开放和发展与人的生命活动的开放和发展以及人类对自由的不断追求保持同步关系。

美学学科性质的准确定位,其意义还表现在有助于美学研究选取正确的逻辑起点,从而对美的含义和特征有一个更完整的符合实际的分析和理解。相对于我国美学研究的现状而言,其现实意义更显突出,这意味着一种新的研究模式的诞生和新的美学体系的建立,如美学界有人指出:"以审美活动为美学研究的逻辑起点所构建的美学体系必然不同于以'美的本质'为逻辑起点的美学,它会意味着美学体系的真正改变,是美学走向科学化的一条新路。"[16]

三、价值哲学研究和模糊美学研究的新成果及其借鉴意义

美学学科的边缘性、交叉性特点以及美学研究方法的综合性、多元化特点,决定了美学发展对其他学科的主动开放性和积极借鉴性。由于美学研究一直坚持

美的确定论的认识论哲学基点，以经验学科或逻辑学科的思维研究模式相仿效，两千多年来始终热衷于美的本质的探讨，并乐此不疲，但又从来未曾获得过确定性的结论和答案，可谓败而不馁。传统美学研究的窘迫之境导致了一个研究者们始料不及且不愿面对的结局：美学的开放性萎缩，以致出现了人们戏称的美学研究的"语言文字游戏"时期，反映出美学研究的沉寂。

与美学研究的沉寂态势比，一些前沿新兴学科发展迅速，颇受学界关注，如哲学社会科学领域的价值哲学等，自然科学领域的耗散结构论、模糊集合论、混沌理论等。它们的研究成果和新的理论观点给美学研究带来了有益的启发，如模糊美学研究的异军突起。模糊美学的主要倡导者王明居先生指出："现代自然科学和社会科学综合发展中共同出现的关于物质运动的不平衡学说，为模糊美学理论的提出奠定了坚实的基础。具体地说，现代物理、化学中的耗散结构论，为模糊美学提供了科学的依据；模糊数学中的模糊集合论，为模糊美学提供了数学的依据；哲学中的唯物辩证法，为模糊美学提供了科学的哲学理论根据。"[17] 这里择要谈谈价值哲学和模糊美学对美学研究（包括建筑美学研究在内）的启发意义。

价值哲学在我国是在20世纪80年代随着对人的需要问题和主体性问题的研究而兴起的。价值哲学从主体↔客体关系这个特定的视角研究人的需要的生成、本质和特征，研究价值的本质，分类和特征。被誉为"价值哲学在中国的开创者之一"的李连科先生在阐述价值的分类时谈到了审美价值。他认为，价值有物质价值和精神价值之分，而精神价值可根据满足主体不同的精神需要而分成知识价值、道德价值和审美价值等。他认为："所谓审美价值，是指自然和人、物质和精神、客体和主体相互作用而产生的效果。我们既不能把它单纯地理解为物质世界的纯客观性质，又不能单纯地归结为主体的感觉。审美属性本质上是价值关系，即是主、客体内一种特定关系。"他据此断言："美学不过是研究审美价值的哲学学说"，且不无自豪地说："这样理解审美的本质，似乎解决了我国美学界长期争论不休的主观论、客观论、主客统一论的矛盾。"[18] 无疑，"美学不过是研究审美价值的哲学学说"是值得商榷的，但关于包括审美价值在内的价值的本质以及人的需要的论述对美学研究不无启思。

李连科先生指出："关于价值的本质，我确立了这样三个要点：来源于客体，取决于主体，产生于实践。说价值来源于客体，是说客体或外部世界（包括人本身）作为人的生存和发展的客观条件，具有满足人的物质、文化需要的属性；而人把外部世界或客体作为自己的生存环境，在于它能在外部世界中，或者说能利用外界来满足自己的生存和发展的需要。但是，人满足自己生存和发展的需要与动物的本能生存需要是根本不同的：客观世界不会自动地满足人的需要，人不能单纯地依靠大自然的恩赐，必须靠自己的实践活动去创造。说价值取决于主体，是说价值虽是来源于客体身上的一种属性，但它绝不取决于客体，而是在客体属性同主体需要发生一定关系（肯定或否定）时产生的。没有主体的需要或者说不同主体的需要联系起来,就不会有价值。物质有许多属性,但它只不过是价值的物质承担者,还不是价值本身。价值是通过人这个主体的创造活动才实现的,就是说主体的活动纳入客体属性之中,客体才产生价值。说价值产生于实践,是说价值既不单纯来源于客体,也不单纯取决于主体,而是产生于主体与客体的关系之中,产生于主体与客体的实践关系中。"[19]

这一段有关价值本质的论述启发了我们对美的生成的思考。事实上,美的生成机制也有三个要点:来源于客体,取决于主体,产生于实践。美既不等于对象的某种属性,也不等于主体的心理情感,而是客体的审美属性与主体的审美需要的一种契合。因此,美既是客观的,又是相对于人而言的,离不开作为主体的人,是客观性与相对性的统一。

另一方面,"人的需要不仅在本质上是社会性的,也是客观地被决定的。"[20]人的需要的客观社会性告诉我们,人的审美需要在本质上是社会性的,是社会创造的,同时又是历史地、客观地被决定的,这也就决定了审美欣赏的丰富性和差异性,决定了审美标准既是历史的、客观的,又是发展的、变化的。实际上,"燕瘦环肥"的美学史实就很好地说明了这一点。它说明了人们的审美标准既有差异性,又有普遍性,说到底是由审美实践活动的社会历史性决定的。

可见,价值哲学关于价值本质的研究和人的需要的本质的研究的新成果、新观点,一方面为我们在上文提出的美学研究必须坚持人类生存论哲学基础提供了新的论据,另一方面也启发了我们从审美活动、审美关系这个角度更清楚地看到美的辩证本性(客观性和相对性的统一)和审美标准的辩证本性(既有差异性,又有普遍性)。

如果说价值哲学对美学的启示主要在于为美学研究拓展和更新理论视野,带来新的方法论,从而揭示出美和审美标准的辩证本性,代表了哲学社会科学新成果对美学研究的促进,那么,模糊美学则立足于模糊集合论,耗散结构论,混沌理论关于不确定论研究的新成果,为美学研究提供了来自自然科学理论的启发,特别是关于美和审美标准的辩证本性,以自然科学中关于非线性理论和不确定性理论的研究成果予以参照和启示。

耗散结构论告诉我们,宇宙万物在发展过程中是不平衡的,无序、不平衡、不稳定普遍存在于大自然中,如这一理论的主要代表人物普里戈金(Ilya Prigogine)所言:"无论向哪里看去,我们发现的都是演进,多样化和不稳定性。令人惊奇的是,在所有层次上,无论在基本粒子领域中,还是在生物学中,抑或在天体物理学中(它研究膨胀着的宇宙以及黑洞的形成),情形都是如此。"[21]

模糊集合论是美国数学家查德(L. A. Zadeh)于1965年提出的,它标志着模糊数学的诞生。模糊集合论指出,集合的事物相互撞击,彼此过渡,你中有我,我中有你。事物的边界存在着不确定性、模糊性。

混沌理论研究的是"确定论系统的表观随机性,并探究它与系统的确定性机制是如何沟通的"。[22] "混沌"是非线性的确定论系统中所表现出的随机行为的总称。混沌理论揭示了事物的运动过程是确定性与非确定性的统一的客观真理。

模糊美学认为，模糊美的特征在于清晰与弗晰相依，具象与抽象互渗，相对与绝对转换[23]，从主体视觉、客体造型、结构气势、时空变易四个角度揭示出美是确定性与不确定性的统一的内在本质。

模糊美学吸收了自然科学中关于不确定论研究的新成果，突出和强调美的不确定性，从而标示出与传统美学强调美的确定性相异的品格。其意义在于有助于人们在美学研究中更接近美的本质，启发人们自觉地走出长期以来片面地强调美的纯客观性和审美标准绝对性的认识误区和实践缺陷。虽然模糊美学的体系建构尚不完善，虽然模糊美学关于美的不确定性的论述尚有待深化和商榷之处，但它把不确定性理论引入美学领域，不仅有益于人们把握美与审美的辩证本性，而且对于促进人们在美学研究中的方法手段和价值取向的转变和更新，也不失为一个具有深刻意义的创新探索。

四、建筑美的辩证本性

上述关于当前美学研究中几个根本性问题的反思，表面上看来是面对美学的沉寂现状，对美学研究中几个宏观问题和基础性问题的关注，似乎与建筑美学研究，特别是与岭南近代建筑美学研究相去很远，没有关联，其实不然。这不仅因为建筑美学研究（包括岭南近代建筑文化与美学研究）首先也必须在弄清楚美学的学科定位的基础上准确把握自己的哲学基点，自觉借鉴众多前沿学科研究的新成果，完善和优化研究方法，而且还因为我国建筑美学的理论研究之所以难以创新和有所突破，其根本原因在于缺少对美学研究中的重大而根本的问题的反思，从而导致在建筑美学研究中要么照搬本已陷入误区的美学研究模式，要么由于哲学出发点的错位而难以深入。综观目前国内建筑美学的论著，我们不难发现，它们多数因袭照搬从知识论哲学出发的美学研究的话语模式，始终不忘对建筑美本质的追问，难免重蹈传统美学研究的覆辙。

通过对美学研究的几个根本性问题的反思，我们更加清醒地认识到，建筑美学研究的创新，必须立足和坚持人类生存论哲学基点，从人类活动和人的需要来理解和探索建筑美的意义，必须坚持价值哲学的指导，从人类审美活动和创美活动中去分析研究建筑美的生成，批判和抛弃将美视为一种客观实在或主观意识的传统观念，正确把握建筑美的辩证本性，必须善于借鉴和吸收前沿学科关于不确定论研究的新成果，从而科学揭示建筑的审美属性以及建筑审美标准的辩证法。

从人类生存论的哲学基点出发，建筑美学研究的逻辑始点当为人对建筑的审美活动。人对建筑的审美活动是人类生存活动的一部分，丰富了人的生命活动。通过人对建筑的审美活动，一方面，作为主体的人的审美需要可以得到满足，从而也确证了人的生存和生命活动；另一方面，作为客体的建筑的一些属性激起人的情感愉悦，从而也确证了自身向人生成的审美意义。换言之，正是人对建筑的审美活动，才使作为主体的人和作为客体的建筑处在审美关系的实际状态，才使建筑的审美属性和人的审美需要发生契合，从而使作为主体的人可产生一种精神愉悦感。由此可见，人对建筑的审美活动本质上是一种价值活动，建筑美就是在这种活动中产生或形成的一种价值。

依据价值哲学，价值来源于客体，取决于主体，产生于实践。价值只存在于人类价值关系的运动之中，或存在于人类的价值活动中。价值活动是一种主体性的活动，主体的需要是动力、根据，客体是主体所选择的对象和价值载体。没有主体的需要，就不会有人的实践活动。人的实践不仅因自身的目的性，即满足人的需要而选择了具有特定价值属性的对象或价值载体，而且还推动人的需要的发展并产生新的需要。任何价值都不是一种实体性存在，既不是主体，也不是客体。任何价值都离不开主体，也离不开客体。价值是客观的，因为不仅实践活动的对象世界是客观的，对象世界与人的关系是客观的，实践活动是客观的，而且人的需要也是客观的，是客观地、历史地被决定了的。但是，价值的客观性，绝不意味着它不依赖于主体需要。[24]

建筑美也应作如是观。从本质上讲，建筑美是建筑的审美属性和人的审美需要在建筑审美活动中契合而生的一种价值。建筑美不是预成的，而是生成的。建筑美的生成机制包括三个要点：建筑美来源于建筑的审美属性，取决于人的审美需要和审美趣味，产生于人对建筑的审美实践活动之中。"建筑的美及其美感之所以产生，既不能脱离建筑审美对象，也不能单纯地归结于审美主体……只有二者的协同作用才能产生建筑审美效应，建筑的美感才得以发生。"[25] 建筑美的生成机制表明，建筑美不等于建筑的审美属性，建筑的审美属性，如建筑的自然适应性、建筑的社会适应性和建筑的人文适应性，是建筑美生成的必要条件，但不是充足条件。人对建筑的审美需要和审美趣味是建筑美生成的关键，没有主体的审美需要，或者说，建筑的审美属性不同人的审美需要结合起来，就不会有建筑美的生成，而这种结合的过程就是人对建筑的审美活动。[26]

以价值哲学的眼光看，客体本身无所谓美丑好坏之分，如英国哲学家罗素所言："在价值的世界里，自然本身是中性的，既不好，也不坏，既无需赞美，也无需谴责。创造价值的是我们，授予价值的是我们的欲望。"[27] 建筑本身亦无所谓美丑好坏之分，建筑美本质上是人对建筑的情感肯定的价值。

值得强调和注意的是，建筑美不是一种实体性存在，不等于作为实体性存在的建筑或建筑构件、建筑空间，但这丝毫也不能改变建筑美的客观性，因为，建筑美的来源是客观的。建筑美来源于建筑的审美属性，建筑的审美属性是客观的，建筑的审美属性与人的关系也是客观的，而且人对建筑的审美需要同样是客观的，这种需要是在人的生存活动和生命活动中产生和发展的，是客观地、历史地决定了的。需要特别指出的是，建筑美的客观性绝不意味着建筑美不依赖于作为主体的人的审美需要。建筑美，作为一种价值，是在人的生命情感活动中产生的，建筑美的意义也只有相对于人的生命情感、相对于人的审美需要才可能获得。从这个意义上说，建筑美既是客观的，又是相对的，建筑美是客观性和相对性的统一。这正是建筑美辩证本性的核心内容。

在讨论建筑美的辩证本性时，我们还必须注意到，建筑美作为客观性与相对性的统一，其统一的基础即人对建筑的生命情感活动。由于人的存在总是具体的、历史的，人的历史具体性也就决定了人的生命情感活动的历史具体性，在人的生命情感活动中生成的建筑美也必然具有历史具体性特点。人对建筑的生命情感活动使作为主体的人与作为客体的建筑的审美属性之间的价值关系进入实际存在状态。从主体方面看，人的审美需要是在人的生存和生命活动中形成和发展的，因而对于建筑的同一审美属性，不仅不同的人由于审美趣味的不同会有不同的审美判断甚至美丑相殊，而且就是同一审美主体也会因情感的具体性而出现审美判断的差别，这就表现出了审美标准的差异性。从客体方面看，建筑作为人为且为人的居住环境，其审美属性总是在人类实践活动中历史地、社会地、文化地形成的。因此，它必然被打上民族的、社会的、时代的文化烙印，或必将要表现一个民族的文化精神，走向为满足人类需要的对自然、社会和人文的适应，从而成为决定建筑审美及其标准的共同性的主要依据。

可见，建筑美学研究的元问题在于人对建筑的生命情感活动。立足于人对建筑的生命情感活动，我们不仅可以求证出建筑美实质上是建筑的审美属性与人的审美需要契合而生的一种价值，而且我们可以更清楚地认识到，建筑美学研究的最为重大而艰巨的任务在于探究人对建筑的生命情感活动何以可能，也就是说，在于深入研究人对建筑的生命情感活动的两个关系项，即作为建筑审美活动中的客体的建筑的审美属性和作为建筑审美活动中的主体的人对建筑的审美需要。从文化学的意义层面来说，前者表现为建筑的自然适应性、社会适应性和人文适应性，我们可以将其概括为关于建筑审美属性的"适应性理论"；后者表现为建筑审美的冲突、分化、整合、调适，我们可以将其概括为关于建筑审美文化机制的"四层次说"。

第二节　建筑的审美属性

一、建筑的自然适应性

建筑美不等于美的建筑，前者是一种价值表现，后者是一种价值评价。建筑美不是一种实体性存在，建筑美是建筑的审美属性与人的审美需要在人的建筑审美活动中契合而生的一种价值。从人的生存和生命情感需要的角度分析，建筑的审美属性就在于建筑的适应性，即对人的生存、生活和生命情感等需要的适应性，包括建筑的自然适应性、建筑的社会适应性、建筑的人文适应性三个层面。

关于建筑的适应性，最早的论述可以追溯到德国古典美学的代表人物黑格尔。黑格尔认为，建筑的任务"在于替原已独立存在的精神，即替人和人所塑造的或对象化的神像改造外在自然，使它成为一种凭精神本身通过艺术来形成的具有美的形象的遮蔽物。所以，这种遮蔽物的意义不再在于它本身而是在于它与人的关系，在人的家庭生活、政治生活和宗教仪式等方面的需要和目的。"[28] 在这里，黑格尔明确地指出了建筑的意义就在于对人的家庭生活、政治生活和宗教仪式等需要和目的的适应。不过，黑格尔关于建筑的适应性的论述还有一个更大的前提和哲学任务，那就是，在假定理念或绝对精神自在自为的基础之上论证其辩证发展的逻辑进程，而建筑美和艺术的意义正在于对理念或绝对精神的感性显现。所以，黑格尔一再强调："真正的建筑艺术的基本概念在于，精神性的意义并不是单独地纳入建筑物本身，使建筑物成为内在意义的一种独立的象征，而是这种意义在建筑之外本来就已获得自由的存在了。"[29] 虽然黑格尔的建筑艺术论是以绝对精神的辩证发展为研究目的的，但他这种从建筑和人的关系中来规定和揭示建筑的意义的研究模式有着不可低估的启发意义。这种启发意义不仅是方法论层面的，而且也关乎建筑美的实质。

人的生活以生命存在为基础，以身心健康、社会交往、情感自由为目的。建筑相对于人的意义既表现在它服务于人的生命存在，又表现在它服务于人的社会交往和情感自由，从而具有丰富的多层面的审美意义和审美属性。由于人的生命存在是自然性存在、社会性存在和精神性存在三者的统一，并且又以人的自然性存在为前提，因此，建筑的审美意义和审美属性可相应地分为建筑的自然适应性、建筑的社会适应性和建筑的人文适应性这三个层面。

一谈及建筑的起源，人们很自然地会联想到古代先民的穴居、巢居。事实上，古代先民掘穴构巢的建筑学本义就在于为满足人们"避风雨"、"驱虫害"的基本生活要求而显示出来的对自然环境的适应性，所以说，建筑艺术"总是要适应建筑物的实际功能和自然环境的"。[30] 从学理意义上说，建筑既是对环境的改造和利用，又是环境的组成部分。因此，建筑艺术创作的第一层面就是分析和研究建筑物的环境特点，即建筑物对气候、地理的适应性，通过建造建筑物，一方面满足功能需要，另一方面又增加环境的居住价值和景观价值。黑格尔曾强调过建筑的自然适应性，他说："要使建筑结构适合这种环境，要注意到气候、地位和四周的自然风景，再结合目的来考虑这一切因素，创造出一个自由的统一的整体，这就是建筑的普遍课题，建筑师的才智就要在对这个课题的完满解决上显示出。"[31]

其实，学术界时常听到的有关"亚热带建筑"、"山地建筑"、"滨海建筑"的称呼，甚至时兴的"生态建筑"，就已经包含了对建筑的自然适应性的肯定。建筑的自然适应性，具体而言，是指建筑物对气候、地理、环境、材质等方面的适应，常常被当作建筑的地域性特征来加以讨论。

凡受到人们交口赞誉的建筑杰作都是与建筑的自然适应性这一审美属性分不开的，并且是以建筑的自然适应性为基础的。古今中外，莫不如此。人们对悉尼歌剧院的审美评价被归结为它的地域性特征，是因为悉尼歌剧院很好表现出

（a） （b）

图3-1a 流水别墅（引自：吴焕加. 外国现代建筑二十讲. 生活. 读书. 新知三联书店, 2007: 169）（左）

图3-1b 流水别墅（引自：吴焕加. 外国现代建筑二十讲. 生活. 读书. 新知三联书店, 2007: 170）（右）

了对滨海地段和滨海环境的适应性。被称为莱特（Frank Lloyd Wright，1869—1959）的代表作的流水别墅（图3-1）的审美属性最主要地也在于对自然的适应性。这是因为："流水别墅最成功的地方是与周围自然风景的紧密结合。它轻捷地凌立在流水上面，那些挑出的平台像是争先恐后地伸进周围的空间……它的体形疏松开放，与地形、林木、山石、流水关系密切，建筑物与大自然形成犬牙交错、互相渗透的格局。在这里，人工的建筑与自然的景色互相衬映，相得益彰，并且似乎汇成一体了。"[32]

在源远流长的中国建筑文化中，人们对建筑的审美情思也往往是以建筑的自然适应性为基础的。如古建筑中的官式建筑，其反翘的室宇虽赋予人们"如鸟斯革，如翚斯飞"的审美想象，但相对于木构架体系的中国古代建筑的排水和防腐防潮的功能而言，就体现了很好的自然适应性。梁思成、林徽因曾就此指出："历来被视为极特异、极神秘之中国屋顶曲线，其实只是结构上直率自然的结果，并没有什么超出力学原则以外的矫揉造作之处，同时在实用及美观上皆异常地成功。"[33]

图3-2 北园酒家庭园设计

建筑的自然适应性具体地表现在对气候、地理、环境和建筑材质的适应等几个主要的方面。首先，气候特点的不同在很大程度上导致了建筑的差异，是形成建筑的地方风格和地域特色的一个十分重要的因素。岭南建筑正是如此，尤其是岭南建筑中的传统民居和园林建筑，就很好地处理了建筑与地域、建筑与气候的关系，积累了丰富的实践经验，体现出了浓郁的地方性，形成了鲜明的岭南特色。如岭南园林的庭园设计，采用连续相通的敞廊设置的处理手法（图3-2）就很好地体现了这一原则和创作精神，很有借鉴意义。又如最为大量的民居建筑，岭南由于属热带、

第三章 建筑美的生成机制 —— 55

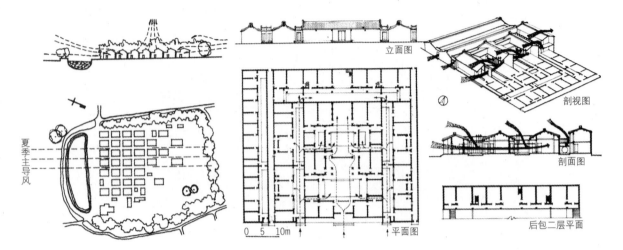

图 3-3a 广东民居梳式布局通风（引自：陆琦. 中国民居建筑丛书：广东民居. 中国建筑工业出版社，2008：250）（左）

图 3-3b 广东民居集中式布局通风（引自：陆琦. 中国民居建筑丛书：广东民居. 中国建筑工业出版社，2008：251）（右）

图 3-4 广东民居冷巷

亚热带地区，其气候特点主要是湿、热、风（台风）；为解决通风问题，广东民居可谓匠心独运（图 3-3）。

陆元鼎、魏彦钧的《广东民居》指出："在民居中，要取得良好的自然通风效果，首先要有良好的朝向，以便取得引风条件。总体布局的好坏是非常重要的一环。在朝向、引风条件和总体布局都获得良好条件的前提下，住宅内部的通风效果将取决于平面布置。广东民居在总体布局中采取梳式布局和密集式布局方式，在平面布置中采取厅堂、天井和廊道相结合的布局手法来组织自然通风，经过调查和测定，效果是良好的。"[34] 有的四点金和三进院落民居，为了解决自然通风不理想的问题，就在其东侧或东西两侧增设了南北向的巷道，形成冷巷（图 3-4）。

这种冷巷既适应了气候条件，又具有便于交通和防火的实效性。就密集式的民居布局而言，一方面，其小空间的内部巷道和大空间的天井院落构成热压通风，起到通风降温作用，另一方面，它依靠建筑物之间的互相毗邻，可增加抗风力。广东民居中，多进式布局的朝向多与台风方向相同。"据测定，四至五进的民居中，最后一进住房，台风可减弱 80% 以上。如大门前加上影壁，最后有围墙，则防风效果更理想。"[35]

在地理和环境方面表现出来的建筑的自然适应性也是建筑风格特色的一个标志和表现所在，如被誉为"山城"的重庆，其建筑特色就首先表现为对山地环境的良好适应性，又如始建于宋末元初期间的云南丽江古城，布局合理，空间和谐，给人以自然天趣的美感。古城选址布局充分利用了地形地势，北靠象山、金虹山，西靠狮子山的坪坝地段，东南面通敞开阔，与自然环境契合无间，和合为一。置身丽江古城中，有如人在画中游。再如武汉东湖楚文化游览区的设计创作，其中的楚天台建筑群，面东湖水，顺磨山山坡而上，台基又止于山脊之下，它与山水

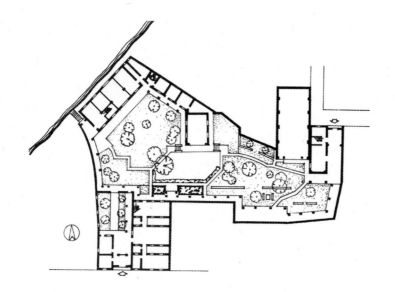

图 3-5 小画舫斋总平面
（引自．陆元鼎，杨谷生．
中国民居建筑．华南理工
大学出版社，2003：534）

自然地结合在一起，建筑与环境和合与共，亲切对话，使建筑群成为环境的有机组成部分，体现出了建筑师对"虽由人作，宛若天开"的美学境界的巨大努力和匠心追求。岭南建筑在结合地理和环境方面的自然适应性亦有自身的鲜明特色。岭南建筑中特别是岭南传统建筑中司空见惯的临水建筑、沿河建筑、跨水建筑以及建筑延伸水面的做法等充分反映出了岭南建筑结合该地区河道纵横的特点，充分利用水面，以获取舒适的生活环境的自然适应性。在近代岭南建筑中亦不乏典型实例，如建于清代（1875~1908 年）的小画舫斋（图 3-5）。

它位于稠密的西关古老住宅区，地形曲折，但设计者却根据不同使用要求而巧妙地安排了住宅、书斋、戏台和庭园。陆元鼎先生曾分析指出："小画舫斋建筑群有下列几个特点。一是布局妥贴，恰到好处；二是环境宁静优雅，乃读书佳地；三是结合自然条件好，特别是在组织穿堂风方面有独到之处。以入口门厅来说，前有敞廊，后有天井，内部采用通透隔扇、落地扇等开敞式门窗处理方法，而且它还采用天窗、楼井、屋面活动窗来加强通风和采光。住宅楼则全靠小天井来组织自然通风。书斋楼沿河而建，依靠水面可取得较好的降温效果。因此，它不失为南方城镇中结合环境处理较好的一个建筑实例。"[36]

除气候、地理、环境外，建筑的自然适应性还包括建筑用料的适应性。如在中国传统的木构架建筑体系中，为防水防潮，耐日晒雨淋，柱础、栏杆、大门、檐柱等室外部位多用石造。民居建筑中的石材柱础（图 3-6），特别是江西民居的柱础及其演变，就很好地说明了这一点。

黄浩先生曾就此指出："江西天井式民居由于采用内排水形式，而堂面又多为敞开，所以对柱子防潮和柱础的制作处理特别注意。一般柱础高度都在三四十厘米之间，但也有为更有效地提高防潮面而加高其尺度的，如宜丰天宝郎官邸的柱础增至 80 厘米高，后堂檐柱竟加高到 120 厘米，即变为一段短石柱了。加高柱础自然对防止溅雨和隔潮有利，但毕竟使其形象失真，不广为采用。不过，也

图 3-6 民居建筑中的石材柱础

(a)　　　　　　　　　　　　(b)

有用重础的形式试图来调和两者之间的矛盾的,如修水县桃里乡陈家大屋的柱础就是一个八角逢瓣木础重叠在一个石鼓柱础上,但还是使人有累赘之感。在解决隔潮问题方面,有的在柱子底面,即与柱础接触处开出十字交叉的通风槽线,外面刻成一如意纹的小缺口作为柱内散潮的通道。这是非常特别而且是用心良苦的做法。"[37] 又如在中国传统建筑装饰中,砖雕艺术堪称一绝,它对于丰富和提升建筑的审美艺术效果有巨大作用,在徽州皖南民居中尤显突出。就岭南地区而言,砖雕在粤中地区较多采用,沿海地区因海风中带有酸性,砖质易受侵蚀,故室外多不采用。相反,为防海风侵蚀,适应自然条件,沿海地区的建筑嵌瓷则成为了独具风格魅力的装饰手段。图 3-7 所示就是内陆地区比比皆是的灰塑,到了粤东和海南地区为防海风侵蚀,在材料上则用贝灰(即海边贝壳烧制成的壳灰)代替石灰。

图 3-7 潮汕建筑嵌瓷艺术

二、建筑的社会适应性

世界文豪雨果（1802~1885）在其1831年出版的《巴黎圣母院》中说过："建筑是石头的史书。"这句至今人们耳熟能详的名言揭示了建筑作为一种文化现象，势必会打上社会时代的烙印，传达出特定时代的社会理性，透射出对特定历史时期的政治、经济等生产生活方式的适应性。建筑的这种社会适应性，如同建筑的自然适应性一样，是构成建筑的审美属性的重要内容，成为了建筑美生成的原因和条件。

诚然，作为人为且为人的人居环境，建筑的一切属性，包括其审美属性在内，都必须以建筑的自然适应性（对气候、地理、环境、材质的适应）为基础。但是，建筑的变化和发展（包括建筑类型的变化和建筑风格的演进）又总是以人们的经济和政治生活为动力的，是人们生产生活方式的变化发展而导致的必然结果。

在中外建筑史上，建筑的社会适应性，特别是对政治和经济的适应性得到了充分的展示，也成为了人们对传统建筑进行审美观照时十分关注和重视的内容。

17世纪下半叶的欧洲，古典主义建筑适逢极盛之时，而当时的社会政治的一个突出表现便是，法国的绝对君权在路易十四的统治下达到了顶峰，于是，建筑成了绝对君权的纪念碑。路易十四的权臣高尔拜（Jean Baptiste Colbert, 1619~1683）曾上书路易十四："如陛下所知，除赫赫武功而外，唯建筑物最足表现君王之伟大与气概。"[38] 大规模建设的宫廷建筑便是明证。卢佛尔宫东立面全长约172米，高28米，上下按照一个完整的柱式分作三部分。"中央和两端各有突出部分，将立面分为五段。两端凸出的部分用壁柱装饰，而中央部分用倚柱，有山花，因而主轴线很明确。左右分五段，上下分为三段，都以中央一段为主的立面构图，在卢佛尔宫东立面得到了第一个最明确、最和谐的成果。这种构图反映着以君主为中心的封建等级制的社会秩序。"[39] 与卢佛尔宫相比，凡尔赛宫可谓法国绝对君权的最重要的纪念碑。

从总体布局到细部装饰，从喷泉设置到雕塑创作，甚至是建筑的用色……今天世界各地而来的参观者依然可以强烈地感受到法兰西帝国往日的辉煌、强大和权威。

在中国古代的封建社会，宗法伦理制度是统治者们用以巩固其政权的手段，皇家建筑也必然烙下了封建统治者象天设都、象天为室、假借天道来固化人治的思想观念和内心希冀。"如堪称典范的故宫建筑，对称地纵深发展，各组建筑串联在同一轴线上，形成了统一而有主次的整体。其空间布局层层推进，对比变换，给人以厚重的庄严肃穆之感。恢宏的建筑气势，整合的建筑组群，丰富多变的空间组织，威严崇高的集中性，井然鲜明的秩序性，这分明是封建皇权的隐喻和象征。"[40]（图3-8）在封建社会的等级制度中，建筑成了权力、地位、财富、身份的象征，必须遵循宗法伦理的社会准则而营建。建筑在规划、组织建造时就强调，

图 3-8 北京明清故宫太和殿（引自：潘谷西. 中国建筑史. 中国建筑工业出版社，2004）（左）

图 3-9 防御与居住统一的开平碉楼（右）

其轴线之上，用大与小、居中与偏侧、高大与低矮、富于装饰与简陋等对比方法使重点建筑物得以突出，使它占据尊贵和统帅的位置，体现出国君、家长的威严与高大，还安排对称的建筑物或构筑物来不断强调轴线及轴线上的主建筑。在持续两千余年的中国古代建筑等级制度中，严密的等级系列和理性的列等方式是很值得注意和研究的。从文献资料可推知，最迟在周代就已开始强调建筑辨贵贱、辨轻重的功能，并且形成律例，纳入国家法典，用法律手段强制实施。《唐律》规定建舍违令者杖一百，并强行拆改。《明律》也专设"服舍专式"条进行具体规定。傅熹年先生分析指出："唐代以来，建筑等级制度是通过营缮法令和建筑法式相辅实施的。营缮法令规定衙署和第宅等建筑的规模和形制，建筑法式规定具体做法、工料定额等工程技术要求。财力不足者任其减等建造，僭越逾等者即属犯法。"[41]

建筑的社会适应性不仅可从传统建筑的等级制度得到宏观意义上的说明，而且可以从建筑形制的具体特点得到微观层面的解释。建筑离不开建材等物质技术手段。现今社会的摩天大楼与古时的城堡、庄园是不可同日而语的，它们表达了迥异的时代精神和社会理性。在现今可见的广东近代建筑中，侨乡碉楼和客家围屋可谓奇异而独特的景观。侨乡碉楼（图 3-9）也好，客家围屋（图 3-10）也好，尽管它们各自亦有多种多样的类型或形式的差异，但有一点是明显而共同的，即

图 3-10a 客家方围——遗经楼　　　　　　图 3-10b 客家圆楼——如升楼

对建筑防卫功能的高度重视和强调。

"但是，民居的防卫功能并不是无条件自由发展的，它要受到来自两方面的限制：民居的性质和政治环境的压力……而促使它发展和完善的真正原因是这一地区普遍的盗、寇及民间械斗等现象。"[42] 也就是说，侨乡碉楼和客家民居所具有的举世惊叹的防卫功能的针对性主要在于防匪防患，防恶人侵扰，防闲汉滋事，防盗防贼，防仇家报复等实际需要，从而鲜明而突出地表现了建筑的社会适应性。

比较而言，客家聚居建筑的防御性是最为突出和明显的。赣闽粤三省交界的山区是最典型最集中的客家聚居地。从赣南的沙坝围（图3-11）、燕翼围（图3-12），到闽西的承启楼（图3-13）、振成楼，再到粤东北的棣华居、仁厚温公祠（图3-14），虽然形态各异，但无一例外地注重建筑的防御功能以及对礼乐相济的文化精神的追求和表达。更需要强调的是，从赣南的方形围屋到闽西的圆形围楼再到粤东北的半圆形的围龙屋所体现的建筑形态差异，揭示了客家聚居建筑形态变迁的历时性特征和防御表现的地域性特征，充分显现了客家聚居建筑的社会适应性。

（a）　　　　　　　　　　（b）　　　　　　　　　　（c）

图3-11　赣南的沙坝围

（a）　　　　　　　　　　（b）　　　　　　　　　　（c）

图3-12　赣南的燕翼围

图 3-13 承启楼外部全景（引自:"土楼群"网站，http://www.tulouqun.com/LandscapeDetail.aspx?ID=122）

(a) (b)

图 3-14 仁厚温公祠（左）
图 3-15 流花宾馆（引自:"芒果网"网站，http://hotel.mangocity.com/jiudian-30001056.html）（右）

图 3-16 白云宾馆

客家聚居建筑的社会适应性还表现在建筑是特定的社会经济活动的产物，适应于一定的经济发展。岭南现代建筑的发展就很好地说明了建筑适应经济发展的规律性特点。20世纪70年代初期，以中国出口商品交易会、流花宾馆等为代表的一批建筑的落成就是如此。当时，我国为了发展经济和对外贸易的需要，计划建造出口商品交易会场馆及配套工程。与上海等其他城市相比，广州以其得天独厚的历史条件、地理条件、人文条件而被确定为选址。与中国出口商品交易会工程相联系，其他配套工程亦纷纷上马，其中包括1972年竣工的流花宾馆（图3-15）和1976年建成的被誉为开我国高层建筑风气之先的白云宾馆（图3-16）。及至当代，广州城市新轴线的形成反映了广州经济和社会发展带来的城市形态的新变化。人们在鉴赏这类建筑时，常常能深深地感受到建筑传达的厚重的社会历史性，沉浸在对往昔社会历史的回忆和追思之中。

三、建筑的人文适应性

建筑的人文适应性与建筑的自然适应性、建筑的社会适应性是互相联系的一个整体，可以说，建筑的自然适应性是建筑的产生和发展的基础和前提，建筑的社会适应性是建筑变化和发展的动力，建筑的人文适应性是建筑发展和追求的目标，也是决定建筑美的丰富性和差异性的主要原因，是形成建筑风格的重要原因之一。"建筑作为一种人为产品，是人为了自己的生存和生活而创造的环境，它的风格必然渗透着当时、当地的文化特征。建筑的形成不过是这种文化特征在建筑领域中外化了的表现。"[43]人与环境的关系不仅在于人类社会生于环境，长于环境，要从外界环境中获取赖以生存的物质生活资料，而且在于人们寄情于环境，要从外界环境中吸取美感，增进生活的情趣，求得情感的愉悦和审美的享受，前者表明了环境对人的物质功利价值，后者表明了环境对人的精神审美价值。广义上，作为人居环境的建筑则具有满足人的物质功利需求和精神审美需求的双重功能。

建筑的人文适应性，作为建筑的审美属性的一个重要层面，主要反映在通过建筑布局、风格造型、空间组合和细部处理等建筑形象要素所表现出来的艺术哲理、设计思维、文化精神和审美情趣中。它是一个民族、一个时代、一个地域的文化精神的具体表征，故又可称为建筑的人文品格。

建筑的人文适应性，或者说建筑的人文品格，主要是通过象征和隐喻的手法来传达的，古今中外，莫不如是。在中国传统建筑中，以特定的数字象征阴阳、天象、时令，以方位象征建筑的等级尊卑和五行图示，以方圆等几何图形象征天地阴阳……[44]在欧洲古典建筑中，其美学思想突出地表现为讲究度量及秩序的和谐，推崇人体美以及"高贵的单纯和静穆的伟大"的意境，这种时代理性和美学精神深深地烙印于合称为"古典建筑"的古希腊罗马建筑之上。雅典卫城的显阔繁华、图拉真广场的庄严高贵，显然没有摆脱神庙的主题，但又似隐喻着时人战胜自然的喜悦和向天神靠近以至和合的热情和期盼。如果说这仅是建筑外观的气氛和建筑整体的意境，那么，古希腊罗马建筑的结构形式则直观地象征着时人的审美情趣。以多立克石柱模仿男性，象征魁梧与雄壮；以爱奥尼石柱模仿女性，象征温文与典雅。古希腊罗马的建筑柱式严谨地模仿了人体的度量关系，形象地体现出一丝不苟的理性精神，充满了对现世人体的热情讴歌，反映了时人的人本主义世界观和对理性美的崇拜，表达了欲将理想美和现实美统一于艺术构图法则之中的审美追求和文化理想。[45]

20世纪50年代以后，柯布西耶（Le Corbusier）设计的朗香教堂、埃诺·沙里宁（Eero Saarinen）设计的环球航空公司候机楼、琼·伍重（Jorn Utzon）设计的悉尼歌剧院相继于1955年、1961年、1973年落成，并很快驰名全球，成为家喻户晓的建筑佳作。究其原因，则与其或隐喻或象征的建筑形象密切相关。当然，建筑的隐喻和象征手法的运用必须遵循其内在尺度规定，因为建筑与其他

图3-17 沈阳九一八纪念馆（引自："走遍中国旅游网"网站，http://www.cnzozo.com/pic/shenyang1001/2008/p012738457.shtml）

艺术最本质的区别之一在于其物质实用性，所以，在运用隐喻和象征的建筑手法时必须牢记，建筑本体所要表达的含义不能违背功能、材料、结构和规范的要求。

在我国改革开放以来的建筑实践中，亦有不少成功运用隐喻与象征手法的建筑作品，表现出了较高的审美价值。如沈阳九一八纪念馆（图3-17），整体造型宛若一本沉重的打开的日历，日期是1931年9月18日，黑色星期五。形似日历的厚重体量，上面弹痕累累，记载着侵华日军的暴行，具有震撼人心的效果。又如广州西汉南越王墓博物馆，它依山而建，面向闹市，它的正面是一个赫红色砂岩石壁，中间留出一线通道，作为本馆入口，迎面有一条44级的上有玻璃光棚的笔直蹬道，正直对着陵墓，入口空间序列形成陵墓神道的隐喻。

运用隐喻和象征的手法来传达和提升建筑的人文适应性，丰富建筑的文化品格、人文内涵和审美属性，还表现在建筑群体的整体规划，如建筑组群与所处环境的关系处理上。在中国传统建筑中就有不少典范之作，可谓匠心独运，成为了世人旅游和审美的对象，如浙江永嘉县苍坡村和广东三水大旗头村（图3-18）。

永嘉县苍坡村古村落的整体规划，立足于自然山水元素实体，进行"文房四宝"的隐喻和象征，创设了激发文化意象的环境景观，给人以丰富的审美享受。全村平面呈方形，象征书写所用之纸，村南边的一个大水池，象征写字的砚，水池旁特意安放的长条形石块象征墨，一条由东向西的街巷正对村西的笔架山，这条街称为"笔街"，以喻一支毛笔安放在笔架之上。这样的村落布局与景观意象，借"文房四宝"的隐喻和象征来表达文人取仕的理想，以示人文荟萃，文人辈出。村门上的题书更是画龙点睛，道出了村落规划的主题和宗旨。"四壁青山藏虎豹，

图3-18 广东三水大旗头村（陆琦摄）

双池碧水储蛟龙","藏龙卧虎"表达了希望村落文运昌盛的文化意象。

建筑的人文适应性也表现在建筑的细部处理、建筑装饰的隐喻和象征之中。细部处理对提升建筑的文化品味、丰富建筑的审美属性具有十分重要的作用。它不仅以细部丰富整体形象,有助于增强建筑整体的表现力,而且表现一定的思想,传达一定的感情,有助于强化建筑的文化内涵,提升建筑的文化品味,同时,也使建筑与环境更具亲切感和人情味。如深圳华夏艺术中心,其细部处理堪称成功之作,粉红色与灰色相间的墙面,舒展的脚步以及倾斜的玻璃檐头等都经过设计者的认真推敲。特别是艺术广场,以面向城市主干道的平面的三角构图,从深层上开掘中国传统文化的精粹,同时吸取外来文化的有益成分,体现出贯通古今、融合中西的追求和努力,反映出了批判继承、综合创新的时代精神。列于半开敞艺术广场两则的"五行"、"六象"浮雕,虽尺度不同,形象各异,但空间构图完整,整体和谐,使人们领略到了我国古代艺术美的价值和神韵,引发出了对中国传统文化和哲学的沉思。"飞天"铜雕与国宝浑天仪的应用,跟灰蓝色半透明大型网架的玻璃顶檐口和合与共,亲切对话(图3-19)。

(a)　　　　　　　　　　　(b)

图3-19　深圳华夏艺术中心

这是一个现代化空间艺术与我国古老民族文化高度融合的艺术广场,具有强烈的艺术感染力和深刻的思想文化内涵。建筑细部的精细处理不仅增强了该建筑的整体表现力,也恰如其分地体现该建筑的文化品味,给人留下长久的回味与思考。

就建筑装饰而言,其工艺多样,题材广泛、内容丰富。在大量的关于中国传统建筑的考察中,我们发现,传统建筑装饰中"图必有意,意必吉祥",广大的民居建筑,多以福禄喜庆、长寿安康、戏文故事、花草纹样为主要装饰题材,其中所潜隐的观念化的文化民俗信仰,普遍地起到一种审美陶冶和道德教化作用。

传统建筑装饰图案,往往通过某种自然现象的比喻关联、寓意双关、谐音取意、传说附会等形式,使人联想到神话传说、谚语古语、历史典故、民间习俗等

图3-20a 拙政园荷塘与船厅"香洲"

图3-20b "松鹤延年"木雕

图3-20c 无锡民居木雕

图3-21 狮子林福寿地花

内容,从而寄托求取吉祥、消灾弭患的愿望,表达人们对美好生活的追求和平安吉祥的向往。传统民居建筑中的装饰图案是在长期的生产生活中形成的吉祥符号,具有广泛的通识性,因而在使用上较为普遍。多种多样的装饰图案在寓情托意的方式上主要有三种:其一,水玉比德。借助于某些动物、植物和器物的自然属性和特征加以延伸和情感化、伦理化的比附,如鸳鸯戏水比附夫妻恩爱,莲花浮萍比附高洁淡泊,杜丹芙蓉比附荣华富贵,兰桂齐芳比附仁途昌达。其二,谐音取意,如鹿—禄,蝙蝠—福,花瓶—平安,鱼—余,狮—师,柿—事,猫蝶—耄耋(图3-20、图3-21)。其三,民谚传说,如鲤鱼跳龙门隐喻登科及第。有些神话传说和历史掌故如盘古开天、龙凤呈祥、三顾茅庐、桃园结义、竹林七贤等直接用在装饰中,以强化和提升文化内涵。

第三节 建筑审美主体

诚如上文所述,建筑美是作为客体的建筑的审美属性与主体对建筑的审美需要契合而生的一种价值。建筑美是客观地存在着的一种"价值事实",不等于美的建筑。建筑美并不是一种实体性存在:它既非一种主体性实体,亦非一种客体性实体,当然更不是主客体之外的任何第三实体(如"理念"、"神"等)。建筑美作为一个价值事实,是在建筑审美活动中生成的,是主客体间价值运动的产物,既离不开建筑的审美属性,更取决于主体的审美需要。在价值运动中,主体是根据、是动力,而客体是条件、是对象,任何企图从主体方面或客体方面,抑或从主客体以外的什么地方去寻找美的存在或根源的努力,都是徒劳而不现实的。

建筑审美主体即建筑审美活动的承担者，有个体和群体之分。建筑审美活动的特点决定了建筑审美主体既具有与实践主体、认识主体、伦理主体相一致的一般规定性，又具有与实践主体、认识主体、伦理主体相区别的特殊规定性。首先，建筑审美主体是感性观照的主体。其次，建筑审美主体是情感活动的主体。第三，建筑审美主体是能动自由的主体。

一、建筑审美主体的心理要素

探讨审美主体的心理要素的功能结构及其主要机制，对于揭示建筑审美活动的秘密和建筑审美心理的特殊性是十分重要的。

西方美学史上，不少美学家为了揭示审美心理过程的特殊性，曾企图寻找一种特殊的审美感官。古希腊时期，柏拉图提出"灵魂"，古罗马美学的最后一位代表人物普洛丁提出"内心视觉"，英国经验主义美学家夏夫兹博里及其学生哈奇生则称这种特殊的审美感官为"内在的眼睛"或"内在感官"。诚然，一切企图从普通心理之外去寻找特殊审美感官的做法都是不现实的，但这种对审美心理过程的特殊性的肯定是值得注意的。

在传统美学研究中，一般从认识论框架去分析审美心理，从而把参与审美过程的心理因素概括为感知、想象、情感、理解四要素。事实上，在审美过程中发挥作用的心理要素除了感知、想象、情感、理解等审美的认识心理要素外，还有欲望、兴趣、情感、意志等审美的价值心理要素。传统美学的片面性决定了它不可能对人类审美心理过程作出真切全面的描述。

建筑审美活动是一种以主体的内在审美需要为根据和动因的情感价值活动。它具有一般认识活动的规律性，但更显示出价值实践和情感体验的特殊性。参与建筑审美活动的主体心理要素既包括审美认识心理的系列要素，又包括审美价值心理的系列要素。

从审美认识心理的系列要素来看，虽然在字面上还是一般认识活动中讨论的感知、想象、情感和理解，但它们的意义和功能已截然不同。在建筑审美过程中，主体的感觉出于主体的生命欲求，对建筑的形式属性如造型、色彩、布局、环境等作出自发选择，选择的结果即欲望的满足和审美兴趣的产生以及情绪的激动。而在一般的对建筑的科学认识活动中，感觉对建筑这一客体信息的接受则力求全面以避免主观认识的片面性，并且尽可能不带情绪色彩以保证认识的客观性。审美知觉与一般知觉活动的区别在于前者一般并不与认识和实践的目的相联系，而往往只与情感目的相联系，因而，审美知觉所指向的往往只是与主体情感模式相联系的对象本身的感性形式。当代最著名的现象学美学代表，法国著名美学家杜夫海纳（Mikel Dufrenne）曾对此进行过较为深刻的论述。[46]在他看来，审美知觉所指向的并非关于对象与对象之间相互关系的真理，而是对象本身所构成的那个审美的形相（形象）世界，这个世界也包含某些真理，但这种真理是通过富于表现力的感性形象直接显现出来的。格式塔心理学派美学持相似的观点，认为选择、建构、完形正是审美知觉的特征所在。

在建筑审美活动中，想象作为审美认识的心理机制同样发挥着价值选择和评价的功能，而且较之于审美感知更自由、更富于创造性。由于建筑构图的抽象性，人们不通过想象便无法解读建筑几何形体的意义和艺术韵味。歌德正是通过审美想象而将圣彼得大教堂前广场的廊柱的排列节奏与音乐的旋律联系起来的。如果没有审美想象的创造性，梁思成先生也不会为天宁寺砖塔的立面谱出无声的乐章。同样，如果没有审美想象的创造性，黑勒·肖肯也不可能绘制出关于朗香教堂的五种意向建构。

审美理解是贯穿整个建筑审美过程的心理因素。建筑审美活动中的理解不是一个独立的理性思维阶段，不同于科学认识活动中的概念、判断、推理的过程，主要表现为对对象形式意味的直觉把握，有似禅宗的"顿悟"，即通过审美主体的独特感受及体验，领悟到建筑的某种意义，直至宇宙感、历史感和人生感。如在对客家聚居建筑的审美活动中，人们透过那点线围合的布局方式、礼乐相济的空间布局、整体有序的建筑组合，便可感悟到客家人慎终追远、耕读传家的文化理想和价值追求，从而也丰富、深化了关于客家聚居建筑的审美感受。当代西方解构主义建筑思潮影响下的建筑，以其断裂、扭曲、残缺、怪诞的形式诉诸鉴赏者的视觉，使人体会到当今社会所面临的不少危机和种种挑战。

建筑审美主体的心理要素的另一个系列是审美价值心理。审美价值心理是由主客体之间审美关系的价值特性所决定的，因此也可以说是审美价值关系的心理表现，包括审美的欲望、兴趣、情感和意志等。

在建筑审美活动中，建筑审美欲望是主体审美的内在心理动因，是使建筑审美得以实现的重要的心理机制，在具体的审美过程中，表现为一种无意识的、强烈的价值追求。正是有了这种价值追求，主体才会有审美的激情和冲动，并因此而产生对于具体建筑审美对象的兴趣。所以，如果说审美欲望在建筑审美的过程中主要表现了审美的价值追求和审美取向，那么，审美兴趣则呈现为建筑审美过程的价值选择。

相对于个体的审美而言，并不是所有的建筑或者某一建筑类型的所有建筑都能成为审美对象，只有当某一具体建筑引起特定主体的兴趣时，才能进入个体的审美视野，从而满足人的审美欲望。可见，审美兴趣是人与建筑建立审美关系的重要中介，是建筑成为审美对象的必要条件。

审美兴趣在建筑审美活动中又表现为一种初步的肯定性态度。从审美主体方面来说，兴趣的产生过程也就是主体对建筑形成肯定性态度的过程，这种肯定性态度的进一步的心理表现就是对建筑的审美情感。因此，与兴趣在审美过程中表现为一种审美的价值选择相比，情感在审美过程中则表现为一种审美的价值评价。当建筑的某些形相属性能够满足审美主体的审美需要时，主体便以内在体验的情感（爱、憎、亲、疏）、外露的表情（喜、怒、哀、乐）和情绪状态（兴奋、激动、平静、颓丧）来表示对这一价值的评价。

情感是审美心理中最活跃的因素,在整个审美过程中,始终发挥积极的能动作用,直接影响到主体对建筑的审美感受。从最初的审美感知,情感因素就介入其中,至于审美想象和审美理解,更少不了情感的作用。关于建筑审美活动中的情感作用,下文还有专门讨论。

意志也是审美价值心理中不可忽视的因素。在审美过程中,意志在情欲和理智之间起着调节作用,集中反映了审美活动的主体性特征。人对建筑的审美欲望随意志的作用得到强化或弱化,人对建筑的审美兴趣和审美情感随意志的作用而激发或抑止。在这里,意志的调节作用不是一种理性自觉,而是一种潜在意向性,正是这种意向性作用,建筑审美活动才成为一种高度自由的自主性活动,成为一种无目的而又合目的性的活动。

二、建筑审美主体的心理结构

建筑审美活动,如同其他一切审美活动,也是一个审美主体与审美对象往返交流的复杂心理过程。一方面,审美主体对建筑形象进行着由浅入深、由局部到整体、由表面感性形式到内部文化意蕴的审美把握,使建筑的审美属性在审美主体的审美活动中得到确认,形成价值事实。另一方面,作为审美对象的建筑,其审美属性也不断地影响审美主体的审美活动和审美过程。在这个往复交流的心理过程中,审美主体的审美心理结构起着十分重要的作用。建筑审美的心理因素和心理过程,实质上就是建筑审美心理结构的要素内容和功能表现。建筑审美心理过程之所以呈现出建筑审美态度的形成、建筑审美感受的获得、建筑审美体验的展开和建筑审美超越的实现等阶段性和历时性特征,其根源在于审美主体的审美心理结构。如果说,建筑审美态度的形成还只标志着建筑审美的心理准备阶段的完成,尚未进入实质性建筑审美阶段,那么,建筑审美感受、建筑审美体验和建筑审美超越等建筑审美的实质性环节就丝毫不可忽视和低估审美主体的审美心理结构及其作用了。

审美心理结构问题是美学研究中一个备受关注的课题,在西方美学史上,许多理论家都做过探索。早在英国经验主义美学时期,夏夫兹博里就曾试图以"内在的眼睛"或"内在的感官"解开审美心理之谜。至现当代,德国心理学家考夫卡、法国美学家杜夫海纳、美籍美学家阿恩海姆亦进行了研究,虽然具体观点各异,但都认为主体在感知对象时,已事先具有一定的心理结构。

建筑审美活动的实践证明,在建筑审美活动开始时,审美主体绝不可能以一个空白的头脑去被动地接受审美对象的审美信息,而是用事先具有的审美心理结构去主动地接受审美信息,关注建筑的审美属性,而这种主动接受、主动关注正是造成建筑审美差异性的原因之一。面对同一建筑,不同的审美主体会产生不同的审美感受,就是同一审美主体面对同一建筑在不同的时空条件下亦有相异的情感反应。这一切都与审美主体的心理结构相关。审美心理结构决定着审美主体对建筑审美属性的选择和发现,决定着建筑审美属性对主体发生的影响及其程度,也决定着审美主体对建筑审美属性的感知和评价。

必须指出的是,建筑审美主体心理结构并不是人的与生俱来的先验假设或生理器官,它有一个历史地形成的过程,这个历史过程以建筑审美实践活动为内容,也就是说,离开审美实践,审美心理结构永远不可能完全形成。一个足不出户的人要形成对广州的光孝寺、包头的五当召等名刹古寺的审美心理结构显然是不可能的,一个从不欣赏交响乐的人也根本不可能对贝多芬、莫扎特、柴柯夫斯基的作品形成审美心理结构。同样,一个从未进行过建筑审美实践活动的人当然无法形成对精美建筑的审美心理结构。建筑审美的兴趣、感知、情感、想象、理解等所有心理要素都是在建筑审美活动中形成、发展和深化的。正是建筑审美活动,使人的建筑审美心理结构得以形成;也是建筑审美活动,使人的建筑审美心理结构得以不断地丰富和完善。建筑审美心理结构的特征亦由此呈现出来。

首先,建筑审美主体心理结构不是固定的、封闭式的结构,而是开放的、发展变化的动态结构。一方面,构成建筑审美心理结构的诸心理因素在各个审美主体那里各自都有一个形成和发展的演化过程;另一方面,由于建筑审美主体的差异(主体审美能力、审美经验等差异),诸心理因素所组成的建筑审美心理结构也必然不同。

其次,建筑审美主体心理结构永远处在一个不断发展和更新的过程中。每一次新的建筑审美活动都是在原有的审美心理结构的基础上重建新的审美心理结构,是对新的审美信息的吸收整合和对新的审美对象的把握。这个新的审美心理结构,既是对原有结构的继承和延续,保持其相对的稳定性,但又并非原有结构,而是在某个方面甚至各个方面具有了新的内容和形态。

再次,建筑审美主体心理结构也受到时代、民族、地域等因素的影响,具有时代性、民族性和地域性。不同的时代产生不同的建筑风格,也必然形成与此相适应的审美心理结构;不同的民族对建筑表现出不同的审美趣味,产生不同的建筑审美心理结构;不同的地域形成不同的生活习俗,出现不同的建筑样式和建筑特色,也必然引起建筑审美心理结构的不同。这里应当注意的是,一方面建筑审美心理结构的时代性、民族性和地域性必然导致建筑审美的差异性,另一方面,也正是建筑审美心理结构的时代性、民族性和地域性决定了建筑审美的共同性。同一时代、同一民族或同一地域的审美主体,其审美心理结构不管差异多大,都有某种程度的相似或相同。建筑审美风尚的时代性、民族性和地域性亦由此可见,并且在根本上是由建筑审美主体的心理结构的时代性、民族性和地域性决定的。

三、建筑审美主体的情感作用

审美活动是自由、自主、能动的情感价值活动。在建筑审美活动中,情感是活跃且最为重要的主体心理因素之一,发挥了显著的作用,对此,建筑学界和美学界给予了充分关注和高度重视。建筑学家吴良镛院士在其《广义建筑学》中曾指出,建筑是"人为且为人"的。"人为",表明建筑是人的情感的外在表现形式;

"为人",表明在某种意义上,建筑满足了人的情感需求。芬兰建筑大师阿尔瓦·阿尔托说:"只有当人处于中心地位时,真正的建筑才能存在。"[47]美国著名美学家苏珊·朗格更是"情感"表现论者,"由建筑师所创造的那个环境,则是由可见的情感表现(有时称作'气氛')所产生的一种幻象。"[48]"幻象"之说明确地指出了建筑艺术所具有的"情感表现"功能。

建筑审美活动是一种以主体的审美需要为根据和动因的情感价值活动。在建筑审美活动中,审美主体是自主、自由、能动的,在这些心理特性的作用下,审美主体对建筑形成肯定性的态度及进一步的心理表现,就是建筑审美情感。主体对建筑物形成审美态度从而使之转化为审美对象,主要是通过情感选择实现的;而主体对建筑物的知觉完形从而使之转化为个性化的审美对象,主要是通过情感加工、情感建构来完成的。

(一)情感选择

建筑是人类社会文化的产物,也是人类文化的载体,承载着主体的情感记忆,并在一定情况下激发主体的情感记忆。建筑审美活动的开始,是以主体在审美兴趣和情感的驱使下对特定建筑物产生审美注意为标志的。在建筑审美活动中,审美主体对建筑物的选择实质上是一种情感选择。

审美主体的生活背景、知识修养、兴趣爱好、情感取向等构成了主体的情感选择的依据和动因,审美主体根据自己长期形成的审美标准和特定的情境,能够自主地选择符合自己审美需要的建筑物(或建筑物的艺术形象及表现特征)作为审美对象,而不受实际功利和其他外在因素的影响。审美主体的自主性决定了主体对建筑的情感选择的差异性。面对不同的建筑物,同一主体的感受和理解不同。老北京的居民看到四合院就产生莫名的亲切感,安徽人独钟情于白墙灰瓦的徽派建筑,文人雅客欣赏江南园林的含蓄雅致,朝圣者一生仰视布达拉宫的金光顶。面对同一建筑物,不同的审美主体对其艺术形象及表现特征的情感选择也呈现出差异性。如在对明清故宫的审美活动中,有人惊叹于其"嵯峨城阙,傑阁崇殿"的建筑形象,有人震慑于其层层推进的空间组合而营造的环境氛围,有人痴迷于其殿、阁、廊、庑、楼、门等排列组合的"秩序"与"变化"之美。正如杜威所说:"艺术是选择性的……因为在表现行为中,情感在发挥作用。任何主导情感都会自动地排斥与自己不一致的东西。"[49]

在建筑审美活动中,审美需要对人的审美情感有激发、定向选择的功能。审美主体因审美兴趣和审美需要的不同,会选择不同风格或不同特点但又契合自己的审美需要的建筑作为审美对象。黄鹤楼承载着与友人分别的记忆,引发了诗人的"烟波江上使人愁"之叹。富甲一方的盐商钟爱于竹及其所象征的"本固"、"心虚"、"体直"、"节贞",而有个园的文人之风、雅正之气。贝聿铭追忆姑苏似水年华,称自己的最后一件作品苏州博物馆新馆为"中国小女儿"。主体审美注意的出现正如中国古代美学思想中所说的,是"感物而动"、"即景生情"、"哀乐之心感,歌吟之声发"……《淮南子》认为,艺术创作是人接触外物后所引起的真情感的自然而非矫情的表现，其《俶真训》里说："且人之情，耳目应感动，心志知忧乐……所以与物接也……今万物之来擢拔吾性，攓取吾情，有若泉源，虽欲无禀，共可得耶？"[50] 这里讲人之情，感于物而动，有若泉源那样外涌，是不得不表现的。建筑艺术的创作和审美亦然。

建筑审美情感不是先验的孤立的自生自灭的内心运动，它同其他心理形式一样，总是被特定的建筑物所刺激、所激活。所谓的"人禀七情，应物斯感"，"触景生情"，"情由境发"，也应了对建筑审美情感产生契机的描述。情感选择的过程也是审美主体对建筑表现形式的情感肯定和感知的过程，是建筑审美活动中主体经由建筑审美态度的形成走向建筑审美感知的获得的心理节点。

（二）情感加工

审美主体在情感的驱使下，通过审美想象和审美联想的作用来丰富、深化审美体验和审美理解，对建筑物中某些形式、环境因素进行情感关注、忽略，或进行情感想象去比附别的形式因素，使建筑物对主体更具有感官的吸引力和更强烈的情感表现性，即情感加工。这是建筑审美心理活动的主要阶段。同一建筑物经过审美主体的情感加工而表现为丰富多样的个性化的审美对象。

情感加工是审美活动的主体性特征的又一重要确证。在情感加工的过程中，审美主体用全部的精神感觉去"占有"建筑物，具有高度的自主性和自由性。主体凭借审美想象力，可以打破法则的限制和时空的限制，创造出新的建筑意象。如在对建筑的赏鉴品评中，《诗·小雅·斯干》创造了"如鸟斯革，如翚斯飞"的动人的建筑意象，杜牧在《阿房宫赋》中描绘了"五步一楼，十步一阁，廊腰漫回、檐牙高啄，各抱地势，钩心斗角"等一连串的建筑意象，计成在《园冶》中描述了"山楼凭远"、"竹坞寻幽"、"轩楹高爽"、"窗户邻虚"、"奇亭巧榭"、"层阁重楼"等大量富有诗情画意的园林建筑意象。[51]

在建筑审美活动中，情感加工作用是继情感选择之后凭借审美理解、审美联想和审美想象而发挥的，表现为建筑审美体验的持续和深化。主体的审美体验不仅是沿着主体对建筑物的想象而展开，更是遵循主体的情感路线而深入。在构建个性化的审美对象的过程中，主体的审美想象也是自主、能动、自由的，主体能够任凭情感的驱使，随意地想象，就自己的情感选择对象进行情感加工。同样面对悉尼歌剧院，有人把它看成扬帆待航的轮船，有人把它看成是碧海沙滩上的贝壳，其实都是建筑审美主体情感加工的结果。又如备受人们关注的法国朗香教堂，勒·柯布西耶设计的原意是立足于建筑的功能，把教堂当作传达上帝旨意和倾听天国纶音的圣所，以巧妙地隐喻营造出教堂的神圣性和神秘感，但由于审美主体的不同及其自由的情感想象，经过情感加工，或想象成一双祈祷的手，或为一艘轮船，或为一只鸭子，或为一个牧师的后侧投影，或为两个修女，一高一矮。况且，这还只是黑勒尔·肖肯个人的看法。想象因情感而无限展开，不仅创造出现实中已有或可能有的建筑形象，也创造出现实中根本不可能有的建筑意象，而情感则因想象而得到充分表现，得到一切可能需要的满足。情感和想象的相互激荡正是审美活动中情感加工的主要内容。

郑板桥曾这样描写一个院落:"十笏茅斋,一方天井,修竹数竿,石笋数尺,其地无多,其费亦无多也。而风中雨中有声,日中月中有影,诗中酒中有情,闲中闷中有伴,非唯我爱竹石,即竹石亦爱我也。彼千金万金造园亭,或游宦四方,终其身不能归享。而吾辈欲游名山大川,又一时不得即往,何如一室小景,有情有味,历久弥新乎!"[52] 这是让郑板桥怡情养性的园林意境之美妙。其空间流动变化,其竹石有味有情。美不自美,因人而彰。园林意境的审美属性因为满足人的情感需要而被确证。人们在园林审美鉴赏中,凭借自由的联想和想象,进行自主的情感加工,丰富审美感受,深化审美体验,实现审美超越。

登"天下第一关"山海关,北望长城蜿蜒山间,南眺渤海波涛浩淼,古战场的铁蹄声又到耳边,金戈铁马如在眼前。临四川眉山的三苏祠的抱月亭,如见苏轼独坐亭中,把酒问月,"明月几时有?把酒问苍天。不知天上宫阙,今夕是何年。"审美主体还可借助建筑的造型、线条、色彩的变化等联想到音乐的绘画、音乐、书法等。梁思成先生说中国园林是一幅立体的中国山水画;歌德说他在圣彼得大教堂广场的廊前散步时,感觉到了音乐的旋律。审美主体在情感的驱使下,驰骋审美想象,深化审美体验,加速情感加工和情感建构。

需要指出的是,建筑审美活动中的情感加工并不排斥主体的理性认知,甚至是以主体的理性认知为基础的。上海东方艺术中心是建筑师运用隐喻主义手法构划的动感建筑形象。从高空看,这座音乐殿堂犹如一只美丽的蝴蝶,正在百花丛中采蜜飞翔;从稍高处俯瞰,这座殿堂的屋面又像五片绽放的花瓣,连着一朵硕大的"蝴蝶兰"。审美主体在这一具体的建筑审美活动中,忽略了庞大的建筑体量,模糊了建筑的物质材料外壳,使建筑以一只蝴蝶、一朵花的形象呈现于面前,更加的美轮美奂、赏心悦目,使审美主体的心都激荡起来了。意大利比萨斜塔以其耸立时的"斜而不倾,歪而不倒"造就了一种摄人心魄的力量。远远望去,它的不正之体让人感到一种缺失和不安全。审美主体容易忽略它简洁质朴的罗马建筑风格,从其不平衡的外形进行想象和体验,形成类似于充满压迫感、危机感等的客体形象。再如面对2010年上海世博会中国馆,"中国特色、时代精神"的设计理念给人深刻印象。何镜堂院士定位准确,突出三点:一是要体现城市发展中的中华智慧,二是要体现中华文化的包容性和民族特色,三是要体现当今中国的气质与气度。国家馆居中升起,层叠出挑,庄严华美,形成"东方之冠"的主体造型。地区馆水平展开,形成华冠庇护之下层次丰富的立体公共活动空间,并以基座平台的舒展形态映衬国家馆。国家馆以整体大气的建筑造型整合了丰富多元的中国元素,传承了经纬网格的传统建造文化;地区馆建筑表皮镌刻叠篆文字,传达了中华人文历史地理信息。国家馆主体造型雄浑有力,宛如华冠高耸,天下粮仓;地区馆平台基座汇聚人流,寓意福泽神州,富庶四方。在建筑审美活动中,令人惊艳的"东方之冠"的大红色斗栱造型,给人以丰富的联想,经过主体的情感加工,如缶,如冠,又如仓,让人沉浸在赏心悦目、心旷神怡、悦神悦志的审美欣赏和审美体验之中。

类似于"一千个读者就有一千个哈姆雷特",经过审美主体的情感加工,建筑物形式或整体形象由于审美主体情感的差异而具有了个性化的特点,再经过情感建构的作用,建筑物将形成千差万别的个性化的审美对象。

(三)情感建构

情感建构,指主体在审美感知过程中,按照自身的情感需求对客体(建筑物)的知觉(特别是幻觉创造),或称知觉完形。客体由此而成为审美对象。情感建构是情感加工的必然结果。审美主体在情感加工的基础上,通过想象、理解或联系自身的际遇等形式,从特定的角度把握建筑物的深层文化内涵,建构尽可能传情达意的、更符合主体的审美理想的审美对象。

如前所述,黑勒尔·肖肯把自己的生活经验、知识修养、生命体验等结合到对朗香教堂造型的联想中,产生了如浮在水中的鸭子、驶向彼岸的航船、牧师头部的侧影、两个窃窃私语的修女、一双合拢的手等差异巨大的建筑意象,加深了审美主体对朗香教堂造型美的把握。黑勒尔·肖肯的这一建筑审美活动充分说明了审美情感的作用。从情感选择开始,主体观照的是朗香教堂的造型,经由主体的联想和想象,进行情感加工,最后产生五种建筑意象,完成情感建构。王勃在对滕王阁凝神观照,在失望与希望的情感交织中漫游时,由"落霞与孤鹜齐飞,秋水共长天一色"的意象比兴引发出"天高地迥,觉宇宙之无穷,兴尽悲来,识盈虚之有数"的哲理性感悟,从滕王阁的意义世界上升到对自己人生意义、价值的思考之中,由建筑审美体验升华到建筑审美超越。

在情感建构过程中,审美主体积极主动地调动自己的知识和情感记忆,把各种知觉心象和记忆心象重新化合,孕育成一个全新的心象,即审美意象,并激发起更深一层的情感反应。在建筑审美活动中,主体一方面通过情感建构不仅达到了对建筑意义的感性把握,而且加深了对建筑价值的理性认识,另一方面通过情感和想象、理解等心理机制,在对象中看到了自己,实现了主体和客体的沟通和交融,从而得到极大的心理满足和审美愉快。在这种情况下,建筑的存在和意义就在于它外化了主体的生命情感,显现了主体的生命情感。

上海东方明珠广播电视塔是建筑师运用唐代诗人白居易诗中的"嘈嘈切切错杂弹,大珠小珠落玉盘"的意念创作出的优美建筑形象,黄浦江上,波光潋滟,远眺东方明珠塔,恰如倒映于水中之珠,熠熠生辉。东方明珠不正是上海的化身吗?建国以来,上海以强烈的进取精神,解放思想,与时俱进,经济和社会发展的各个领域都发生了历史性的大变革,已成为我国最大的经济中心和国家历史文化名城,它不正是东方的一颗耀眼明珠吗?又如哥特式教堂,空间阔大,群柱律动,恰如歌德的描述,它们腾空而起,像一株崇高壮观、浓荫广覆的上帝之树,千枝纷呈,万梢涌现,树叶多如海中的沙砾。主体用自己的审美想象与情感来理解和丰富建筑的意义:一切都指向上帝。向上涌动的群柱和肋架券,引领着人们仰望天堂的圣父,奔腾向四面八方冲射出肋架券的列柱,导引着信徒走向前方圣坛上的耶稣。希腊神庙充分体现了希腊人的审美特点和生命情感，希腊神庙不像埃及金字塔那样庞大压抑，也不像基督教堂那样巍峨神秘，它庄重、明快，呈规整的几何结构，细部变化多端，柱石肃立、挺拔，好比希腊的运动健儿，风度潇洒、气概非凡。希腊神庙的意义和价值也在于它体现了希腊的艺术精神，即如温克尔曼所说："希腊艺术杰作的一般特征是一种高贵的单纯和一种静穆的伟大。"[53]

在情感建构过程中，主体的理性上升，超越了建筑形象，更深地理解了建筑的意蕴。主体沿循情感的路线，沉浸到宇宙感、历史感和人生感的理解和体悟之中，即建筑意境之体悟。用著名美学家叶朗先生的话："超越具体的、有限的物象、事件、场景，进入无限的时间和空间，即所谓'胸罗宇宙，思接千古'，从而对整个人生、历史、宇宙获得一种哲理性的感受和领悟。"[54] "中国传统建筑中，大至故宫、天坛、十三陵、颐和园、承德外八庙，小至一处小园林，一所小山寺，无论是令人惊叹其伟大，或是流连其幽静，美就美在那能够使人从中领悟、认识到比感官的愉悦更多一些的东西。"[55] 此即建筑意。建筑审美中，只有"情深"，才会对建筑意有深刻的感悟。因此，"理情寓合，情理交融，是欣赏和创造建筑美的又一条重要原则。"[56]

通过情感建构，审美主体达到对建筑文化精神的进一步把握，指向于创造意义的世界。这时，建筑不再作为纯客观的表象存在，而是作为某种文化精神的表象对审美主体存在着，如苏州园林如画如梦的鬼斧神工之中蕴涵着中国历代文化经营所创造出的建筑哲学，山西的晋商大院、平遥古城，体现着中国历史上商人所遵从的建立在儒家哲学基础上的人生哲学，北京四合院的风水营建中融入了中国古代的建筑环境哲学，广州陈氏书院的装饰装修印证着岭南独有的文化精神等。因此，经过情感建构的审美对象与实存客体相似而又不同，是审美主体心灵中的对象，往往具有象征性。

综上所述，在建筑审美活动的整个过程中，始终伴随、弥漫着审美情感，这种情感是自由自主、差异丰富、变化发展的。在建筑审美活动中，由情感选择、情感加工至情感建构的这一过程，是审美主体将情感由主观化转变为客观化的过程，即审美主体对内心体验的情感进行了选择、提炼之后，通过塑造的建筑意象而外化的过程，表明了情感作用的历时性特征。情感选择、情感加工、情感建构是相互联系，依次递进的。情感选择标志着建筑审美活动的实质性开始，情感加工展示了建筑审美活动的深广内容和主体性特征，情感建构体现了建筑审美活动的情感作用结果。

第四节 建筑审美活动及其心理过程

建筑审美活动直接根植于人的生命活动。建筑审美活动出自于与人的欲望、兴趣等感性生命的要求相联系的需要，是为了满足人对建筑的审美需要而进行的活动。但是，在美学史上，传统美学一直将审美活动视为一种认识活动，认为审美活动即对美的认识过程。这种观点深刻影响了我国的美学研究，影响到了对建筑审美活动的理解。如美学界有人把审美活动等于"审察美"的活动，将审美活动的"审美"两字拆分成一个动宾词组，认为审美活动即"审察"外在于人而存在的"美"的认识活动。这不仅是一种美学研究的方法论原则的错误，也是对审美活动的误解。在讨论建筑审美活动时，更有人直接套用这种观点，将建筑审美活动混同于对建筑的认识活动，从而漠视甚至歪曲建筑审美活动的特征和本质。

一、建筑审美活动的本质和特征

在现实生活中，人们经常可以发现这样的现象或情形：面对同一幢建筑物，有人认为它美，甚至连连赞叹；有人认为它不美甚至丑。显然，这是一个关于建筑审美标准的问题，或者说，是一个建筑审美的主体差异性问题。要正确回答这个问题，首先必须分析建筑审美活动。建筑审美活动的内在规定性何在？建筑审美活动何以可能？

审美活动，是人类多样性活动中的一项特殊活动，是不同于物质生产活动、认识活动、宗教信仰活动及社会交往活动的一种情感价值活动。人类审美活动之所以产生并不断发展，是以人的审美需要为根据和动因的。马克思主义创始人早已指出，人的需要是人的内在的、本质的规定性，"他们的需要即他们的本性"。[57] 人是按照特定的需要进行活动的。

人的需要是多样性的统一。马克思主义把人的需要分成生存需要、享受需要、发展需要三个方面，审美需要就包含在人的享受需要和发展需要之中。先秦时期的墨子曾经有言："食必常饱，然后求美；衣必常暖，然后求丽；居必常安，然后求乐。"[58] 墨子所谓的"求美"、"求丽"、"求乐"，就是指人类在满足生存需要基础上产生的审美需要。到20世纪50年代，美国心理学家马斯洛进一步论证了马克思主义关于人的需要的理论。马斯洛把人的需要分为五个层次：第一是生理需要，第二是安全需要，第三是归属和爱的需要，第四是尊重需要，第五是自我实现需要。马斯洛关于人的需要的层次理论表明，人的需要具有由生理向心理，由有形向无形，由物质向精神，由实用向审美的发展规律性。

马斯洛的"需要层次理论"

人的审美需要是随着人发展自身的需要而产生的，是人类表现自己的生命并从这种生命表现中获得享受的需要。人类的审美需要并不是一个独立的层次，它是与人类生命活动的进程中所存在的各种其他需要相联系的。可以说,"审美需要的冲动在每种文化、每个时代里都会出现,这种现象甚至可以追溯到原始的穴居人时代"。[59] 但必须注意的是,原始人最初与动物一样,尚没有生命的感觉。当原始人从劳动成果的实用形式上意识到自己的创造智慧,体验到生命的律动,并获得心理情感的愉悦和满足时,原始人才开始进入审美活动。也就是说,人类的审美活动要以审美需要作为动因和根据,但是,这种审美活动要成为现实,人类主体还需具有相应的审美能力。

建筑审美活动也应作如是观。建筑审美活动的产生是以人对建筑的审美需要和审美欲望为动因的,但建筑审美活动成为现实,是以人对建筑的审美意识和审美能力的形成为前提的。原始人掘土为穴、构木为巢的实践活动,主要是一种满足自身物质功利需求的实践活动,只有当人类在掘穴构巢的活动中从实践活动成果(穴居、巢居)的形式上意识到自身的创造力并具有情感上的满足和愉悦时,人类的建筑实践活动才成为建筑审美活动,这种活动才具有美学意义。普列汉诺夫关于纯粹装饰品的产生过程的论述对我们不无启发:"那些为原始民族用来作装饰品的东西,最初被认为是有用的,或者是一种表明这些装饰品的所有者拥有一些对于部落有益的品质的标记,后来才开始显得是美丽的。使用价值是先于审美价值的。但是,一定的东西在原始人的眼中一旦获得了某种审美价值后,他们就会力求仅仅为了这一价值去获得这些东西,而忘掉这些东西的价值的来源,甚至连想都不想一下。"[60] 车尔尼雪夫斯基曾说建筑是一门最具实用性的艺术,这是从艺术形式存在的物质功利性方面对建筑和其他艺术进行比较后所作的论断。但是,建筑审美活动不是对建筑实体满足人的某一具体活动的物质功利性的评判,也不是对建筑营造构建的技术合理性的考量,而是对建筑的某些形象属性满足人的情感需要的一种心理体验和精神愉悦。

在人的实践活动中,人与建筑之间所形成的关系具有多种多样的规定性,但概括起来,不外乎三类,即实用功利关系、科学认识关系和审美情感关系。虽然这三种关系之间具有一定程度的联系,但是,只有当人的实践活动是在人与建筑的审美情感关系中进行时,这种实践活动才是审美活动。建筑审美活动也由此呈现出了它的一个最主要特征——非功利性。所以,黑格尔说:"审美带有令人解放的性质,它让对象保持它的自由和无限,不把它作为有利于有限需要和意图的工具而起占有欲和加以利用。"[61] 德国古典美学的另一位代表人物康德在《判断力批判》中进行美的分析时,首先着眼于审美快感与感官上的快适及道德上的赞许所引起的快感的差异,得出了关于审美鉴赏的第一个结论:"鉴赏是凭借完全无利害观念的快感和不快感对某一对象或其表现方法的一种判断。"[62] 我国著名美学家朱光潜也曾对审美活动的超功利性特征进行了举例说明。面对一棵古松,商人想到的是它能出多少方木料,能卖多少钱;科学家想到的是这棵古松的科学分类及生长年代;而画家却会马上被古松的外形所吸引,沉醉于它的苍翠遒劲。这里,只有画家是在进行审美活动,而商人的活动是功利性的活动,科学家的活动是认识活动。

建筑审美活动的非功利性是区别于人对建筑的实用功利活动和科学认识活动的本质特征,但它并不意味着对建筑功能的排斥和否定。如果说建筑审美活动所关注的是建筑形象的感性形式(包括造型形式,环境形式,空间、意境形式),那么,这种感性形式是以建筑的功能要求和建筑的表现形式的和谐统一关系为本质内容的,绝不是不顾建筑功能要求的唯形式主义。

建筑审美活动的第二大特征是主体性特征。建筑审美活动的主体性主要表现为人对建筑审美选择的自主性和能动性以及主体在建筑审美活动中的自由性和超越性。

在建筑审美活动中,人们的审美选择不受外部力量的强迫,是自主、能动的。在审美选择中,主体自身的爱好、兴趣、理想起着主要的作用。你陶醉于古希腊柱式的人体象征和数的比例,体验到古希腊追求理想与现实相结合的审美理想,我沉浸于中国古建那屋宇反翘的飞腾气势,感悟到古代中国崇生乐观的理想精神;你赞赏哥特式教堂的挺拔高耸、直指上苍以及对神人合一的追求向往,我偏爱北京故宫的庄严肃穆、威严有序以及表达天人合一理想的匠心独运;你叹服凡尔赛宫的秩序井然、比例对称以及错彩镂金的人工装饰美,我欣赏云南丽江古城的随形就势、小桥流水人家的自然古朴风韵……这一切都是主体审美情感的自由表现,是自主的,能动的,是外力所难以干预的。

在具体的建筑审美活动中,主体能够任凭情感的驱使,随意地想象,这种想象更具自主、能动、自由的特点。面对同一座建筑,审美主体根据各自的感觉、想象和理解,使同一审美客体展现着不同的风采,构成一个个迥异其趣的审美对象。这是建筑审美活动中十分普遍的现象。同样面对悉尼歌剧院,有人把它看成扬帆待航的轮船,有人把它看成碧海沙滩上的贝壳。又如备受人们关注的法国朗香教堂,柯布西耶的原意是立足于建筑的功能,把教堂当作传达上帝旨意和倾听天国的纶音的圣所,以巧妙的隐喻营造出教堂的神圣性和神秘感,但由于审美主体的不同及其自由想象,形成了多种多样的审美对象,或想象成一双祈祷的手,或为一艘轮船,或为一只鸭子,或为一个牧师的后侧投影,或为两个修女,一高一矮(图3-22)。再如南京中山陵,其整体布局和主体建筑(祭堂)的造型恰似一座钟,让人们的耳边依稀听见孙中山先生"革命尚未成功,同志尚需努力"的嘱托;同时,中山陵的平面布局好像平放的一把钥匙,激励后人继承孙中山先生遗志,努力探索救国救民的真理(图3-23)。

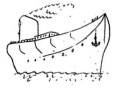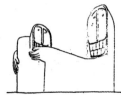

图3-22 黑勒·肖肯关于朗香教堂的五种意向建构

建筑审美活动的第三大特征是审美快感的综合性特征。建筑审美活动的过程即表现为主体审美需要及审美欲望、兴趣等的逐步满足，而这种满足的结果及其心理表现就是审美快感。无疑，愉快的性质在很大程度上是由对象的性质决定的，但离不开主体感觉、知觉、想象、理解等心理因素的中介作用。

建筑审美快感作为一种综合性的心理效应，还表现在它是感性和理性的结合。建筑审美愉快绝不是单纯的感官快乐，也不是单纯的理性快乐，前者有经验派美学的片面性，后者亦有理性派美学的片面性。因为，单纯的感官快乐仅仅是由简单的"刺激—反应"所产生，仅仅是人的生理感觉在起作用，谈不上心理效应的综合性，也就是说，如果仅仅停留在生理层次，而不上升到心理、意识或精神层次，所得的愉快就只可能是单一的本能反应，也就谈不上审美快感。另一方面，建筑审美愉快也与纯理性快乐相区别。在最一般意义

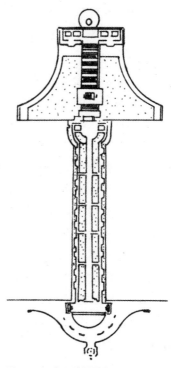

图3-23 中山陵平面布局

上，求知的或科学的愉快来自于理性的满足，道德的愉快产生于实践理性的满足，宗教的愉快则决定于信仰理性的满足。它们都缺乏感性与理性的结合，而且在本质上是排斥感性的。建筑审美愉快与科学的、道德的、宗教的愉快既有联系和相似之处（如惊奇感、崇高感，甚至某些心理机制），又有本质上的区别。建筑审美愉快是感性的，因为审美主体总是作为一种感性存在物参与审美活动的，而且对对象的把握也是一种感性把握。建筑审美活动的对象必然是感性具体的建筑物，并且建筑审美快感往往是凭借建筑的形相（建筑的造型、意境、环境）而产生的情感愉悦。同时，建筑审美愉快又具有超感性特点，因为审美主体又是作为社会存在物、文化道德存在物，即超感性自然的存在物参与审美活动的。总之，参与建筑审美活动的各种心理机制，无论是感知、想象、理解还是兴趣、情感等，都既不是纯感性的，也不是纯理性的，而是感性和理性的统一体。因此，建筑审美愉快作为一种综合心理效应，其综合性必然也表现在感性和理性两种心理活动的相互渗透和融合中。

二、建筑审美活动的心理过程

建筑审美活动是一种具体的、复杂的、动态的个体心理活动，必然呈现出阶段性和历时性特征。建筑审美活动的各个特定阶段，从其内在的特征及相互间的历时关联性来看，主要表现为四个阶段，就是建筑审美态度的形成、建筑审美感受的获得、建筑审美体验的展开和建筑审美超越的实现。

建筑审美态度的形成，即主体对待建筑的态度由日常态度向审美态度的转化。这是主体进入建筑审美心理过程的标志，也就是建筑审美心理准备阶段的完成。

当代美国美学家乔治·迪基曾经说："今天的美学继承者们已经是一些主张审美态度的理论并为这种理论作出辩护的哲学家了。他们认为存在着一种可证为同一的审美态度，主张任何对象，无论它是人工制品还是自然对象，只要对它采取一种审美态度，它就能变成一个审美对象。"[63] 这种认为一个客体成为审美对象完全决定于主体的审美态度，显然是一种绝对主观论的片面观点。但是，倘若主体不能审美地对待某一建筑，那么，即使是那些能成为审美对象的建筑，也不可能进入主体的审美视野，成为个体审美的行为对象。可见，主体由对建筑的日常态度向审美态度的转变，是实现建筑审美活动的必要心理前提。

与对待建筑的日常态度相比较，建筑审美态度首先是一种自由观照的态度，即摆脱了实用意识的超功利态度。这种超功利性态度具有两层基本含义，一指它是一种非实用的或非实际占有的态度，二指它是一种非实践性态度，即直接的或最终的目的不是对建筑的改造和利用。必须注意的是，不能将审美的超功利状态等同于非欲望状态，因为人的欲望和需要是人类活动的内在根据和动因，建筑审美活动也不例外。从积极的方面来说，建筑审美态度是一种充满着情感渴求和期望的态度，而且是一种强烈地追求建筑的感性形式的态度。

就建筑审美心理机制而言，建筑审美态度的形成是以主体对建筑的审美欲望的出现、审美需要的产生以及对建筑的整体形象和感性形式的审美注意的开始为标志的，从而完成了建筑审美活动的心理准备阶段。自此，审美感觉、审美知觉、审美联想等心理因素便开始发挥作用，主体进入审美感知活动阶段。

建筑审美活动的真正起点便是对建筑的审美感知。当主体的审美注意力集中到具体的建筑上，随之展开的便是对建筑的形式、形象的感觉、知觉。在审美感知活动中，审美主体对建筑客体形成知觉完形，把握着对象的情感表现性，对建筑的情感表现性作出"完形同构"反映，实现主客体之间的交流，达到对客体的整体直观把握。与此对应的心理状态便是审美感受，建筑审美感受的获得便标志着建筑审美活动的初始阶段的完成。

建筑审美感知过程既是主体面对建筑物的形式刺激而产生的情感上的接受过程，又是主体按照自身的情感模式主动地建构一个完美的建筑审美对象的过程。一方面，在审美感知阶段，建筑物不是作为认识的对象而是作为情感的刺激物对主体存在着，其作用在于激发主体情感，使主体进入心理感奋状态，获得感性的愉快。主体对建筑物的情感表现性的情感接受主要包括建筑造型的形式表现性、建筑空间的意境表现性和建筑环境的布局表现性等。另一方面，在审美感知过程中，主体同时也按照自身的情感模式实现对建筑形象的"建构"和知觉完形，即主体按自身的需要、欲望、兴趣等选择、发现、评价、建构来自客体的信息的过程。正是通过这个过程，审美的客体才转化为审美的对象，即转化为个体性审美感知的对象。

主体对建筑物知觉完形从而使之转化为审美对象，主要通过情感加工[64]、情感转换[65]和情感建构[66]来实现。由于情感的主体性特征，同一建筑物经过主体的审美感知而表现为具有差别性的即个体化的审美对象，再经过审美想象的作用，又使主体进入个体化的审美体验之中。

建筑审美体验是建筑审美心理过程的深入阶段和中心环节，是建筑审美感受的主体化、内在化和理性化。在这个阶段中，主体的想象活动全面展开，并以想象为媒介，以体验的方式从对象的外在形式进入对对象的形式意蕴和意义层次的把握和理解，从而从想象所创造的审美世界中体验到自身的生命活动，获得更高的审美愉快。

在建筑审美体验中，主体通过情感和想象等心理机制实现了主体和客体的沟通和交融。换言之，在这种情况下，建筑的存在和意义就在于它外化了主体的生命情感，显现了主体的生命情感。人对建筑的审美体验根本上即主体的生命情感体验。

建筑审美体验的展开是以建筑审美感受为基础的，虽然两者均属于直觉性认识，都采取非概念、非逻辑的把握方式，但它们之间又有明显区别。如果说，建筑审美感受是对建筑形象（形式）的直觉性感知，那么，建筑审美体验则是对建筑意蕴（形式意味）的直觉性领悟，主体使自己置身于意义的世界和情感的世界，通过想象，调动自己的生活经历、知识水平和审美修养等多方面的因素参与体验，从而得到极大的心理满足和审美愉快。

由于主体对建筑的审美感受主要从建筑造型形式、建筑空间意境、建筑环境布局、建筑装饰装修等几个方面进行，它们也成为了建筑审美体验得以展开的心理契机。在建筑审美体验中，建筑形象（形式）如造型形式、空间组织、环境布局、装饰装修只是主体情感活动的向导和象征，它们所象征的意义世界和情感世界才是主体审美体验的对象。

建筑审美体验使主体审美达到了一个高潮，获得了巨大的情感满足，但这并不意味着建筑审美心理活动的结束，审美主体会在建筑审美体验中产生一种强烈的情感追求和精神向往，希冀由内心情感体验向精神的无限自由的境界升腾，从而实现审美超越，进入建筑审美心理活动的最高阶段。

建筑审美超越是建筑审美的最高境界，有似于禅境，有似于庄子追求的"超旷空灵"，即超越于物象之外，达到宇宙生命本体与人的自由生命活动的瞬间同一。在这个阶段，审美主体超越了建筑形象，完全沉浸在通过审美体验而产生的意义世界和情感世界之中，沉浸在对透过建筑形象并凭借主体想象而传达出来的宇宙感、历史感和人生感的理解和体悟之中。

建筑审美超越是以建筑审美体验和建筑审美理解为基础的，对建筑体验越深，领悟越透，就越能理解到建筑的意义和底蕴。因此，主体的生活经历、知识修养和人生体验在这一心理过程中发挥了重要的作用。雨果所谓"建筑是石头的史书"的名言,不仅说明了建筑是社会生活的反映和历史文化的缩影,而且表达了对建筑的意义世界的体验和历史厚重感的领悟,以期实现建筑的审美超越。

本章注释:

[1] 吴良镛.广义建筑学.北京:清华大学出版社,1989.

[2] 参见王世仁.理性与浪漫的交织.北京:中国建筑工业出版社,1987.

[3] 俞吾金.美学研究新论.

[4] 朱光潜.西方美学史(上).北京:人民文学出版社,1979:297.

[5] 北京大学哲学系美学教研室编.西方美学家论美和美感.北京:商务印书馆,1980:152.

[6] 文艺美学丛书编委会编.美学向导.北京:北京大学出版社,1982:18.

[7] 蔡仪.美学原理.长沙:湖南人民出版社,1985:10.

[8] 马克思恩格斯全集.

[9] 俞吾金.美学研究新论.2000.

[10] 孙周兴.海德格尔选集.上海:上海三联书店,1996:302.

[11] L. Wittgenstein. Culture And Value. The University of Chicago Press,1984:48.

[12] 朱狄.原始文化研究.北京:北京三联书店,1988.

[13] 蒋培坤.当代美学研究要解决的两个问题.文艺研究.1992.

[14] 蒋培坤.当代美学研究要解决的两个问题.文艺研究.1992.

[15] 阎国忠.关于美学学科的定位问题.2000.

[16] 王旭晓."人生的艺术化"——朱光潜早期美学思想所展示的美学研究目标.社会科学战线.2000.

[17] 王明居.模糊美学.北京:中国文联出版公司,1998:10.

[18] 李连科.价值哲学引论·前言.北京:商务印书馆,1999.

[19] 李连科.价值哲学引论·前言.北京:商务印书馆,1999.

[20] 李连科.价值哲学引论.北京:商务印书馆,1999.

[21] 普里戈金.从混沌到有序.曾庆宏等译.上海:上海译文出版社,1987.

[22] 常树人,吕可诚.浅说"混沌".1999.

[23] 王明居.一项跨入新世纪的暧昧工程—谈模糊美学与模糊美.2000.

[24] 李连科.价值哲学引论.北京:商务印书馆,1999.

[25] 汪正章.建筑美学.北京:人民出版社,1991.

[26] 唐孝祥.美学基础.广州:华南理工大学出版社,2006.

[27] (英)罗素.走向幸福:罗素作品集.王雨,陈基发编译.北京:中国社会出版社,1997.

[28] (德)黑格尔.美学.朱光潜译.北京:商务印书馆,1979.

[29] (德)黑格尔.美学.朱光潜译.北京:商务印书馆,1979.

[30] 陈志华. 外国建筑史. 北京: 中国建筑工业出版社, 1979.

[31] (德) 黑格尔. 美学. 朱光潜译. 北京: 商务印书馆, 1979.

[32] 同济大学等. 外国近现代建筑史. 北京: 中国建筑工业出版社, 1982.

[33] 梁思成. 清式营造则例. 北京: 中国建筑工业出版社, 1981.

[34] 陆元鼎, 魏彦钧. 广东民居. 北京: 中国建筑工业出版社, 1990.

[35] 陆元鼎, 魏彦钧. 广东民居. 北京: 中国建筑工业出版社, 1990.

[36] 陆元鼎, 魏彦钧. 广东民居. 北京: 中国建筑工业出版社, 1990.

[37] 赵鑫珊. 建筑是首哲理诗——对世界建筑艺术的哲学思考. 天津: 百花文艺出版社, 1998: 318-319.

[38] 陈志华. 外国建筑史. 北京: 中国建筑工业出版社, 1979: 145.

[39] 陈志华. 外国建筑史. 北京: 中国建筑工业出版社, 1979: 146.

[40] 唐孝祥, 陆琦. 试析传统建筑环境美学观. 华中建筑. 2000.

[41] 傅熹年. 中国古代建筑等级制度. 中国大百科全书·建筑·园林·城市规划卷. 北京: 中国大百科全书出版社, 1988.

[42] 潘安. 客家民系与客家聚居建筑. 北京: 中国建筑工业出版社, 1998: 257-258.

[43] 罗小未. 上海建筑风格与上海文化. 体验建筑. 上海: 同济大学出版社, 2000: 211.

[44] 侯幼彬. 传统建筑的符号品类和编码机制. 建筑学报, 1988.

[45] 唐孝祥. 西方建筑风格流变探踪. 南方建筑, 1999.

[46] 杜夫海纳. 美学与哲学. 北京: 中国社会科学出版社, 1985, 53-54.

[47] 秦红岭. 建筑的伦理意蕴. 北京: 中国建筑工业出版社, 2006.

[48] 苏珊·朗格. 情感与形式. 刘大基等译, 北京: 中国社会科学出版社.

[49] 叶朗主编. 现代美学体系. 北京: 北京大学出版社, 1999.

[50] 敏泽. 中国美学思想史. 济南: 齐鲁书社, 1987: 367.

[51] 侯幼彬. 中国建筑美学. 哈尔滨: 黑龙江科学技术出版社, 1997: 260

[52] 侯幼彬. 中国建筑美学. 哈尔滨: 黑龙江科学技术出版社, 1997: 263.

[53] 宗白华美学文学译文选. 北京: 北京大学出版社, 1982: 2.

[54] 叶朗. 胸中之竹——走向现代之中国美学. 合肥: 安徽教育出版社, 1998: 57.

[55] 王世仁. 理性与浪漫的交织. 百花文艺出版社, 2005: 109.

[56] 汪正章. 建筑美学. 北京: 中国建筑工业出版社, 1991: 145.

[57] 马克思恩格斯全集.

[58] 北京大学哲学系美学教研室编. 中国美学史资料选编. 北京: 中华书局, 1980: 22.

[59] 弗兰克·戈布尔. 第三思潮: 马斯洛心理学. 上海: 上海译文出版社, 1987: 45.

[60] 普列汉诺夫美学论文集. 北京: 人民出版社, 1983: 427.

[61] (德) 黑格尔. 美学. 北京: 商务印书馆, 1979: 147.

[62] 北京大学哲学系美学教研室编. 西方美学家论美和美感. 北京：商务印书馆，1980：154.

[63] 乔治·迪基. 美学导论. 当代西方美学. 北京：人民出版社，1984：241.

[64] 情感加工，即主体在建筑审美活动中，按照自身的情感要求对客体（建筑物）中某些形式因素进行情感忽略，或进行情感想象去比附别的形式因素以满足主体情感需要。

[65] 情感转换，指主体在建筑审美活动中，按照自身的情感要求对客体（建筑物）的感性形象进行存在方式的转换以及各感觉的相互渗透。

[66] 情感建构，指主体在建筑审美活动中，按照自身的情感需求对客体（建筑物）的知觉创造（特别是幻觉创造），或称知觉完形。客体由此而成为审美对象。

第四章　建筑美与建筑审美

本章提要

　　建筑美不等于美的建筑，前者是一种价值表现，后者是一种价值评价。从建筑审美属性的物质表现来分析，建筑美与建筑造型、建筑意境、建筑环境等具有的审美属性及其对于人们审美需要的满足是密不可分的，这是划分建筑美表现形态的一个重要依据。本章据此，并结合在审美活动中建筑的"形相"特征引发人的情感反应的不同及其时间先后关系，将建筑美的表现形态分为建筑造型美、建筑意境美和建筑环境美，并结合中国传统建筑的实例展开论述。

　　建筑造型的审美属性主要是通过单体建筑的平面、立面和屋顶来表现的。就中国古建筑的造型美而言，杂式建筑的地位亦不可低估。正方形、六角形、八角形、圆形、扇面形、套方形等平面形式，对应地采用四角、六角、八角和圆的攒尖顶，体形独特，灵活多样，具有审美的全方位性和很强的视觉冲击力。与单体建筑有别，建筑组群的造型美主要体现在建筑组群的空间围合和整体布局的造型和体态特征上。建筑意境一般是通过建筑空间组合的环境气氛、规划布局的时空流线、细部处理的象征手法来表现的，并且常常附之以赋诗题对、悬书挂画而加以点化。从思想内容看，建筑环境美可从环境理想、环境模式和环境意向等主要层面来分析。中国传统建筑在这方面为我们提供了丰富的可资借鉴的经验。

　　本章借鉴审美社会学的理论观点，通过论述建筑审美的冲突、分化、整合和适应，揭示了建筑审美的文化机制，回答了有关建筑审美标准的问题。建筑审美标准是客观的，又是发展变化的，这是它的历史具体性。建筑审美标准是共同性与差异性的统一，是绝对性和相对性的统一，这是建筑审美标准的辩证本性。

　　为了论述艺术的共通性对建筑审美的影响，文章重点分析论述了书法艺术、音乐艺术、绘画艺术、诗词艺术对建筑审美的作用，并分别以"势"、"韵"、"境"、"意"概括建筑与书法艺术、音乐艺术、绘画艺术、诗词艺术的共通性。本章认为，建筑艺术具有书法之"势"、音乐之"韵"、绘画之"境"、诗词之"意"，还具有雕塑之"象"、戏曲之"味"……建筑艺术与其他艺术之间的广泛的共通性不仅丰富了建筑艺术的美学内涵和审美属性，而且也为不同审美主体在建筑审美活动中感发审美情思，驰骋审美想象提供多样化的条件和契机。

第一节　建筑美的表现形态

如上所述，建筑美是建筑的审美属性与人对建筑的审美需要在建筑审美活动中契合而生的价值，换言之，建筑美是在人对建筑的审美活动中向人生成的。建筑美的生成离不开审美客体（建筑），取决于审美主体（人），立足于审美活动（人对建筑的情感生命活动）。诚然，作为一种价值，建筑美并非实体性的存在物，不等于可观可触、可居可用的具体的建筑，但是，建筑美的生成总是通过建筑的某些特定的物质构成形成，或造型、或环境、或形式、或意境，来引发人的情感，进而使人获得审美享受。正是着眼于在建筑审美活动中审美客体的物质构成形式引发审美主体的情感反应的不同及其时空序列特征，我们可以界分建筑美的表现形态并归纳为造型美、意境美和环境美。

一、造型美

建筑审美活动及其规律表明，首先作用于人的审美感官以致激起审美观照的是建筑的外观造型及其风格。正是作为审美对象的建筑的外观形式和造型风格，引发了审美主体进入广阔无限的审美想象之中，经过情感体验的过程而获得性情愉悦和美感享受。回顾中外建筑的发展历史，人们即可清楚地看到，建筑的造型形式在建筑艺术创作中的地位和作用是举足轻重的。在关于建筑的赞美和传诵中，无论是勾心斗角的阿房宫、气势恢宏的罗马斗兽场，还是高直挺拔的哥特式教堂、巍峨肃穆的道观佛寺，抑或是法国的朗香教堂、美国的古根海姆艺术馆、澳大利亚的悉尼歌剧院、中国的客家民居，人们首先投注审美情思的是它们的奇特造型及其组合结构的形式特征。

就建筑造型美而言，在建筑审美活动中，作为客体的建筑形式可以从建筑单体的形式结构和建筑组群的风格两个主要方面来分析，但无论是建筑单体的结构形式，还是建筑组群的形式构成，都遵循和表现出一些共同的如比例、均衡等形式法则。由于中国建筑体系和欧洲建筑体系分属于两大异质的文化体系和文化传统，因而，相比较而言，前者虽然不忽视建筑单体的形式结构，甚至因为幅员阔、民族多、地域广而使建筑单体形式丰富多样、多姿多彩，但更主要地是强调建筑组群的气势、意韵以及深刻而丰富的文化内涵；后者虽然也关注建筑组群的规划布局及其体现的文化精神，但更侧重于建筑单体形态的琢磨推敲，甚至精雕细刻。

一般而论，单体建筑的形态结构可以分为平面构成、剖面构成和立面构成三个层面。着眼于单体建筑的平面、剖面、立面的构成关系及其可视性特征，三者既相区别又相依存，构成了单体建筑造型美形式要素层面系统。同时，我们亦不难看出，平面构成更直接地反映了建筑的功能要求，剖面构成更主要地体现了建筑的营建技术和构造特点，立面构成则侧重于表现和强化建筑的视觉冲击力和审美感染力。

中国建筑艺术史表明，木构架建筑体系是中国传统建筑的类型本质，且从唐宋到明清历经了从程式化到高度程式化的演进，从而形成了一套极为严密的形制。不仅所有的官式建筑都是程式化的，而且绝大部分民间建筑也是定型的。关于单体建筑的"三分"、"三停"之制就是很好的说明。

据传，北宋匠师喻皓曾著有《木经》，对单体建筑进行了水平层的划分，"凡屋有三分，自梁以上为上分，地以上为中分，阶为下分"，即现代人所称的屋顶、屋身和台基，清代匠作称之为"三停"，它们构成了单体建筑立面的三大组成部分。

在中国传统建筑中，单体建筑的"上分"，即屋顶，是备受重视的，被誉为中国建筑的"冠冕"。它不仅鲜明而突出地表现出中国传统建筑的形式特征和造型个性，而且极大地提升和丰富了中国传统建筑的审美价值，往往是人们进行建筑审美活动的视觉中心。这一点，在外国人对中国建筑的评价中即可看得很清楚。日本的建筑学家伊东忠太在其《中国建筑史》第一章"总论"中专辟一节论"中国建筑之特性"。在谈到中国建筑外观时，伊东忠太评论说："中国建筑之外观，因其构造之异而不相同。兹不问关于材料之如何，先就普通建筑特别外观之屋顶一述之。中国建筑之屋顶，其斜面皆以成凹曲线为原则。檐不作水平，左右两端，翻而向上，即屋顶之轮廓，由曲线画成者。屋脊在小建筑中，虽为水平，大建筑往往于近两端处高起。在低级民家之建筑物，屋顶固为直线，但高级之邸宅，与庙祠宫殿，殆无不成曲线者。此盖世界无比之奇异现象也。屋顶为中国建筑最重要之部分，故中国人对于屋顶之处理方法非常注意。第一欲使大面积大容积之屋顶不陷于平板单调，宜极力装饰……屋顶之色，亦非常注意……中国人对于屋顶之装饰，煞费苦心，全世界殆无伦比。毕竟中国之建筑，屋顶占外观之主要部分，故在此部分表中国建筑之特色。"[1]近代时期旅华的比利时传教士艺术家格里森（Dom Adelbert Gresnigt O.S.B）更以浪漫的笔调极富热情地形容道："屋顶是中国建筑艺术的最高境界，优美曲线形的屋面就像精心编织的巨大华盖……柔和曲线是中国式屋顶最独特的表现方式之一，许多重要建筑的屋顶构成就如同专业音乐家演奏的动听乐章一样……柔和的曲线，宏观的尺度，和谐的比例，都足以使人们领受到那种庄重和高贵的屋顶造型所具有的极强的艺术感染力。"[2]格里森对中国建筑的反翘屋顶的赞誉，在于他深刻认知"在华教会采用糅合中国建筑形式的最终目的，是想以这种与众不同的建筑形态来反映真正的中国精神，充分表现出中国建筑美学观念"。[3]他说："吾人当钻研中国建筑术的精髓，使之天主化，而产生新面目……是要学习中国建筑与美术的精华，用以表现天主教的思想。"[4]

不仅在外国人眼中，中国传统建筑的曲线屋顶的奇特造型是美丽动人的，就是在中国历史上，虽然大屋顶是人们司空见惯的，与高台基、木构架共同组成了中国古建筑的三大特色，但也引起了人们的普遍赞誉，审美感兴之辞如缕不绝。我国古建筑学家林徽因先生说："在外形上，三者之中，最庄严美丽，迥然殊异于他系建筑，为中国建筑博得最大荣誉的，自是屋顶部分。"[5]

建筑艺术是一门实用性极强的艺术门类。建筑的审美价值和审美特征往往是以建筑的实用性为基础的，是技术与艺术的结合，这在中国建筑艺术的屋顶处理上表现得甚为突出。中国建筑屋顶的处理手法既是理性的，又是浪漫的，体现了理性与浪漫交织的创作精神。一方面，深远的出檐、凹曲的屋面、反宇的檐部，起到了排泄雨水、遮蔽烈日、收纳阳光、改善通风等诸多功用；另一方面，通过一系列与功能、技术和谐统一的美化处理，创造了极富表现力的形象，消除了庞大屋顶可能带来的沉重、笨拙而压抑的消极效果，造就了雄浑而挺拔、飞动而飘逸的独特韵味。同时，在中国文化礼制思想的影响下，官式建筑在长期的实践中逐步形成了区分屋顶等级、品位的九种主要形制（图4-1），其高低等级顺序为：①重檐庑殿；②重檐歇山；③单檐庑殿；④单檐尖山式歇山；⑤单檐卷棚式歇山；⑥尖山式悬山；⑦卷棚式悬山；⑧尖山式硬山；⑨卷棚式硬山。显而易见，这九种屋顶形式是在庑殿、歇山、悬山、硬山四种基本型上，通过重檐的组合方式和卷棚的派生方式而组成的，它们不仅等级不同，品位明确，而且形态相异，性格

图4-1 中国古建筑的屋顶形式（引自：潘谷西. 中国建筑史. 中国建筑工业出版社，2004：6）

鲜明。侯幼彬教授将上述四种屋顶形制的审美特征分别归纳为雄壮之美、壮丽之美、大方平和之美、质朴憨厚之美。[6]

事实上，中国传统建筑的屋顶处处体现了建筑形式与结构逻辑的统一，无论是屋面瓦垄所形成的线形肌理，勾头、滴水所组成的优美檐口，还是屋面交接所构成的丰美屋脊，脊端节点所衍化的吻兽脊饰，无一不是基于功能的或技术的需要而加以美化的。梁思成先生、林徽因先生对中国屋顶形象所蕴涵的功能、技术与审美的和谐统一，曾经给予很高的评价："历来被视为极特异、极神秘之中国屋顶曲线，其实只是结构上直率自然的结果，并没有什么超出力学原则以外的矫揉造作之处，同时在实用及美观上皆异常地成功。这种屋顶的曲线及轮廓，上部巍然高崇，檐部如翼轻展，使本来极无趣、极笨拙的实际部分，成为整个建筑美丽的冠冕，是别系建筑所没有的特征……至于屋顶上的许多装饰物，在结构上也有它们的功用，或是曾经有过功用的。诚实地来装饰一个结构部分，而不肯勉强地来掩蔽一个结构枢纽或关节，是中国建筑最长之处。"[7]

上述所及的屋顶形制的九个等次是仅就官式建筑的正式建筑而言的。在古建筑学界和古建筑行业，人们习惯依据建筑平面的投影是否为长方形而将其界分为"正式建筑"和"杂式建筑"。文物保护科研所主编的《中国古建筑修缮技术》一书讲得很明确："在古建筑中，平面投影为长方形，屋顶为硬山、悬山、庑殿或歇山做法的砖木结构的建筑叫'正式建筑'，其他形式的建筑统称为'杂式建筑'。"[8]（图4-2）实际上，就建筑的形式美而言，杂式建筑的地位是绝对不可低估的。正方形、六角形、八角形、圆形、扇面形等平面形式，对应地采用四角、六角、八角和圆的攒尖顶，体形独特，灵活多样，具有审美的全方位性和很强的视觉冲击力。

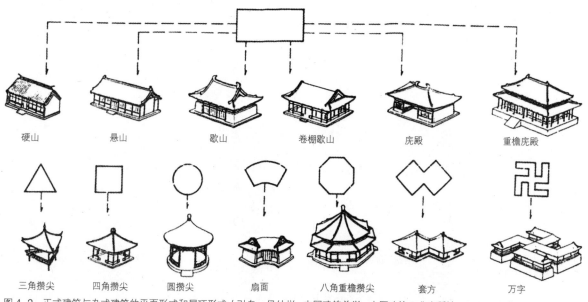

图4-2　正式建筑与杂式建筑的平面形式和屋顶形式（引自：侯幼彬. 中国建筑美学. 中国建筑工业出版社，2009：24）

与官式建筑相比较，各地区的民间建筑，虽然其立面构成也基本上保持着三分式，但程式化、等级化程度的要求明显降低和放松，从而使屋顶的变化丰富多样，灵活自由，成为民居建筑生动活泼的形象的重要构成因素。如浙东南的温州民居，其最大特色在于出檐深远且种类繁多，从而造就了丰富的山墙和生动的屋角。从种类上讲，温州民居建筑的屋檐有腰檐、重檐、廊檐、窗檐、门檐、檐箱等多样形式，出檐尺度一般为檐柱高的一半。因此，"深入温州农村，人们会得到一个印象，温州乡土建筑最丰富的地方是檐，最富机巧、最有生气的地方是屋角和山墙，它往往代替了现代观念中的正立面而成为主立面"。[9]

　　就单体建筑造型美而言，中国古代建筑的"上分"（大屋顶形象）较之于"中分"、"下分"并由其结合所构成，大屋顶形象离不开"中分"的屋身和"下分"的屋基，正如王振复教授所说："中国古代建筑美，又是以台基平面和立柱墙体一般呈现的直线对称与大屋顶一般呈现的弧线反翘形象的完善结合，是由平面的'中轴'、立面的直线所传达的逻辑与形象颇为丰富生动的曲线所蕴涵的欢愉情调的'共振和鸣'，是直与曲、静与动、刚与柔、壮严与活泼、壮美与优美的和谐统一。"[10] 著名美学家李泽厚先生在《美的历程》中亦指出："中国木结构建筑的屋顶形状和装饰占有重要地位，屋顶的曲线，向上微翘的飞檐（汉以后），使这个本应是异常沉重的往下压的大帽反而随着线的曲折显出向上挺举的飞动轻快，配以宽厚的正身和阔大的台基，使整个建筑安定踏实而毫无头重脚轻之感，体现出一种情理协调、舒适实用、有鲜明节奏感的效果，而不同于欧洲或伊斯兰以及印度建筑。"[11]

　　如上所述，在中国古代建筑中，单体建筑的造型美很大程度上是通过屋顶形象来显示的。与此不同，外国建筑中，单体建筑的形式美主要表现在建筑体量形态上。立方体、棱柱体、金字塔体、螺旋体、圆柱体、圆锥体、截锥体等，各种几何形态都可成为建筑躯体的原型，如坐落在美国纽约的貌似蜗轮的古根海姆美术馆（图4-3）、形似远航船帆的悉尼歌剧院、"海螺状"的东京代代木体育馆（图4-4）、给人以多样性想象指引的法国朗香教堂、尖顶直指上苍的哥特式教堂（图4-5），还有巴西利亚的议会大厦（图4-6），它那竖直的"板式"双塔，扁平的

图4-3a 纽约古根海姆美术馆（引自：吴焕加. 外国现代建筑二十讲. 生活. 读书. 新知三联书店，2007：180）（左）

图4-3b 纽约古根海姆美术馆设计图（引自：吴焕加. 外国现代建筑二十讲. 生活. 读书. 新知三联书店，2007：181）（右）

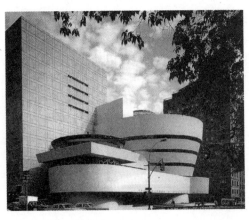 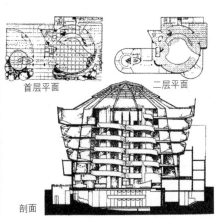

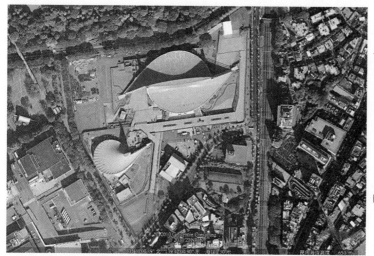

图 4-4a　东京代代木体育馆平面（引自：google earth 卫星图）

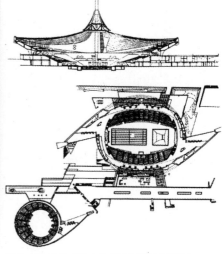

图 4-4b　东京代代木体育馆设计图（翻制）

图 4-5　哥特式教堂尖顶

图 4-6　巴西利亚的议会大厦（引自：吴焕加．外国现代建筑二十讲．生活．读书．新知三联书店，2007：223）

裙房基座以及会议厅上部那"正"、"反"相比相依的两个半球形穹隆等，无不以其体量形态的奇特而表现自身的审美价值，给人以视觉的冲击、情感的激动和审美的享受。

　　与单体建筑有别，建筑组群的造型美主要体现在建筑组群的空间围合及整体布局的造型和体态特征。一般来说，建筑群体组合的造型和体态特征主要受到建筑群的功能关系和建筑群特定的地形条件两大因素的制约，通过中国传统建筑，我们可以清楚地看到这一点。北京故宫建筑群、拉萨布达拉宫寺院建筑群、福建南靖田螺坑土楼建筑群、福建连城培田古民居建筑群、山西的平遥古城（图 4-7）、陕西韩城的党家村（图 4-8）、广东高要市蚬岗镇的八卦村（图 4-9）、云南丽江

第四章　建筑美与建筑审美——91

(a)   (b)   (c)

图 4-7 山西的平遥古城（引自：潘谷西．中国建筑史．中国建筑工业出版社，2004）

图 4-8 陕西韩城党家村   图 4-9 广东省高要市蚬岗镇的八卦村平面（引自：google earth 卫星图）

古城（图 4-10）等，由于功能关系或地形条件的不同而呈现出相异的组合造型特征和空间形态特征。虽然组合手法和造型技巧相互区别，但运用这些手法和技巧的结果及通过建筑群体现出来的统一和谐的整体性又无不给人以深刻的印象和无限的审美感发。

  北京故宫建筑群（图 4-11）从建筑间的功能关系出发对中国古建布局特色作了极致的发挥，从形式的视觉刺激到情感的心理作用，都给人以极大的震撼。北京故宫建筑群通过轴线对称和院落组合这两大极富中国古建特色的布局手法，一方面形成了既中心突出、主次分明又相互依循、和谐统一的整体，另一方面，又附之以尺度的变化和对比、色彩和装修的运用来营造气氛，渲染空间，突出功能主题，再现中国传统建筑文化的核心精神。

  拉萨布达拉宫建筑群（图 4-12）在造型特征上既反映出建筑之间的功能关系，又体现了特定地形条件的影响作用。布达拉宫雄伟壮观，肃穆圣洁，它依山而建，与山岗、陡壁融为一体，和谐、自然。在总体布局上，虽然它没有使用汉族建筑

图4-10 云南丽江古城（陆琦 摄）

图4-11 自景山俯视北京故宫建筑群（引自：潘谷西．中国建筑史．中国建筑工业出版社，2004）

传统的中轴对称的布局手法，但由于采取了在体量上和位置上强调红宫和在色彩上前后形成鲜明对比等手法，同样达到了重点突出、主次分明的效果。

福建南靖书洋乡的田螺坑土楼群（图4-13）真可谓中国民居建筑的奇观，不仅因为其单体形制的别致，而且在于其组合风格的独特。田螺坑土楼群为客家聚居建筑（客家聚居建筑是对分布广泛的以闽、粤、赣三省交界地带为集中地的客家传统民居的学理统称，其针对性是客家传统民居"聚族而居"的人居共性），在空间组合上受土楼空间功能关系的影响较小，其主要影响因素是特定的地形条件。田螺坑土楼群以一方四圆的个体外观依山而建，处于山腰之上，方者居中，四座圆楼围而建之，无论是俯视还是仰望，皆极为壮观。尤其当由山脚仰而观之，使人不禁联想到布达拉宫的层级递进关系，与地形地势结合得十分自然，其为和

图4-12 西藏拉萨布达拉宫建筑群（引自：孙大章．中国古代建筑史．中国建筑工业出版社，2002：291）

（a）

（b）

图4-13 福建南靖书洋乡的田螺坑土楼群

第四章 建筑美与建筑审美 —— 93

图 4-14　福建连城培田"恩荣"牌坊

谐。日本东京艺术大学建筑学专家茂木计一郎教授非常形象地称客家围楼是"天上掉下的飞碟，地下长出的蘑菇"。[12]

同为客家民居建筑群的福建连城培田古民居建筑群，由于更突出地强调了慎终追远、耕读传家的客家文化精神，其组合特征表现为另一种情形。培田古民居建筑群由三十幢高堂华屋、二十一座古祠、六家书院、两道跨街牌坊和一条千米古街组成。整个村落布局讲究，错落有序。从村口的"恩荣"牌坊（图4-14）到村尾的"圣旨"牌坊，整个村落的空间形态，起、承、转、合，转换组合，自然得体，体现出鲜明的有机统一性。

二、意境美

建筑审美活动在本质上是主体内心生命精神的观照，是建筑造型、建筑意境和建筑环境所引发的主体生命情感的体验和愉悦。人们对建筑的审美体验总是有一个时空序列和情感过程，这个序列和过程的起点便是建筑造型产生的视觉冲击和随之而来的情感愉悦，而其重点和中心则在于对建筑的外观造型、建筑布局、空间组合、环境景观所传达的价值取向和文化精神的体认和观照，即关于"建筑意"的审美体悟。

一提到"建筑意"这个词，人们很自然地会联想起梁思成和林徽因先生1932年在《平郊建筑杂录》中关于"建筑意"的论述。

"这些美的存在，在建筑审美者的眼里，都能引起特异的感觉，在'诗意'和'画意'之外，还使他感到一种'建筑意'的愉快。这也许是个狂妄的说法——但是，什么叫做'建筑意'？我们很可以找出一个比较近理的含义或解释来……天然的材料经人的聪明建造，再受时间的洗礼，成美术和历史、地理之和，使它不能不引起赏鉴者一种特殊的性灵的融合、神志的感通，这话或者可以算是说得通。无论哪一个巍峨的古城楼或一角倾颓的殿基的灵魂里，无形中都在诉说，乃至于歌唱，时间上漫不可信地变迁，由温雅的儿女佳话，到流血成渠的杀戮。他们所给的'意'的确是'诗'与'画'的,但是建筑师要郑重郑重地声明,那里面还有超出这'诗'、'画'以外的'意'存在。"[13]

从这段论述中我们可以看出,梁、林两位先生是从中国艺术精神的视角提出"建筑意"的,并与"诗意"和"画意"相比较来体悟和阐释。"建筑意"和"诗意"、"画意"的共性在于给人以精神的自由和愉悦,即"性灵的融合,神志的感通"。它们的不同在于"建筑意"是通过建筑的特殊形式如形式结构、空间轮廓、色彩、雕纹等点化而出、传达意蕴的。

作为一个美学范畴,意境是中国艺术和美学所独有的。中国古代艺术家、思想家根据艺术审美活动提炼出这一独特范畴,无疑是与尚"虚"、尚"和"的中国文化传统,尚"神"、尚"韵"的艺术追求,重生的民族心理和重体悟的审美思维方式紧密相联的,可以说,"意境"是标志中国文化艺术精神的美学范畴。

关于意境的阐释和研究,众说纷纭,见仁见智。侯幼彬教授对此进行了梳理并归纳为五说:中介说、象外说、上品说、深层说、哲理说。[14] 但从中国艺术家对"象外之象"、"景外之景"的追求以及禅宗在道家的基础上提倡的所谓"青青翠竹,尽是法身,郁郁黄花,无非般若"的"妙悟"、"禅悟"来看,意境的主要作用在于使人通过对物象、形象、意象的情感体验进而达到对人生意义、宇宙本体和生命精神的感悟。用叶朗教授的话说则是,"所谓'意境',实际上就是超越具体的、有限的物象、事件、场景,进入无限的时间和空间,即所谓'胸罗宇宙,思接千古',从而对整个人生、历史、宇宙获得一种哲理性的感受和领悟。这种带有哲理性的人生感、历史感、宇宙感,就是'意境'的意蕴。"[15] 因此,对意境的审美即从有限到无限、由暂时到永恒的超越,从而获得精神自由和情感愉悦。

古往今来,大量的对于建筑意境(尤其是园林意境)的审美感性的记述确证了建筑意境美的地位和意义。王羲之在《兰亭集序》中的感怀:"仰观宇宙之大,俯察品类之盛。所以游目骋怀,极视听之娱,信可乐也。"王勃在《滕王阁序》中由"落霞与孤鹜齐飞,秋水共长天一色"的意象比兴引发出"天高地迥,觉宇宙之无穷;兴尽悲来,识盈虚之有数"的哲理性感悟。计成在《园冶》中所说的"轩楹高爽,窗户虚邻,纳千顷之汪洋,收四时之烂漫",就是对园林意境的强调和追求。

建筑意境一般是通过建筑空间组合的环境气氛、规划布局的时空流线、细部处理的象征手法来表现的,并且常常附之以赋诗题对、悬书挂画而加以点化,如北京天坛,对建筑作了少而小的处理,数量少,体量小,以渲染和强化天坛的空间气氛的庄重肃穆。在建筑布局上,主轴线上布置两组主体建筑,分别以圜丘和祈年殿为中心,两组主体建筑相距甚远并以被抬高的宽而长的丹陛桥相连通,突出对天的崇仰敬畏和苍茫无限的时空意识。在建筑形象的塑造上,广泛运用象征手法,图形象征、方位象征、色彩象征和数量象征等,构成了天坛多层面的象征

图4-15a 拙政园小飞虹

图4-15b 拙政园水廊

图4-16 留园

符号图景，点化了天坛的深远意境。

建筑意境的审美特性及其美感常常被人们称为空间美。人们对约翰·波特曼的旅馆中庭的赞许，对苏州园林空间美的称道，对白天鹅宾馆"故乡水"中庭空间处理的推崇，其实质就是对它们的建筑意境的审美特性的肯定。就苏州园林而言，无论是"径缘池转，廊引人随"的拙政园（图4-15），还是"曲径通幽，庭深小院"的留园（图4-16），或是"以小胜大，以少胜多"的网师园（图4-17），其景观布局动静结合，虚实相依，叠山理水，远近因借，以曲径廊桥加以牵引，以亭台楼阁的诗意名对加以点化，意趣盎然。人入园中，步移景异，仿佛置身于空灵之境，顿悟宇宙和人生的真谛，无不陶醉畅神，怡然自得。英国著名的后现代建筑理论家查尔斯·詹克斯在《中国园林之意义》一文中，对中国园林空间意境曾这样评说："中国园林是作为一种线性序列而被体验的，使人仿佛进入幻境的画卷，趣味无穷……内部的边界做成不确定和模糊，使时间凝固，而空间变成无限。显而易见，它远非是复杂性和矛盾性的美学花招，而是取代仕宦生活，有其独特意义的令人喜爱的天地——它是一个神秘自在、隐匿绝俗的场所。"[16]

如果说，上述所及的北京天坛、苏州三大名园的意境美侧重于建筑空间组合的线性序列的体验性，那么，就局部空间和单体建筑而言，其建筑意境的生成和强化往往是通过题名、题对点化而出的。这在中

（a） （b）

图 4-17　网师园园景

国传统建筑的意境创造中运用十分广泛，相当普遍。题名、题对的作用除了叙述建筑缘起外，主要在于抒发主人情怀、提升建筑意境、丰富空间意蕴。

先看题名。颐和园的建筑中，仁寿殿、乐寿殿、颐乐殿的命名和"寿协仁符"、"万寿无疆"的内檐匾额表征着祝瑞志喜的寓意。北京故宫前三殿，以太和、中和、保和命名，隐喻邦安民和，天下太平；后三宫命名为乾清、交泰、坤宁，象征天清地宁，帝后和睦。拙政园的"与谁同坐轩"的题名，因语出苏轼名句而使这一扇面亭平添诗词之境，审美意蕴得以大大深化（图 4-18）。苏州园林中，"拙政"、"沧浪"、"网师"的题名，则渗透着浓郁的隐逸意识，不仅反映了园主（分别是王献臣、苏舜钦、宋宗元）的内心情感和审美趣味，而且对于全园的意蕴和景观品格也自然有着标示主题、概括基调的作用。至于风景景观的景点题名，便更为讲究，具备命名和点题的双重作用。将建筑、山川等实物景象的静景与春晓、秋月、晨霞、晚钟、悬虹、落日等动景交织组合，生成为虚实相生、诗意盎然的境界。岭南建筑中亦不乏意蕴深厚的建筑题名，如东莞可园（图 4-19），惠州西湖的六如亭（图

图 4-18　拙政园与谁同坐轩（左）
图 4-19　东莞可园入口（右）

4-20）。可园，原名"意园"，小巧玲珑，独具一格。原主人张敬修胸怀"居幽"、"览远"的追求而费时三年构筑可园，以达到"山河大地举可私而有之"的目的。可园景观丰富，题名极富意蕴。如"草草草堂"、"听秋居"、"双清室"等。惠州西湖六如亭的题名点出了惠州西湖"真""幽""幻"的景观特色。

再看题对。中国传统建筑中的亭台楼阁的意境无不以漆字联对而点化升华，如沧浪亭的亭联："清风明月本无价，近水远山皆有情"，即浓郁了沧浪亭的诗情画意，深化了沧浪亭的文化积淀。昆明大观楼的题对更是建筑题联之绝，不仅极大提升了建筑景观的意境和文化内涵，而且它本身就是具有高妙意境的诗文佳作。上联云：五百里滇池奔来眼底披襟岸帻喜茫茫空阔无边看东骧神骏西翥灵仪北走蜿蜒南翔缟素高人韵士何妨选胜登临趁蟹屿螺洲梳裹就风鬟雾鬓更蘋天苇地点缀些翠羽丹霞莫辜负四周香稻万顷晴沙九夏芙蓉三春杨柳。下联曰：数千年往事注上心头把酒凌虚叹滚滚英雄谁在想汉习楼船唐标铁柱宋挥玉斧元跨革囊伟烈丰功费尽移山心力尽珠帘画栋卷不及暮雨朝云便断碣残碑都付与苍烟落照只赢得几杵疏钟半江渔火两行秋雁一枕清霜。真可谓何等风光！何等俊秀！何等凝重！何等苍茫！

运用题对（联）的手法来烘托建筑空间文化氛围，点化建筑空间审美意境，在中国传统建筑中比比皆是，在传统民居建筑中亦司空见惯。如东莞可园的鹤顶格题联："可有草堂传佳句，园留景色话春晖"，概括了全园的丰富景观和景观基调；如惠州西湖六如亭，上联是六个如字："如梦、如幻、如泡、如影、如露、如电"，下联是六个不字："不增、不减、不生、不灭、不垢、不净"；如福建永定洪湖乡湖坑村的振成楼，从大门入口到厅堂立柱，所有联句，皆立意高远，内容积极，催人奋进，"都以劝勉人生自强不息、进取有为、造福社会为宗旨，传达出深厚的人文精神和浓郁的人文气氛"[17]；如振成楼的厅堂壁联：振作那有闲时少时壮时老年时时时须努力，成名原非易事家事国事天下事事事要关心（图4-21）。

此外，建筑的文化内涵和审美意境的丰富、深化与建筑的施饰着彩密不可分。

图4-20 惠州西湖六如亭（郦伟 摄）

图4-21 振成楼祠堂题对

木雕、砖雕、石雕、泥塑、灰塑、陶塑、嵌瓷、门画、藻饰、壁画、阴刻，手法多种多样。在题材内容上多为历史典故、神话传说、民间习俗之类。如广州的陈家祠（图4-22），可谓极尽建筑装饰之能事，堪称近代岭南建筑之典范（详论见第五章）。

图 4-22　广州陈家祠装饰

三、环境美

依据广义建筑学，建筑的要义以创造良好的人居环境为核心。从远古先民的穴居巢居到现今可见的摩天大楼、城市住区、民居村舍，建筑的历史发展和伟大成就一方面确证了人类的智慧和创造力，另一方面也默默地述说着建筑的本质内涵：建筑是人为且为人的居住环境。中国传统建筑在城乡聚落建设和建筑活动中，表现出了十分强烈的重视自然、顺应自然、与自然亲合与共的价值取向以及因地制宜，力求与自然融合、协调的环境意识。

人与环境、人与自然的关系问题是中国传统建筑环境观的核心，也是中国古代文化讨论的中心，这在根本上是由中国古代社会的类型特质决定的。从生产方式的层面考察，中国古代文化的类型特质在于它是一种既不同于游牧社会，也不同于工业社会的农业社会文化。中国古代社会的物质文化、制度文化和观念文化的创造发展都离不开农耕的社会生活基础。人和环境的关系不仅在于人类社会生于环境，长于环境，要从外界环境中获取赖以生存的物质生活资料，而且在于人们寄情于环境，畅神于环境，要从外界环境中吸取美感，增进生活的情趣，求得情感的愉悦和审美的享受。前者表明了环境对人的物质功利价值，后者揭示了环境对人的精神审美价值。

建筑环境，从空间界面看，可以分为内部环境和外部环境。建筑的内部环境更多地表现出建筑的人文适应性和社会适应性，即受制于社会制度、文化观念和审美情趣；建筑的外部环境则主要表现了建筑的自然适应性，即受制于建筑所处的气候地理条件。从建筑环境的层次结构看，建筑环境则可分为宏观环境、中观环境和微观环境。无论是传统村落环境（图4-23），还是现代住区环境（图4-24），既要结合所处位置特点，融合山水地形特色，使建筑与周围自然环境融为一体，取得和谐统一的宏观景效，又要以建筑功能设计的合理性为基础，注重建筑的墙面、屋顶、色彩等的多样统一和整体一致性以及建筑组合、立面造型的丰富多样，取得宜人的中观环境效果，

图 4-23　广东省河源苏家围

(a) (b)

图 4-24 珠三角现代住区环境

同时还要针对人们情感的丰富多样和人性的完满发展，从细部处理、室内空间组织及其室外空间连接，门、窗等建筑要素的尺度、比例、韵味、风格等方面的设计处理，求得高文化品位和审美意蕴的微观环境。

从思想内容看，建筑环境美可从环境理想、环境模式和环境意向等主要层面来分析。中国传统建筑在这方面为我们提供了丰富的可资借鉴的经验。

先看中国传统建筑的天人合一的环境理想。天人关系论是中国古代文化和哲学的基本理论内容和逻辑发展线索，古代中国人的宇宙观、环境观、艺术观、审美观都与此有着或近或远、或深或浅的内在联系。儒道天人合一说是中国古代哲学中天人关系理论的典型代表，它们都是由上古社会原始宗教的天人合一观念转化而来，其思想萌芽是西周时的"天人通德"观念。事实上，天人合一观念在儒道对此开始哲学论辩之前，就已历经了合—分—合的否定之否定的逻辑演进过程。传说中，"五帝"以前乃混沌蒙昧之时，人与自然融为一体，人神相通，没有界限，即所谓"八音克谐，无相夺伦，神人以和"（《尚书·尧典》）。至五帝时代，颛顼则"绝天通"，断绝了以往天神与人间的通路，确立了天神与人间二分的思想观念。殷周之际，周人又沿着天人相通的思想理路，提出了"敬德保民"、"以德配天"的主张，这不仅成为儒道天人合一说的直接思想来源，而且开启了中国传统文化以人为本的人文主义传统。

儒家为了论证宗法人伦的天经地义与合理性，假借上天的神威，提出"在天为命，在人为性"，认为天道和人道是一致的。儒家天人合一的落脚点则在主体性和道德性上，主体性和道德性是儒家哲学乃至整个中国哲学的特质。这直接影响到儒家对山水环境等自然美的认识，直接影响儒家的环境理想，如孔子所说"智者乐水，仁者乐山；智者动，仁者静；智者乐，仁者寿"（《论语·雍也》）。秀美壮丽的自然景色在其心目中成为"天地之德"和"仁"的理性精神的象征，对自然山水的观赏之乐与仁智悦心的感受两相契合，构成一种审美的人生境界。后来荀子的"水玉比德"[18]说便直接承续了孔子的这一思想。在建筑环境观上，儒家天人合一的理想追求则表现为强化和突出建筑与环境的整一和合以及建筑平面布局和空间组织结构的群体性、集中性、秩序性、教化性，注重建筑环境的人伦道德之审美文化内涵的表达。透过中国古代建筑的规划布局，我们可深刻而强烈地感受到这一点。如堪称典范的故宫建筑，对称地向纵深发展，各组建筑串联在同一轴线上，形成统一而有主次的整体，其空间布局层层推进，对比变换，给人以厚重的庄严肃穆之感，其恢弘的建筑气势，整合的建筑组群，丰富多变的空间组织，威严崇高的集中性，井然鲜明的秩序性，这分明是封建皇权的隐喻和象征。它不仅抒发了封建统治者象天设都、象天为室，假借天道来固化人治的思想观念和内心希冀，而且在更深层面上是儒家天人合一的环境理想和审美追求的形象表达。又如现存古建筑中数量最大的传统民居，其装饰装修和细部处理，不仅手法多样、艺术精湛，而且题材多为人们熟知的人物图案、故事传说，借以达到道德教化的目的。这反映和体现了儒家天人合一观的伦理色彩和人文精神及其对传统建筑的深广影响。

　　道家的天人合一观念是从老子开始的。老子完全取消了天的宗教神秘性质，否定了天神的至上地位，赋予天以客观的自然属性。老子提出"道"的范畴，在大道之下建立天人合一。如果说老子的"道"是一种外在的客观实体，是异己的力量和实存，那么，庄子则是从人生和审美来论"道"，把这个外部存在引向心灵，使道的契合与追求审美和自由相结合。《庄子·天道》有言："与天和者，谓之天乐，故知天乐者，无天怨，无人非，无物累，无鬼责……以虚静推于天地，通于万物，此之谓天乐。"[19]这是"独与天地精神往来"的天人合一的审美之境。在庄子看来，天地之美在于它体现了"道"的自然无为的根本特性，"无为而无不为"是"天地有大美"的根本原因，所以，观于天地或原天地之美，即悟道，见性，即审美，以求得无为而又无所不为。由此可见，以老庄为代表的道家崇尚自然，主张人与自然和谐统一，追求天人合一的环境理想。

　　道家天人合一的环境理想、"道法自然"的环境美学观同样深刻地影响到古代中国的建筑意匠。它一方面表现为追求一种模拟自然的淡雅质朴之美，另一方面表现为注重对自然的直接因借，与山水环境契合无间。古代楚都南郢北依纪山，西接八岭山，东傍雨台山，南濒长江，真可谓水萦山绕，天造地设。又如云南的丽江古城，生于自然，融于环境，它契合了山形水势，布局自由，道路街巷随水渠曲直而赋形，房屋建筑沿地势高低而组合，宛自天成，别具匠心，给人以自然质朴、舒旷幽远的美感。

　　次看五位四灵的环境模式（图4-25）。五位，即东、南、西、北、中五个方位；四灵，即道教信奉的四方神灵：（左）青龙、（右）白虎、（前）朱雀、（后）玄武。五位四灵

图4-25　五位四灵 环境模式（引自：侯幼彬. 中国建筑美学. 中国建筑工业出版社，2009：202）

模式乃风水术所追求的理想环境。风水术,由于承继了占卜之术而具有迷信色彩,同时又糅合了阴阳、五行、四象、八卦之哲理而不无启发意义,再加之附会了龙脉、明堂、生气、穴位等形法术语,内容庞杂,流传甚广,自古以来,对建筑的选址和布局影响深广,上至都邑陵庙,下及村舍坟宅,其规划相地都与此直接相关(图4-26)。

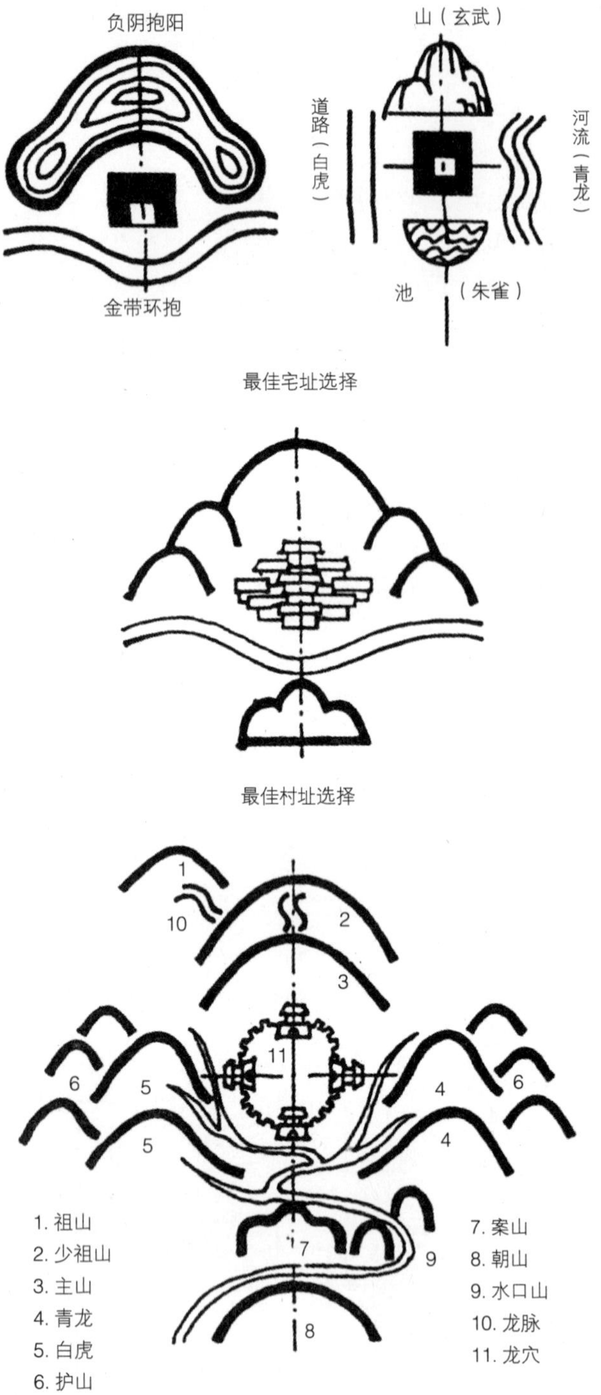

从思想背景来看,风水理论基于天人合一观念,认为天地人是统一的整体。在风水师看来,环境的好坏在于其聚气与否及气之吉凶,所谓"气吉,形必秀润、特达、端庄;气凶,形必粗玩、欹斜、破碎"。从《阳宅十书》和《葬经》可知,不论阳宅还是阴宅,"四灵之地"为风水宝地,其环境构成模式则套用五位四灵图式。《阳宅十书》曰:"凡宅左有流水谓之青龙,右有长道谓之白虎,前有污池谓之朱雀,后有丘陵谓之玄武,为最贵也。"《葬经》亦云:"夫葬以左为青龙,右为白虎,前为朱雀,后为玄武。玄武垂头,朱雀翔舞,青龙蜿蜒,白虎驯頫。"风水活动的关键在于"相气"、"理气",以寻求"生气"、回避"邪气"为宗旨。关于风水中的"气",世人有不少研究,亦形成多种说法,概括起来大致有三层含义:一是本体宇宙之气,即生乎万物之气;二是道德人伦之气,即吉凶之气;三是自然形质之气,即阴阳之气。可见,风水术虽有迷信色彩,但它追求的以"藏风聚气"为内容的五位四灵环境模式不免体现了开发人居环境的实践经验以及关于人居环境的审美认识和心理欲求,即"阳宅须教择地形,背山面水称人心"之谓也,追求的是天时、地利、人和的天人相合的融洽之境。

五位四灵的风水模式对传统建筑特别是汉民族的聚落选址产生了广泛而深刻的影响。在现今广东三水大旗头村、安徽的呈坎古村落等地,五位四灵的环境模式亦清晰可辨。广东三水乐平镇的大旗头村,整个村落呈现为坐南朝北、前塘后村的总体布局,以合"塘之蓄水,足以荫地脉,养真气"的风水义理。再如被宋

负阴抱阳
金带环抱
最佳宅址选择

山(玄武)
道路(白虎)
河流(青龙)
池(朱雀)

最佳村址选择

1. 祖山
2. 少祖山
3. 主山
4. 青龙
5. 白虎
6. 护山
7. 案山
8. 朝山
9. 水口山
10. 龙脉
11. 龙穴

最佳城址选择

图4-26 最佳城、村、宅选址(引自:侯幼彬.中国建筑美学.中国建筑工业出版社,2009:203)

代大儒朱熹誉为"呈坎双贤里,江南第一村"的徽州古村落呈坎,其选址布局不仅符合"绿水村边合,青山廓外斜"的环境意向和"负阴抱阳,背山面水,前有朝山溪水流,后有丘陵龙脉来"的风水观念,而且还以其八卦式的特殊布局和左祖右社的典型模式传达出传统文化意蕴。

再看体宜因借的环境意向。着眼于建筑类型的层面来分析,强调人与环境的和谐统一的审美观念肇始于民居建筑。这与古代中国社会的农耕基础有着必然的联系。民居村舍与环境是合为一体的,长期生活于此,无形中会培养起融于环境、归于自然的亲情真趣。从魏晋南北朝开始,追求人与自然相契合的审美情趣促成了山水园林之大兴。唐代以降,寄情于山水、契合于自然更是文人居士、造园匠师的普遍心理欲求。在白居易的《草堂记》、苏舜钦的《沧浪亭记》、欧阳修的《醉翁亭记》、计成的《园冶》、李渔的《闲情偶寄》、文震亨的《长物志》等大量的园记与记游文学中,生动地体现了文人哲匠返璞归真的审美情趣和体宜因借的环境意向以及丰富的人居环境美学思想。

其一,人居环境以崇尚自然和追求真趣为最高目标。白居易曾在《草堂记》中说:"庐山以灵胜待我,是天与我时,地与我所。"人居堂内,"可以仰观山,俯听泉,旁睨竹林云石,自辰及酉应接不暇。俄而物诱气随,外适内和,一宿休宁,再宿心恬,三宿后颓然、嗒然,不知其然而然。"这种"质有而趣灵"的优美环境让人心旷神怡、如痴如醉。文震亨在《长物志》中讲:"居山水间者为上,村居次之,郊居又次之。吾侪纵不能栖岩止谷,追绮园之踪,而混迹廛市,要须门庭雅洁,室内清靓,亭台具旷士之怀,斋阁有幽人之致,又当种佳木怪箨,陈金石图书,令居之者忘老,游之者忘倦。"追求人居环境的天然真趣和居者情感的审美愉悦。李渔提出"不能现身岩下,与木石居,故以一卷代山,一勺代水,所谓无聊之极思也",可谓情深意切。计成主张"虽由人作,宛自天开",更是言简意赅。

其二,人居环境设计以得体合宜为根本原则。环境设计应做到因地制宜,灵活处理,即计成所讲的"妙于得体合宜,未可拘率",以达于宛若天开之境。在现存大量的古代城镇和村落中,其依山循水、随势赋形的环境设计和布局特点具体而形象地表达了"得体合宜"的环境意向。

其三,人居环境的景观创造以巧于因借为至法。计成在《园冶》中提出了"巧于因借,精在体宜"的造园技巧。借景实质上是一种审美选择,是环境创造、造园构思必须首先考虑的问题。我国著名的园林美学家陈从周教授在谈到建筑的借景问题时强调说:"借景在园林设计中,占着极重要的位置,不但设计园林要留心这一点,就是城市规划、居住建筑、公共建筑等设计,亦与它分不开。"[20]

第二节 建筑审美的文化机制

建筑审美活动是建筑美学研究的逻辑起点,只有通过建筑审美活动,才能形成现实具体的建筑审美关系，从而使建筑的审美属性和主体的审美需要走向契合而促成建筑美的生成。然而，建筑审美活动总是在一定的社会条件下和文化背景中进行的，具有历史具体性的特点。建筑审美活动的这种历史具体性决定了建筑审美标准的辩证法，即差异性和共同性的统一，或者说，相对性和绝对性的统一。从建筑审美文化的发展过程来看，建筑审美标准的辩证法包含在审美的冲突、分化、整合与调适这四个机制作用之中。

一、建筑审美的冲突

建筑审美冲突是建筑审美差异性的必然结果和现实表现。建筑审美冲突既反映了性质相异的建筑审美文化之间的联系，也体现了不同群体的建筑审美意识、建筑审美标准的相互区别和个性特征，是建筑审美文化发展的动力机制之一。

建筑审美冲突集中表现为群体性冲突。依据社会心理学，"群体是指通过一定的社会关系结合起来进行共同活动而产生相互作用的集体，它是人们社会生活的具体单位"。[21]一方面，群体内部具有建筑审美的共同性。由于群体是一种现实存在的、聚集在一起的一群人，他们有着共同的需要或相近的兴趣，有着相同或相近的生产生活方式，从而使得群体内形成了共同的建筑审美观念和建筑审美趣味。另一方面，我们也必须看到，不同群体之间的建筑审美趣味和审美标准的冲突和差异，而且，随着时代的变化和社会的发展，特别是信息时代的到来，审美群体小型化，审美趣味个性化和多样化，已经成为不争的事实。正如有论者认为："民族作为审美群体，将日益丧失它的一体化结构，而不断地分化组合为越来越小、越来越多的审美群体。世界范围内将不断出现跨越国家和民族界限的、审美意义上的个体组合和群体组合，构成新的审美群体。"[22]审美群体的分化和重组必将导致建筑审美的新图景，必将导致建筑审美更大的差异性和更广泛的多样性，当代西方建筑美学的发展演变就是一个很好的说明和注解。有学者认为："概括起来，西方当代建筑美学主要是由四种美学风格建构起来的，即历史主义美学、新现代主义美学、技术主义美学和有机主义美学。这四种美学风格，分别体现了四种既有联系又有区别的审美取向。"[23]虽然关于当代西方建筑美学的流派的划分是一个值得深入研究的学术课题，但西方当代建筑审美的多样性的事实足以证明建筑审美的群体性冲突。而且，就是历史主义建筑美学内部，亦存有新古典主义、新理性主义和新地方主义的审美取向之分野，从而更充分地显示出建筑审美群体性冲突的多样性表现。

若对建筑审美的群体性冲突细加分析，则可发现，建筑审美的群体性冲突总是通过区域性冲突、时代性冲突、民族性冲突和阶级性冲突或明或暗地表现出来。

首先，审美文化具有区域性，建筑审美也必然出现区域性冲突。普列汉诺夫曾经指出："任何一个民族的艺术都是由它的心理所决定的，它的心理是由它的境况所造成的，而它的境况归根到底是受它的生产力状况和它的生产关系制约的。"[24]一定社会的审美观念和审美趣味由于是特定社会环境的产物，因此在具有一定开放性的同时，也必然具有一定的封闭性。当外来审美文化传入时，区域文化的封闭体系就会产生一种排外性，必然产生审美冲突。回顾中国近代城市建筑的发展，特别是沿海城市（如上海、大连）、沿江城市（如广州、武汉）、沿边城市（如哈尔滨）等地近代建筑的发展，从建筑选址到建筑类型，从建筑布局到建筑装饰，异质建筑文化之间的冲突给人印象深刻，比如近代广州的十三夷馆。日本学者松本忠雄在《广东的行商与夷馆》一文中有如下述："广东夷馆位于广州城郊外，据说在城墙西南约2米距离之外。在广东，从来不让外国人自由居住，宋代曾为阿拉伯人在府城之南、珠江之北建蕃坊作为居留地，明代在怀远站旁建房屋120轩让蕃人居住，据矢野博士、桑原博士的研究，明代的怀远站与宋代的蕃坊差不多在同一位置，而清代的夷馆也在其故址上。夷馆位置在广东城郊外，珠江之北岸，南面隔江面对河南，东以河沟为界，东西约300米，南北约155米，北面邻接十三行街。"[25]广州十三夷馆的选址建设固然有历史、地理、政治、经济等方面的影响，但与建筑审美的差异性亦不无关联，是异质建筑文化在审美观念、审美心理、审美趣味和审美理想等方面所表现的区域性冲突的历史见证。

建筑审美的群体性冲突也表现在民族性上，或称民族性冲突，这与区域性冲突有着非常紧密的联系。特定的民族必定有其独特的审美习惯和审美趣味，其审美观念和审美理想也一定呈现出浓郁的民族特色，可以说，人类的审美活动总是渗透着民族精神，体现出民族特点的。黑格尔就曾谈到：事实上，一切民族都要求艺术使他们喜悦的东西能够表现出他们自己，因为他们愿在艺术里感到一切都是亲切的、生动的，属于目前的生活的。卡尔德隆就是以这种独立的民族精神写成《任诺比亚和赛米拉米斯》的。莎士比亚能在各种各样的题材上印上英国的民族性格。总之，"在艺术作品中，各民族留下了他们的最丰富的见解和思想"。[26]我们从古希腊罗马建筑的柱式，从中国古代建筑的斗栱即可感受到建筑审美文化的民族性冲突。就是在中华大地上，合院式、干阑式、帐篷式、吊脚楼式、碉楼式等等，在一一述说着中华建筑审美文化的民族性格和独特魅力。

再者，建筑审美的时代性冲突也是建筑审美差异性的一个重要表现，每一个时代都有每一个时代的审美观念和审美理想，不同时代的审美标准是不一样的，甚至大相径庭。中国美学史上"燕瘦环肥"的审美史实就是明证，它充分说明了审美标准的历史具体性，说明审美标准既是客观的，又是变化发展的。在西方的古希腊罗马时期，"维纳斯"几近成为美的代名词，维纳斯雕像随处可见，可是到了中世纪，基督教徒们却"把所有的维纳斯叫做女妖，只要有可能就到处加以消灭"。[27]在欧洲建筑发展史上，建筑风格随时代变化而变化，就很好地反映了建筑审美标准的时代性，古希腊罗马柱式严谨地模仿了人体的度量关系，充满了对现世人体的热情讴歌，反映了对人本主义世界观和对理性美的崇拜，表达了欲将理想美和现实美统一于艺术构图法则之中的审美追求和文化理想。而到了以宗教神学为本的中世纪时期,其建筑风格完全脱离了古希腊罗马的影响,高耸的尖塔随处可见,垂直线条的广泛运用成为这一时期建筑的基本形式,故称"高直式"(即哥特式)风格。它表现出一种向上飞腾的气势美和威严神秘的宗教意蕴,流露出了鲜明浓郁的时代气息。同样可以看到,由古希腊罗马向中世纪过渡的时代,是教会神权和封建王权走向结合的过渡时代。这也直接反映在建筑审美风格上。"罗马风"建筑即是当时社会、思想文化的真实写照,如意大利的比萨教堂建筑群,"它们既不追求神秘的宗教气氛,也不追求威严的震慑力量,作为城市战胜强敌的历史纪念物,它们是端庄的、和谐的、宁静的"。[28] 中国近代社会的"古今中西之争"的时代主题也同样影响并铸塑了中国近代建筑的审美风格。20世纪20年代中期以前,中国近代建筑文化特征主要表现为对中国古代建筑文化的继承和创新以及西洋古典建筑的输入和演化,20世纪20年代中期以后则主要表现为"中国固有形式"建筑的提倡和"现代国际式"建筑的出现。

审美标准的历史具体性不仅在空间、时间上显现,也在人类社会的特定阶层中显现。在阶级社会里,各阶级有其不同的审美标准和审美理想,势必产生建筑审美的阶级性冲突。例如,在欧洲建筑史上,经过文艺复兴的洗礼,出现了古典主义和巴洛克风格的分野,它们二者正好表现了文艺复兴以来那种动荡不安、充满矛盾、追求内心情感的奔放和感官刺激的积郁难抒的社会心理的两个侧面。

二、建筑审美的分化

分化本是一个社会学范畴,它的含义是:就社会体系而言,是在一种既有的社会体系外分化出新的社会系统的过程。[29] 建筑审美活动一方面包容于既有的某一建筑文化体系之中,另一方面,它又是一个充满矛盾和冲突的自我统一体。上文所述的建筑审美冲突的群体性、地域性、民族性、时代性和阶级性等种种表现,实际上恰恰构成了建筑审美分化的种种原因。

建筑审美文化出现分化的原因是复杂多样的,既有来自建筑审美系统内部的原因,也有来自建筑审美系统外部的原因,更有来自不同的社会系统的原因。这种分化,既是不同的审美追求的结果,又是其自身发展的阶段性使然。

建筑审美的分化如同建筑审美冲突,也表现出建筑审美的历史具体性,也是促进建筑审美文化发展的动力之一。正是由于分化,使得建筑审美文化出现异彩纷呈的局面,从而更为丰富多样,更加充满生机、活力。

这里以广州近代城市的骑楼为例,就建筑审美分化的原因和作用力加以简析。骑楼建筑是广州等岭南城市的一道建筑景观。作为一种建筑样式,骑楼建筑之所以能够分化独立而且在广州勃兴,其原因是多方面的。首先是来自建筑审美文化系统的内部原因。广州地处亚热带,其气候特征突出表现为炎热多雨,能遮风雨、避骄阳的骑楼具有很好的气候适应性,适合广州的气候特点,而且,从商历史悠久的广州人都希望不断完善自身的商住合一的生活环境,骑楼正好创造了良好的步行购物环境，有助于广州商业的发展。反过来，广州的商业繁荣又促使骑楼商业街进一步发展，从而使骑楼在羊城大受欢迎，成为广州近代商业街的一大特色。其次，有来自建筑审美文化系统之外，即不同社会系统的原因，比如：社会的变革、城市的发展为骑楼的建设提供了可能性；政府的强制性法规及其导向，成为推动骑楼商业街发展的有力保障；政府的惠侨政策吸引大量侨资投入广州的房地产，也是推动骑楼商业等建设和发展的原因之一。

有生命力的建筑形式具有重要而巨大的影响。建筑审美的分化是建筑文化发展的重要机制。广州骑楼商业街的成功产生了巨大的辐射力和重要的示范作用。于是，骑楼商业街这一城市商业街的形式就以广州为中心，从20世纪20~30年代起，辐射至广东全省以及广西的梧州、北海（图4-27、图4-28）、南宁，海南的海口、文昌（图4-29），福建的厦门（图4-30）、漳州（图4-31）、泉州（图4-32）、福州，甚至江西、贵州等地，成为了岭南近代建筑文化的新的组成部分，丰富和发展了近代岭南建筑文化。

图4-27　北海骑楼

图4-28　北海骑楼

图4-29　海南文昌骑楼

图4-30a　厦门鼓浪屿骑楼

图4-30b　厦门思明路骑楼

图4-31 漳州骑楼

图4-32 泉州骑楼（王永志 摄）

三、建筑审美的整合

审美文化有排他性，也有融合性。当不同的审美文化碰撞在一起时，它们必然相互吸收、融化、调和，发生形式和内容的变化，逐渐整合为一种新的审美文化体系，这是审美文化的规律性，建筑审美文化亦然。所谓建筑审美的整合，即指不同的建筑审美文化吸收、融化、调和而趋于一体化的过程。

建筑审美的整合不同于相异的建筑审美文化所具有的各种审美特质的机械的组合，而是一种有扬弃也有吸收、有批判亦有继承、有创造又兼顾借鉴的新的综合，是在相互吸收、融化的基础上产生的一种新的建筑审美文化。从上文所述的建筑适应性理论看，建筑审美的整合也就是以建筑的自然适应性为基础，以建筑的社会适应性为动力，以建筑的人文适应性为目标的新的建筑审美文化走向生成的过程。

中国古代建筑文化对印度佛教建筑文化的"中国化"即是建筑审美整合的很好的例证。佛塔是印度佛教建筑的主要代表，它作为一种满足人们宗教崇拜的精神象征，体现了印度人民的审美意识和民族精神。当它随佛教传入具有悠久建筑审美文化史的中国时，由于两大民族的建筑审美文化在民族审美心理、审美习惯等方面相异，必然出现建筑审美冲突。然而，中国古代建筑审美文化绝不保守和排外，而是以自身广博而深厚的文化融合力在与印度建筑审美文化碰撞激荡的过程中不断进行调整，一方面吸收印度佛塔建筑文化的长处，另一方面舍弃其不适合中华建筑审美文化的部分，并与自己的建筑审美文化相融合，从而形成了中国佛塔建筑审美文化新的特征，即实现了印度佛塔的中国化。从感性特征看，中国佛塔在塔刹、浮雕、彩画装饰方面明显地继承了印度佛塔的特征，但在体量和形制、平立面造型等方面，则与印度佛塔迥异其趣，甚至大相径庭。在外形上，印度佛塔为半圆形的覆钵体，一般建有三层，以存放经卷和佛舍利，而中国佛塔则多为多边形的楼阁式。之所以出现这种改造和整合，主要源于民族传统的建筑审美观念。其中一个原因是，中国早有神仙观念，自汉代开始便建有不少"迎仙楼",正是这种建造"迎仙楼"的经验和神仙信仰心理,使得人们很自然地用神仙说来理解西土印度而来的佛教,从而也很自然地把印度的佛塔改造成中国化的佛塔。

建筑审美的整合与建筑审美文化体系的发展是相互促进的。一个建筑审美文化体系越是"整合"了不同的审美特质,其体系本身便越丰富,生命力也越旺盛,而这体系的层次越是丰富多彩,其生命力越是旺盛,它的整合能力亦愈见其强。岭南近代建筑审美文化的演变发展就印证了这一点。岭南近代建筑审美文化的发展历经了三个逻辑阶段:自我调适、理性选择和融汇创新。在经过艰难而长期的自我调适之后,岭南近代建筑审美文化便面临着矛盾而复杂的理性抉择,其内容和目标非常明确,即调和民族性和科学性的矛盾,以使中国传统建筑审美文化与西方建筑审美文化相互融合。岭南近代建筑审美文化的整合从当时的现实表现来看主要有三个方面:一是传统平面布局与西洋立面样式的结合,二是洋人建筑设计和国人建造施工的结合,三是装饰内容和题材上的中西结合以及中西建筑文化符号的创造性借用。正是这种整合有力地推动了近代岭南建筑文化的快速显著发展,促成了近代岭南建筑的融汇创新,从而实现了近代岭南建筑体系的文化转型,构建起新的岭南建筑文化体系。

四、建筑审美的适应

从建筑审美的文化机制的历史性关系来看,审美整合是建筑审美文化体系获得新生命的前奏,而审美适应则开始向人们展示建筑审美文化体系在经历了"新的综合"之后新的生命的辉煌。

适应,作为一种文化机制,是指人类群体为求生存发展而与所处环境发生关系的一种方式。建筑审美适应,实际上也是构成整个人类适应中的重要一环,是不同的建筑审美文化(主要是形成建筑审美冲突的文化主体)经过长期的接触、联系、调整而改变原来的性质和模式走向新质的发展过程。它揭示了建筑审美标准的历史具体性发展变化的丰富内涵,表征着建筑审美标准的历史具体性发展的阶段性。

建筑审美适应不是单向的文化制约或移植,而是双向或多向的互动过程,建筑审美适应的完成和实现意味着审美互动取得了结果。它一方面失去一些审美特质,另一方面又获得一些审美特质,在交互作用中不断调整、不断变化、不断出新、不断发展。

这里需要强调的是,建筑审美适应是一个建立新的建筑审美文化模式的过程。建筑审美文化体系内审美特质的变化必将引发审美规范、审美观念、审美标准等的再解释,必将导致审美价值观和审美理想的再取向。因此,建筑审美的适应并不是简单地抛弃一些旧的审美特质,或采纳一些新的审美特质,而是一种新的综合过程,也是产生新的建筑审美文化体系的过程。

例如,广州近代的教会建筑,其审美取向的形式表现的总趋势便是"在新功能、新平面组织以及新的内部空间上冠以变化了的中国式屋顶，以适应所处的环境，缓和人们的日益高涨的反帝爱国情绪，能为人们所接受"。[30] 也就是说，广州近代教会建筑作为一种新的建筑审美文化，既不同于广州传统建筑文化，又相异于西方现代主义建筑文化，而是中西建筑审美文化的融合，如岭南大学（现中山大学）的哲生堂（图4-33）和陆祐堂。"仅从建筑设计而言，墨菲的设计是在中国人可以接受的意义上带有更多的西方建筑特色，反之，在西方人可以接受的意义上带有更多的中国古代建筑特色。"[31] 它们较好地融合了西方建筑因素和中国古典建筑因素。董黎先生曾对哲生堂和陆祐堂所包含的西方建筑因素和中国古典建筑因素各作了四个方面的分析，从而认为："墨菲的设计主要是借用西方古典主义的竖向三段、横向五段的构图原则来组织中国古典建筑

图4-33a　岭南大学（现中山大学）的哲生堂　　图4-33b　哲生堂平面图及立面图（引自：董黎.岭南建筑丛书：岭南近代教会建筑.中国建筑工业出版社，2005：85）　　图4-33c　哲生堂侧立面图（引自：董黎.岭南建筑丛书：岭南近代教会建筑.中国建筑工业出版社，2005：87）

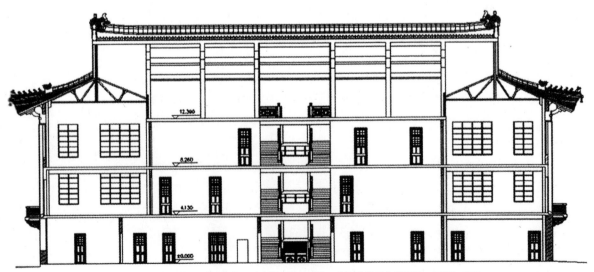

图4-33d　哲生堂剖面图（引自：董黎.岭南建筑丛书：岭南近代教会建筑.中国建筑工业出版社，2005：87）

构图元素。"[32]

一种建筑审美特质只有在适应一定社会审美需要的时候，它才能与原来的建筑审美文化系统相结合、相融化，才能产生新的建筑审美文化并求得发展，否则，它必将遭到原有建筑审美体系的排斥、抗拒而与之相冲突。对此，当时在建筑设计界表现活跃且有较大影响的墨菲（Henry K. Murphy）和小洛克菲勒（John D. Rockfeller）是十分明白的。小洛克菲勒在1921年北京协和医学院落成典礼上的讲话就表明了他们在这个问题上的深刻理解。"在绘制医学院诸建筑及医院时，于室内是必须要遵循西方设计和安排以便达到现代科学医学执业之要求。然而在这同时，我们也尽其可能在不增加花费之下，审慎地寻求室内机能性与中国建筑外貌之美丽线条及装饰，特别是其高度、屋顶和装饰相结合。我们之所以如此做，是想让使用如此设计建造之建筑的中国老百姓得以一种宾至如归的感觉并且也是我们对中国建筑之最好部分欣赏之最诚挚表现。"[33]

以上以建筑审美的冲突、分化、整合和适应四个方面简要论析了建筑审美的文化机制，从审美文化学的视角关注建筑审美的标准问题。一般意义上说，建筑审美标准是指在主体的建筑审美活动中形成的用以评价对象的一种内在尺度。由于具体的建筑审美活动总是以单个人作为审美主体来进行，因此，个体审美标准必然因其生理、心理及社会环境等个性特点而存在差异性。但是，个人是社会的产物，个人生活在社会之中，没有社会就没有个人，社会作为人类存在的群体形式，对人的建筑审美活动具有极大的规定和制约作用。所以，我们既要看到个体审美标准的差异性，又要看到，这种差异性往往淹没在社会群体审美标准的一致性之中，个体审美标准在总体上是与社会群体审美标准相一致的。这就是建筑审美标准的历史具体性，它取决于审美主体生存的时代，取决于审美主体所处的地域，取决于审美主体所属的民族、所属的阶层。总之，它取决于审美主体的社会性本质。

第三节 建筑审美与艺术的共通性

建筑审美是极具综合性的文化现象。从审美主体来看，建筑审美是一个复杂的心理过程，是诸多审美心理因素综合参与的过程，既有如情感、想象等审美认识心理因素，又有如审美需要、审美欲望等审美价值心理因素。从审美客体来看，建筑艺术是一门综合性艺术，特别是秉承中国传统文化精神的中国传统建筑，其营造与构建始终按照和体现中国传统文化的重整体、重体悟的系统思维方式，注重与其他门类艺术之间的交叉、渗透、相通和综合。

事实上，艺术的共通性和综合性是中国传统艺术发展的一个重要规律，在中国美学史上对此已有大量的论述。历史上，把画说成"无声诗"、"不语诗"、"有形诗"，把诗说成"有声画"、"无形画"的理论可谓俯拾皆是。[34]苏轼在《书摩诘蓝田烟雨图》中所言"味摩诘之诗，诗中有画；观摩诘之画，画中有诗"[35]

更是影响深广的代表性观点。金学智先生还以系统论的观点论析了中国古典艺术的艺术综合性规律,并将中国古典艺术分为四个不同综合形态的子系统。[36]

建筑艺术,特别是包括近代岭南建筑在内的中国传统建筑,可谓一个大型繁复的以静为主的综合艺术系统,其中有作为语言艺术并诉诸观念的诗、词、联,也有作为空间性静态艺术并诉诸视觉的书法、绘画、雕刻、工艺美术、园林,还有作为时间性动态艺术并诉诸听觉或视觉的音乐、戏曲等。它们互为表里、相互补充、相互渗透、相互生发,给人以情感愉悦和美的享受。

正因为如此,探讨和把握好建筑与其他门类艺术之间的共通性,对于建筑审美来说,其意义是十分重大的。它不仅有利于建筑审美态度的形成,有利于审美超越的实现,而且也有利于强化建筑审美感受,深化建筑审美体验。

一、势:建筑与书法艺术的审美共通性

书法艺术即用毛笔写汉字的艺术,它在中国是具有独特传统和悠久历史的精神性艺术。正是由于书法艺术的独特性和历史性,所以,首先通过关于书法艺术和建筑艺术的共通性的分析来揭示中国传统建筑所秉赋的文化精神和审美特征就最具价值和意义。

书法艺术对于建筑意境的点缀、形容、渗透、生发是人所共知、一致首肯的事实。如承德避暑山庄的烟波致爽殿,抬眼环顾,四墙满缀书法,从长卷短幅到匾额对联,从一字之作到十余字乃至数百字之作,形式各异,品类繁多,且几乎清一色的"御笔"题书,它们和殿内陈设的各种珍贵工艺品交错辉映,显得颇为协调,构成了一个出色的、丰富多彩的室内艺术空间,烘托且凸显了皇家建筑的雍容华贵和庄严典雅。又如苏州园林,"在沧浪亭,潭西石上刻有俞樾的篆书'流玉'二字,其婉润流动、诘曲悠久的线条美,引起了人们关于潭中水流如碧玉的感受。"[37]而留园的石林小院,明代书画家陈洪绶书联:"曲径每过三益友,小庭长对四时花。"在叙述庭院景观的同时,使人联想岁寒三友的花木比德、四时季相的时空交感,而且他那篆隶行草兼容的书法艺术,更利于人们感发审美情思,驰骋审美想象。园林中的诗碑亭和书条石更是一道别致的景观。留园就有书条石三百多方,称为"留园法贴",其中有虞世南、褚遂良、李邕、颜真卿、杨凝式、苏轼、米芾等书法家的名迹。

此外,在中国传统建筑的其他类型中,如陵墓、寺庙、民居,亦有书法艺术的重要位置。从书体风格来说,篆书,婉通诘诎;隶书,蚕头燕尾;草书,龙蛇飞动;楷书,端匀严静;行书,活泼流畅。它们与建筑艺术相结合,更深化了建筑的审美意境,丰富了建筑的文化内涵。

建筑艺术与书法艺术之间的共通性不仅仅在于书法艺术有助于人们在建筑审美活动中拓展审美视野,驰骋审美想象,深化审美体验,推进审美超越,更在于二者之精神相通,即对"势"的审美追求,对中国文化之道的审美追求,对生命活力的崇尚。

"势"作为书法美学的理论范畴,显示出了书法艺术的动态空间的审美属性,如欧阳询所云:"由一笔而至全字,彼此顾盼,不失位置。由一字至全篇,其气势能管束到底也。"[38]这种动态空间美是抽象的,又是重力突现之美。一方面,书法作为一种字形,从一点一横到一个个字都既超然象外,又得其环中;另一方面,书法艺术的重力、重势又表现在横、竖等的起笔与收笔时重力突现的艺术效果。如卫夫人的《笔阵图》所云:"横,如千里阵云。点,如高峰坠石。"[39]将横与点比作阵云与坠石,要求得阵云与坠石之势,从而显示出中国文化之道那气化流行、生生不息的本质精神。正如我国著名美学家宗白华所说:"'美'就是势,是力,就是虎虎有生气的节奏。"[40]

书法艺术是线的艺术,讲究章法、结构,本质上具有与建筑的共通性,与建筑艺术有深层次特性的契合。首先,书法艺术中,字体结构中的点画,各组合部分以及章法,都讲究匀称、映带、层次、呼应等,虚实相生,"计白当黑"。建筑艺术在整体上讲究对称性、匀称性,显示出了空间艺术的共同法则,如寺庙建筑,总有正殿和左右配殿。难怪宗白华先生说:"一笔而具八法,形成一字,一字就像一座建筑,有栋梁椽柱,有间架结构"[41]。都讲究和遵循如均衡、比例、对称、和谐、层次、节奏等形式美法则。古人云:晋人尚韵,唐人尚法,宋人尚意,明人尚态。人们从字形的结构里归纳出了书法艺术的不同的时代风格。建筑艺术又何尝不是如此。不同时代的建筑反映了不同的时代精神和相异的审美趣味。

书法艺术在字体结构上与建筑艺术的相通性还表现在主附关系的处理上。书法艺术中讲求"一笔主其势",讲求"附丽",即在字体结构中处理好主附关系,既有"正势端凝",又要"旁势有态"(图4-34)。这与建筑群体的组合原则和建筑空间的组合要求是一致相通的,如中国古代城市所惯用的中轴对称布局法,又如北京故宫建筑群,其三角楼对于三大殿来说,虽然是辅助的装饰性建筑,但是,为了突出故宫主体建筑的威严、壮丽、华美,角楼也以丰富的层次显示出了同样威严、壮丽、华美的风格,从而使故宫主体能被映衬得更加端庄和富丽堂皇。

总之,书法艺术所驾驭的线条,乃是表现一种势、力和节奏(图4-35)。书

图4-34 上海豫园书法题匾(左)
图4-35 狮子林燕誉堂"重修狮子林记"(右)

法家在艺术形式上的追求，就是审势、取势而避免失势。对审势、取势的追求从更高层面显示出了书法艺术与建筑艺术在审美追求上的相通性。

二、韵：建筑与音乐艺术的审美共通性

建筑主要属于空间艺术，音乐则属于时间艺术，二者之间区别明显。这在西方的美学和艺术史上有很多的论述，比如德国古典美学家黑格尔，他肯定了音乐与建筑的类似，但更强调二者的差别。"建筑以静止的并列关系和占空间的外在形状来掌握或运用有重量、有体积的感性材料，而音乐则运用脱离空间物质的声响及其音质的差异和只占时间的流转运动作为材料。所以，这两种艺术作品属于两种完全不同的精神领域，建筑用持久的象征形式来建立它的巨大的结构，以供外在器官的观照，而迅速消逝的声音世界却通过耳朵直接渗透到心灵的深处，引起灵魂的共鸣。"[42]

然而，将建筑与音乐相联作比，完全成为了人们对艺术审美的共识。在西方，文学家歌德、哲学家谢林、音乐大师贝多芬等人，都将建筑比作"凝固的音乐"。中国建筑又何尝不是具有浓郁的音乐美感！北京天坛祈年殿的藻井天花（图4-36）、河北正定隆兴寺摩尼殿（图4-37）的如意斗栱，显示出了建筑构图上的连续的节奏感和韵律美；西安大雁塔的层层叠叠（图4-38）、广东开平风采堂的立面构图（图4-39），展示了建筑的渐变的节奏和韵律；北京故宫建筑群的三重空间组合，起伏跌宕，层层推进，给人一种一波三折、一唱三叹的感受，传达出了起伏的节奏和韵律美；苏州园林的"体宜因借"、徽州民居的白墙黛瓦，表现的是一种错落有致的节奏感和韵律美。或连续、或渐变、或起伏、或交错，中国建筑无论宫殿、陵墓、寺庙，还是园林、民居，注重的并非单体的高大，而是群体的宏伟，追求的不是纯空间的凝固的音乐，而是在时间中展开、在时间的流动中呈现自我的旨趣和品格。其理性秩序与逻辑或明或暗，却都气韵生动，韵律和谐。

图4-36 北京天坛祈年殿的藻井天花（引自：潘谷西.中国建筑史.中国建筑工业出版社，2004）

图4-37 河北正定隆兴寺摩尼殿（引自：潘谷西.中国建筑史.中国建筑工业出版社，2004）

图 4-38 西安大雁塔的层层叠叠

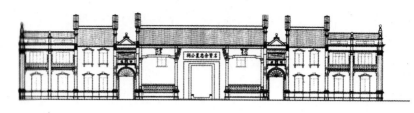

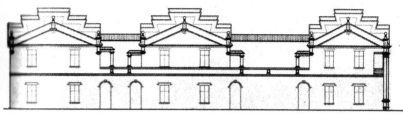

图 4-39 广东开平风采堂的立面构图（引自：程建军. 开平碉楼——中西合璧的侨乡文化景观. 中国建筑工业出版社，2007：55）

建筑与音乐艺术的共通性的根本在于建筑所具有的音乐般的韵律和节奏感，一言以蔽之，"韵"。"因为建筑艺术是把人们置于时间的推移序列过程中去领略多变而流动的造型，人们通过空间的时间化来认识建筑的审美特征，似乎可以感受到时间序列的和谐与韵律。"[43]美国的建筑评论家哈姆林曾说："一个建筑物的大部分效果就依靠这些韵律关系的协调性、简法性以及威力感来取得。"[44]建筑艺术是以其独特的艺术语言，如建筑的立面造型、平面布局、内外部空间结构的处理、门窗柱子的式样与安排等，来表现自己的节奏和韵律的，因此，建筑空间之"韵"，大体上可分为建筑外部空间之韵和内部空间之韵。就前者而言，黑格尔曾以古希腊的多立克、爱奥尼和科林斯三种柱式的美为例说明，由于台基、柱身的檐部的体积、长短以及间距的比例不同，便会形成庄重、秀美和富丽等性格区别。我国著名建筑学家梁思成曾说过，差不多所有的建筑物，无论在水平方向或者在垂直方向上，都有它的节奏和韵律。梁思成先生曾形象生动地比喻说，一柱一窗的连续重复，好像四分之二拍子的乐曲，而一柱二窗的连续重复排列，就好比四分之三拍子的"蓬恰恰，蓬恰恰"的华尔兹圆舞曲了。据说这位建筑大师还就北京天宁寺辽代砖塔的立面谱出过乐章。如果说，空间是建筑的本质，空间的组合创造是建筑设计的灵魂，那么，空间组合所蕴涵的节奏和韵律往往会成为激发人们建筑审美情思的最主要因素所在。王振复先生曾论述道："优秀的建筑，由于成功地处理了建筑个体的各部分之间，个体与个体，个体与群体，群体与群体以及个体、群体同周围环境之间的比例尺度，像一部成熟的乐曲，既千变万化、波澜起伏，又浑然一体、主题鲜明。这里有主旋律与副旋律、高潮与铺垫、独奏与合奏、领唱与和声，既有气势磅礴的交响乐、进行曲，又有缠绵悱恻、情切切的恋歌和清新愉快的田园小唱。"[45]

建筑的节奏和韵律还表现为建筑内部空间之韵。一座建筑里面都被组合为许多室内空间，空间的形状、大小、明暗、开合等变化万千而又整体和谐。人们在建筑审美时，从一个空间到另一个空间，步移景异，一方面保留着对前一个空间的记忆，另一方面又怀着对下一个空间的期待，从而充分显露出建筑艺术的空间理性的时间化特征。也就是说，人们只有置身于空间序列的时间流变中，才能真正感受和体悟建筑艺术之神、之韵。如中国古代的院落式民居，其空间序列清晰有致，有前序，有发展，有高潮，有结尾，真所谓"庭院深深深几许"，意蕴丰富，韵味无穷。

三、境：建筑与绘画艺术的审美共通性

中国古代建筑与乐理相联，也与画理相通，尤其传统园林，更是如此。中国画的传统以线造型，以形写神，注重白描、散点透视、虚实相映，以有限之景寓无限之情，追求的是"象外之象"，追求的是气韵生动的"境"。中国古代园林的造园手法讲究虚实、透漏、因借和景移，园林建筑的布局安排疏密有致，虚虚实实，颇有章法，以有限的建筑园林空间表现无限的人生情趣，寄托中国文化的宇宙意识和生命精神，颇近于画理。"可以说，古代艺术理论中的'境'或者'境界'所具有的内涵在园林艺术中的显现，较之在其他艺术门类中的显现，要更为清晰，从而也更易把握。"[46] 梁思成先生更是言简意赅："中国园林就是一幅幅立体的中国山水画，这就是中国园林最基本的特点。"[47]

中国园林与绘画艺术的审美共通性首先表现在审美理想上。中国造园艺术始终坚持的审美理想便是人与自然的契合，主张师法自然，以人为本，以自然为高。中国传统画论追求"外师造化"、"中得心源"。从历史上看，从唐代开始，园林美学思想的发展与绘画艺术等就紧密相联。宋、元时期是我国园林艺术发展的重要时期，宋、元园林创造所追求的是寄情山水、返璞归真的审美和人生理想，并在艺术创造上向"写意"方向发展，这与当时绘画艺术的高度繁荣和"写意"思潮是一致的。

其次，以建筑为主体的中国园林艺术与绘画艺术的审美共通性还表现在艺术创造和处理手法上。造园艺术的空间意蕴，山石、花木的艺术处理，使内外相分相连、相隔相通，于小中见大，大中观小，使虚实相生，明暗相因，开合互承，藏露互资，突破有限，创造意境。其主要方法有分景、隔景和借景。然而，由于空间面积的限制，园林中的山水之景，往往采用绘画艺术的"写意"手法，以简胜繁，以少总多，以神驭形，开拓出"虽由人作，宛自天开"之境。中国园林美学的发展历史表明，造园家往往具有很好的绘画修养，从而能使园林创作臻于"如画"的妙境。上海豫园现存的大假山，颇具画意，堪称精品，它便出自画技超群的自号"臣石生"的明代画家张南阳之手笔。不仅如此，还有很多园主人既工画又亲自参加园林的设计建造，从而必然将画意融进园林的造型中去。这也是产生"如画"园林的一个重要原因。

此外，建筑与绘画艺术的共通性还体现在人们进行建筑审美欣赏时应借鉴绘画艺术审美规律和审美经验来丰富自己的审美想象，深化自己的审美体验，从而

扩充自己的审美感受，实现审美超越，如借鉴中国传统山水画论的"三远"法来体会和领悟中国传统建筑的艺术魅力。宫殿建筑，至尊高大，富丽堂皇，创设的是一种"高远"之境；园林建筑，曲径通幽，小中见大，体现的是一种"深远"之境；民居建筑，随形就势，因地制宜，追求的是一种"平远"之境。

四、意：建筑与诗词艺术的共通性

意境是中国美学的独特范畴，是中国各类艺术一致的美学追求，虽然各类艺术意境的构成方式和表现手段不同。近代美学家王国维明确提出了诗词优劣的判别标准在于意境的有无与高低。诗词如此，建筑亦然。无论诗词意境还是建筑意境，它们都蕴涵着苍茫的宇宙感、厚重的历史感和深情的人生感。用叶朗先生的话来说，意境"就是超越具体的、有限的物象、事件、场景，进入无限的时间和空间，即所谓'胸罗宇宙，思接千古'，从而对整个人生、历史、宇宙获得一种哲理性的感受和领悟"。[48]

在建筑审美活动中，审美主体面对建筑之"象"，由审美感受的获得而进入对"建筑意"的领悟和体会，即建筑审美体验阶段。在这个阶段，审美主体凭借目睹的建筑符号、建筑语汇及其身心感受，发挥自己的想象和联想，以体悟"建筑意"——那隽永如诗的"象外之象"，不免发出"此中有真意，欲辩已忘言"的感慨。

建筑与诗词艺术对意境的共同追求是形成二者审美共通性的根本，古往今来，《三都赋》《二京赋》《滕王阁序》《醉翁亭记》《岳阳楼记》等名篇佳作，对于扩大建筑知名度、传递建筑背景信息，揭示建筑意境内涵，提升建筑审美价值都有不可否认和低估的作用，诗词艺术被引入建筑，其主要作用在于点染、生发、颂扬和美化建筑之"意"。

诗词点化和深化建筑意境的作用首先表现在以诗词美文来拓宽和烘托建筑意境。如杭州西湖西泠印社的四照阁，阁内柱上的诗文对联云：面面有情，环水抱山山抱水；心心相印，因人传地地传人。诗情画意，平添了此处景观之审美内涵，使四照阁的旷远之景融入柔美之情。静态之景与动态之情相结合，即景即情，亦动亦静，生成景观"意境"，进一步丰富了四照阁的审美属性，提升了四照阁的审美价值。

用诗词等文学艺术来丰富、点化、拓展建筑之"意"，最常见的表现是以诗词赋文中的字句为建筑空间题名、题对、题联。如颐和园后山谐趣园的"涵远堂"的一副对联：西岭烟霞生袖底，东洲云海落樽前，从题名到题对，诗情浓，画意深，缥缥缈缈，无限无边，拓展了广阔的审美时空。又如苏州沧浪亭的著名亭联：清风明月本无价，近水远山皆有情。"这副对联，上联写清风明月的虚物景象，下联写近水远山的实物景象，把沧浪亭的建筑意象与环境的山水、风月意象融合在一起，既浓郁了沧浪亭的诗的境界，也深化了沧浪亭的文化积淀。"[49]再如番禺"余荫山房"之主题对联："余地三弓红雨足，荫生一角绿云深"，表明构园者即使在"三弓"之地，也力图构思出深远无穷的意境。建筑命名如"临池别馆"、"深柳堂"、"南熏亭"等，都极具诗意。

园林建筑较之于其他建筑类型，与诗词等其他门类艺术之间的共通性最为突出，一个重要的原因是：园林建筑更主要地是一个重"虚"的精神空间，是愉悦性情、抒发情怀之所；而民居建筑、宫殿建筑等其他类建筑更主要地是一个重"实"的行为空间，具有更为明确的功能实用性。"在园林里，特别是在名园里，可说处处蕴蓄着诗意，时时荡漾着诗情，事事体现着诗心，是地道的'诗世界'。"[50] 比较而言，园林建筑的审美属性更为广泛，更为丰富，因此，它也成为了建筑美学研究的主要建筑类型。

本章注释：

[1]（日）伊东忠太. 中国建筑史. 北京：商务印书馆, 1998：48-51.

[2] Dom Aadelbert Gresnigt O. S. B. Chinese Architecture, Building of Catholic University Peking. 1928.

[3] 刚恒毅等. 中国天主教美术. 台湾光启出版社, 1968.

[4] 刚恒毅等. 中国天主教美术. 台湾光启出版社, 1968.

[5] 梁思成. 清式营造则例·绪论. 北京：中国建筑工业出版社, 1981.

[6] 侯幼彬. 中国建筑美学. 哈尔滨：黑龙江科学技术出版社, 1997.

[7] 梁思成. 清式营造则例·绪论. 北京：中国建筑工业出版社, 1981.

[8] 文化部文物保护科研所. 中国古建筑修缮技术. 北京：中国建筑工业出版社, 1983：226-227.

[9] 丁俊清, 肖健雄. 温州乡土建筑. 上海：同济大学出版社, 2000：7.

[10] 王振复. 建筑美学. 台北：台湾地景企业股份有限公司, 1993：254.

[11] 李泽厚. 美学三书·美的历程. 合肥：安徽文艺出版社, 1999：69.

[12] 唐孝祥. 论客家聚居建筑的美学特征. 华南理工大学学报. 2001, 3：42-45.

[13] 梁思成文集. 北京：中国建筑工业出版社, 1982.

[14] 侯幼彬. 中国建筑美学. 哈尔滨：黑龙江科学技术出版社, 1997：260.

[15] 叶朗. 现代美学体系. 北京：北京大学出版社, 1999.

[16] 查尔斯·詹克斯. 中国园林之意义. 赵冰等译. 建筑师.

[17] 唐孝祥. 论客家聚居建筑的美学特征. 华南理工大学学报. 2001：42-45.

[18] 比德，即客观物象的人格化、伦理化、情感化，主体情感的客观化、物象化、自然化。一种审美上的主客体统一，标志着古代中国人对自然美欣赏的第二个阶段。

[19] 北京大学哲学系美学教研室编. 中国美学史资料选编. 北京：中华书局, 1980：36.

[20] 陈从周. 中国园林·建筑中的"借景"问题. 广州：广东旅游出版社, 1996：244.

[21] 周晓虹. 现代社会心理学. 南京：江苏人民出版社, 1991：296.

[22] 曾小逸. 审美方式的个体化与世界结构的一体化. 萌芽. 1985.
[23] 万书元. 当代西方建筑美学 [M]. 南京：东南大学出版社，2001.
[24] 普列汉诺夫. 论艺术〈没有地址的信〉. 北京：三联书店，1963.
[25] （日）田代辉久. 广州十三夷馆研究. 中国近代建筑总览·广州篇. 北京：中国建筑工业出版社，1992.
[26] （德）黑格尔. 美学. 朱光潜译. 北京：商务印书馆，1979.
[27] 普列汉诺夫美学论文集. 北京：人民出版社，1983.
[28] 陈志华. 外国建筑史. 北京：中国建筑工业出版社，1979：90.
[29] 司马云杰. 文化社会学. 济南：山东人民出版社，1990：378.
[30] 马秀芝等. 中国近代建筑总览·广州篇. 北京：中国建筑工业出版社，1992：5.
[31] 董黎. 中国教会大学建筑研究. 珠海：珠海出版社，1998：200.
[32] 董黎. 中国教会大学建筑研究. 珠海：珠海出版社，1998：201.
[33] 傅朝卿. 传教主义与中国古典式样新建筑. 建筑师. 1992.
[34] 钱钟书. 中国诗与中国画，旧文四篇. 上海：上海古籍出版社，1979.
[35] 北京大学哲学系美学教研室：中国美学史资料选编. 北京：中华书局，1981.
[36] 金学智. 中国园林美学. 北京：中国建筑工业出版社，2000：240.
[37] 金学智. 中国园林美学. 北京：中国建筑工业出版社，2000：246.
[38] 宗白华. 艺境. 北京：北京大学出版社，1987：296.
[39] 北京大学哲学系美学教研室. 中国美学史资料选编. 北京：中华书局，1980：160-161.
[40] 宗白华. 美学散步. 上海：上海人民出版社，1981：144.
[41] 宗白华. 美学散步. 上海：上海人民出版社，1981：145.
[42] （德）黑格尔. 美学. 北京：商务印书馆，1984.
[43] 欧阳友权. 艺术美学. 长沙：中南工业大学出版社，1999.
[44] （美）托伯特·哈姆林. 建筑形式美的原则. 北京：中国建筑工业出版社，1982.
[45] 王振复. 建筑美学. 台北：台湾地景企业股份有限公司，1993.
[46] 刘天华. 画境文心. 北京：三联书店，1994.
[47] 梁思成. 中国古代建筑史六稿绪论. 建筑美学. 台北：台湾地景企业股份有限公司，1993.
[48] 叶朗. 胸中之竹——走向现代之中国美学. 合肥：安徽教育出版社，1998：57.
[49] 侯幼彬. 中国建筑美学. 哈尔滨：黑龙江科学技术出版社，1997：299.
[50] 金学智. 中国园林美学. 北京：中国建筑工业出版社，2000：424.

第五章　岭南近代建筑的类型发展与美学特征

本章提要

近代岭南在中国历史上具有独特而非凡的意义。它是近代中国政治变革的主战场和变法维新的策源地，它是中国对外贸易的桥头堡，是中西文化交流的第一站，它是近代中国民族工业最为发达之所，它是近代中国社会民间文化最具发展活力之地……这独特而沧桑的历史——烙印于近代岭南建筑之上，铸塑了近代岭南建筑的文化地域性格，成为了近代岭南建筑的灵魂和精神。

岭南近代建筑类型丰富，种类繁多。本章为了说明岭南近代建筑的兴衰动因和发展演变规律，着眼于其文化精神和时代理性，着眼于其文化地域性格，着眼于近代典型性、岭南代表性和审美文化性的综合考虑，将岭南近代建筑粗略地划分为行政办公建筑、商业建筑、民间建筑、宗教与文化建筑、庭园建筑等五类。通过对岭南近代各类代表建筑的建造背景、布局特征、结构形式、造型风格等方面的具体分析，本章更进一步地揭示出了建筑发展的适应性规律。岭南近代建筑兴衰变化的原因是多元综合的。从适应性理论的观点看，建筑的自然适应性是近代岭南建筑发展的基础和前提，建筑的社会适应性是近代岭南建筑发展的动力，建筑的人文适应性是近代岭南建筑发展的目标和指归。也就是说，岭南近代建筑发展的主要动力在于由于社会政治的变革、民族工业和商业（特别是对外贸易和华侨投资）的发展而导致的生活生产方式的变化，这也正是形成近代岭南建筑文化地域性格的内在原因。

广东是中国的第一大侨乡。由于华侨投资在近代尤其在20世纪二三十年代得到了迅速急剧的增加，侨乡建筑得以蓬勃发展并成为岭南近代建筑的特色和奇观。本章分析了粤中五邑地区、粤东北兴梅地区、粤东潮汕地区这广东三大侨乡的建筑类型及其变化发展的原因，揭示了岭南近代侨乡建筑发展的不平衡性，并运用比较的方法论述了五邑侨乡建筑、兴梅侨乡建筑和潮汕侨乡建筑身处古今中西文化之争，在外国建筑思潮的影响下表现出来的人文品格和美学特征。从开放融合性这个角度进行比较，五邑侨乡建筑表现得最为成熟、最为典型，也最有成就，它在经历了自我调适和理性抉择之后完全进入到了实质性的融汇创新阶段。兴梅侨乡建筑尚未发展到实质性的中西融合，尚是试探性地借鉴外国建筑符号、技术和手法，主要表现为中式平面和洋式立面相结合的风格特征。潮汕侨乡建筑面对"中西之争"，城镇和乡村间表现出了不同的文化抉择。前者更开放、更主动，融合性更强；后者相对保守，行动迟疑。这正好说明了潮汕侨乡建筑发展的不平衡性，说明了潮汕近代建筑进行理性选择和文化轻型的矛盾性、复杂性和艰难性。

从文化地域性格看，五邑侨乡建筑具有鲜明的地域性、强烈的时代性和独特的文化性，其地域性在沿街沿河的骑楼与遍布乡镇的碉楼那里鲜明可见，其时代性通过碉楼形式由旧式碉楼而来、向裙式碉楼而去的变化发展及碉楼建筑的骤然兴起和突然停止的现象便可见一斑，其文化性的独特之处在于民间文化的勃勃生机及其对多元文化的兼容并包、综合创新的主动性和创造性。兴梅侨乡建筑的美学特征则在于建筑高度的适应性与对建筑环境意象的讲究，同时，中轴对称的布局方式和聚族而居的居住模式反映了对传统儒家文化的认同与持守。潮汕侨乡建筑的性格特征与商贸繁荣及从商心理有着直接内在的联系。潮汕侨乡建筑极富装饰性，且装饰艺术水平亦非同凡响。无疑，没有殷实的经济基础和炫富的性格心理，绝不可能产生如此不惜金银地进行精雕细刻的装饰装修。反过来，潮汕建筑装饰艺术又形象生动地表现了潮汕人经世致用的商业意识和对闽南文化、海洋文化博采众长的开放融通的品格。透过潮汕建筑装饰和选址布局，人们便可强烈地感受到风水观念和五行学说的深刻影响，其实这也是和潮汕人长期的风险与机遇并存的商业活动所培养的性格心理密切相关的。

本章结合开平风采堂、广州陈家祠、梅州棣华居、广州市府合署等典例的详析，依据建筑审美活动的历时性，分别论述了岭南近代建筑中西合璧的造型美，礼乐相济和自然真趣的意境美，天人合一的环境美。中西合璧是近代岭南建筑最显著、最突出的美学特征。为此，本章在分析归纳近代岭南建筑中西合璧的四种情形的基础上再与上海、武汉等沿海沿江城市的近代建筑相比较。文章指出，近代时期，上海、武汉等非岭南地区的沿海沿江城市虽然也不同程度地受到外国建筑特别是西洋建筑的影响，但这种影响是局部的、有限的、单向强制性的，未能引发建筑文化性质和整体风格的变革。而外来建筑文化和西方建筑思潮对岭南近代建筑的影响是广泛而全面的，以致促成了岭南近代建筑的文化转型。此外，岭南近代建筑融汇西洋建筑和外来建筑文化的生动性、积极性和创造性，是其他城市和地区所无法比拟的。

本章还通过个案分析将岭南近代建筑的意境内涵概括为礼乐相济和自然真趣的审美取向。为了进一步论述岭南近代建筑的意境内涵和环境意象，本章就意境和意象的关系问题简要地阐明了自己的观点。意境和意象都以情景交融为内容特征，但二者的区别亦是明确的。首先，外延上，意象大于意境，而内涵上，意境大于意象。其次，意象的"意"指审美个体的情感意趣，而意境的"意"则是"道"，即文化精神的体现和隐喻。再次，意象的审美过程是审美主体对物态化形象的个体生命情感体验，而意境审美过程乃审美主体对物象所隐喻的文化精神的感悟，即对宇宙、人生、历史的一种哲理性感受和领悟。简单地说，意象是"实"的物相存在，而意境是"虚"的意义存在。

本章最后指出，建筑的审美属性是多层面的，它们不可能同时与审美主体发生关系，审美主体的个体差异性和情感自由性决定了建筑的审美属性对审美主体的情感刺激和满足的程度也不可能是等同的。正是这个原因，对应于审美心理过程的阶段性，建筑审美属性才有如前文所述的造型美、意境美、环境美三个主要层面的划分。由于建筑艺术主要是一门空间艺术，其空间形态和造型特征往往成为人们在审美活动中最先关注的，人们总是在获得对建筑形象的感知之后，才追思和感悟蕴涵其中的文化精神，进入到审美体验和审美超越阶段。

第一节 岭南近代建筑的主要类型与发展动因

从审美文化发展的历时性特征看，岭南近代建筑是岭南古代建筑走向岭南现当代建筑的中间环节和过渡时期，对现当代岭南建筑的发展产生最直接的影响，具有最紧密的联系。建筑是文化的缩影，是历史的见证，通过对岭南近代建筑类型的研究分析，我们既可以从建筑类型兴衰变化的独特视角探索并揭示近代岭南建筑的发展规律及个性特征，以期作为现当代岭南建筑的历史借鉴，并使之发扬光大，又可以从建筑风格、艺术手法的层面分析总结近代岭南建筑的美学特征，进一步认识近代岭南建筑文化发展的美学规律，从而服务于中国建筑美学理论体系的构建。

岭南近代建筑十分丰富，形式多样，从而决定了其类型划分的复杂性，倘若与上海近代建筑相比较，这种复杂性则更明显、更突出。这是因为，鸦片战争以前，上海的建筑全部是传统建筑，自辟为商埠后，外人开始在租界内建造西式房屋，从此，上海新建的房屋中除了传统建筑外，出现了两类与传统建筑不同的建筑，一类是纯粹的西式建筑，另一类是中西掺杂的建筑，即细部仍具有传统建筑形式的西式建筑和在中国传统建筑的基础上追求洋化的建筑，这两类建筑被称之为新类型建筑。[1] 以广州作为中心城市的岭南则不同，它在近代中国具有独特的意义，它是近代中国政治变革的策源地和主战场，它是中国对外贸易的桥头堡，是中西文化交流的第一站，它是近代中国民族工业最为发达之地，它是近代中国社会里民间文化最具活力之所，这独特的文化和沧桑的历史都烙印于近代岭南建筑之上，成为了岭南近代建筑的灵魂和精神。

这里不采取按时间发展线索或所处空间位置来划分建筑类型的方法，也不仅仅从建筑风格形式来划分近代岭南建筑的类型，而是着眼于近代岭南建筑美学研究的目标要求对纷繁复杂的岭南近代建筑加以归纳，着眼于近代典型性、岭南代表性和审美独特性的综合考虑，着眼于岭南近代建筑的文化精神和时代理性，从五个方面来介绍分析近代岭南建筑的主要类型与发展动因。

一、岭南近代行政办公建筑及其发展动因

岭南近代是风雷激荡之时，近代岭南是英雄辈出之所，与近代中国命运直接相联系的诸多重大历史事件就是在物华天宝、人杰地灵的岭南地区发生的，虎门销烟、三元里抗英、洪秀全起义、孙中山革命等反帝反封建的英勇斗争在这里一

次又一次掀起惊涛巨浪，无不说明了岭南在中国近代政治风云变幻的历史进程中所扮演的重要角色。粤海关大楼、中山纪念堂、汕头邮政局、广州市府合署等一大批行政办公建筑至今尚在述说着近代岭南的悲壮。特别是广州现存的不少与民主革命先驱孙中山先生相联系的近代建筑，不仅记录了孙中山先生可歌可泣的光辉业绩，而且更成为了激励后人奋发图强、报效国家的生动教材。

岭南近代行政办公建筑类型既包括清政府和民国政府的官方建筑，又包括与近代岭南重大历史事件相联系的纪念性建筑，还包括外国驻穗领事馆建筑。这种建筑类型在近代岭南的兴盛，极大地推动了岭南近代建筑的发展，反映了社会制度和政治变革是影响建筑发展的重要因素，也从一个侧面说明了建筑发展适应社会政治需要的内在规律性。

岭南近代行政办公建筑中，广州海关大楼、广东省财政厅大楼、广州市府合署最值得注意。广州海关大楼（图 5-1）是在粤海关的原址上兴建的，由英国建筑师戴卫德·迪克设计，晖华工程公司承建，落成于 1916 年秋。[2] 大楼位于广州沿江西路 29 号，坐北朝南，属新古典主义建筑风格。大楼采用钢筋混凝土框架结构，建筑高 4 层，四层之上建有穹顶钟楼，为立面构图中心。首层作为基座，二、三层采用爱奥尼巨型双柱相连通，以增强主立面雄伟庄重的气势。四层采用塔司干双柱叠用的手法来强化立面构图的韵律感。大楼的入口处理极富艺术感染力，入口两边的双柱突出于其他双柱之外，双柱之上为三角形山墙，再与四层的穹顶钟楼相连，构成统一的视觉线路，使整个建筑显得巍峨壮观。

图 5-1a 广州海关大楼旧照　　　　　图 5-1b 广州海关大楼现状

广东省财政厅大楼（图 5-2）位于广州越秀区北京路 376 号，建于 1919 年，是一座由外国人设计、中国人建造的折中主义风格的建筑。大楼为混凝土、砖木混合结构，主体建筑高四层，四层之上为一穹顶式八角形厅。一、二层立面采用巨柱和券柱式，立于基座之上，三层立面采用双圆壁柱，与四层立面采用的双方壁柱形成对比，给人以生动灵活之感。整个建筑中心突出，构图简洁明快。

图5-2a 广东省财政厅大楼旧照（左）
图5-2b 广东省财政厅大楼现状（右）

(a)

(b)

(c)

图5-3 广州市府合署旧照和现状

　　广州市府合署，现广州市人民政府办公大楼（图5-3），位于越秀区府前路，是由著名岭南建筑师林克明设计的一座具有中国传统风格的办公楼。大楼采用钢筋混凝土结构，中楼面阔五间，用四柱，重檐歇山顶。两个角楼为重檐四角攒尖顶，侧翼东、西两楼为重檐十字脊顶。"为了配合中山纪念堂的周围环境和风格，合署大楼在建筑形象艺术处理中采用宫殿式，屋顶铺黄色琉璃瓦，内部装修天花采用中国式纹样。"[3]

　　广州是孙中山先生从事革命活动的最主要场所。孙中山逝世后，为纪念其丰功伟绩，群众集资或政府拨款兴建了一批精美的纪念性建筑，如中山纪念堂、中山图书馆，孙中山纪念碑、孙逸仙纪念医院。中山纪念堂位于广州越秀区东风中路，由吕彦直、李锦沛设计，1931年竣工。它是近代岭南建筑中最杰出的作品之一，也是中国近代纪念性建筑的代表作，建筑采用民族形式中的宫殿建筑形式，平面略呈八角形，采用中轴对称的传统手法，为"中国固有形式"风格建筑的典型代表。中山纪念堂是将中国传统建筑形式用于大体量的会堂建筑的大胆而成功的作品，整个建筑造型奇特，环境优美，雄伟肃穆，给人强烈的审美感染力和视觉冲击力。广州中山图书馆（图5-4）同样是中国传统建筑风格的作品，由林克明先生设计，1933年落成，从设计手法和建筑风格看，中山图书馆有似于中山纪念堂。建筑选址于广州市文德路原广府学宫旧址。"设计者把主体建筑设在原高地上，平面设计为正方形，四角尽端以小亭屋顶形式处理。建筑物四周采用回廊式，构

(a)　　　　　　　　　　　　　　　　　(b)

图 5-4　原广州中山图书馆

图 5-5a　原美国领事馆　　　　　　　图 5-5b　原苏联领事馆

成一正方形平面。平面紧凑，交通方便，外观是一座整体方形、中央突出的八角形亭式建筑。"[4]

沙面西洋建筑群是外国列强侵略近代中国的罪证，其中有多座属于近代岭南政府建筑类型的外国驻穗领事馆（图 5-5），如法国领事馆、英国领事馆等。法国领事馆采用砖石结构，英国领事馆采用钢筋混凝土结构，在建筑风格上，前者属于简洁的国际式风格，后者属于集仿的折中主义风格。这些建筑之所以产生，从根本上讲是由外国列强为满足其扩张主义的政治经济需要而决定的。

综观上述近代岭南行政办公建筑，其产生和发展的最根本原因，或者说深层动因，在于当时的国内外政治事态，在于世界政治格局和态势。

二、岭南近代商业建筑及其发展动因

商业建筑是近代岭南建筑的主要类型，有银行、海关、洋行、宾馆、百货大厦等多种。近代时期，岭南商业建筑得到很大的发展，得以广泛兴建，其原因是多方面的。首先，岭南凭借其得天独厚的地理条件，商业和对外贸易素称发达，具有悠久的历史。广州，作为岭南的中心城市，从唐置市舶使、宋设市舶司起，一直到明、清的海禁时期，在很长时间里是全国仅有的几个通商口岸之一。清康熙年间，为发展对外贸易，促进商业的发展，不少重大政事便发生在岭南。1685年，即康熙收复台湾的第二年，"兵部准广东商民人等，愿出洋贸易者报当地官府，准其出入贸易"。[5]清政府设立了包括广州粤海关在内的共四个海关。第二年，"十三行"作为清政府指定的专营对外贸易的"半官半商"的垄断机构，在广州建立。乾隆二十二年（1757年），清政府确定广州十三行为全国唯一对外贸易口岸，史称"一口通商"，至1842年中英签订《南京条约》时止，广州独揽中国外贸达85年之久。其次，近代岭南商业建筑的发展也与英、美、德、法等侵略列强对岭南乃至整个中国进行资本输出和强权贸易有密切关系，甚至是最主要的影响。对此，我们从粤东地区汕头市的近代贸易和市政建设中便可清楚地看出。咸丰五年(1855年)，粤海关在放鸡山上设立潮州新关，使汕头成为了潮州地区的海运贸易中心。"至1933年，汕头全市的商行3441个，分属56类55个行业。每年口岸的进出口船舶从1899年的2000多艘次至1933年，增至13万多艘次。1933年，进出口贸易额达到16073万元。1932~1937年，每年往来外洋船舶吨数占全国第3位。"[6]汕头"1930年开始全面的市政建设，数年之间，狭窄的马路被外马路、中山路、民族路、至平路、安平路、商平路、国平路、西堤路等新马路所取代。南生公司、中原酒家、永平酒楼等七八层建筑拔地而起，陆续形成了小公园等新的商业中心，大小商号三千多家，商业之盛仅次于上海、天津、大连、汉口、胶州、广州，居全国第7位。"[7]再次，近代岭南商业建筑的发展是岭南近代民族工商业发展的必然结果。从19世纪70年代开始，在全国性洋务运动的求富求强的浪潮中，一些商人和华侨在广州及其附近地区率先创办了一批民族资本企业，业务涉及缫丝、火柴、造纸、电力、电报、造船、轮船运输等众多领域，其中最有名或颇具代表性的有：南洋华侨陈启沅在1872年创办于南海简村的继昌隆机器缫丝厂，这是广州也是全国第一家民族资本企业，1876年广州富商陈廉川创办的陈联泰机器厂，1879年旅日华侨卫省轩创办的巧明火柴厂，1881年广州商人梁云汉创办的肇兴轮船公司，1890年旅美华侨黄秉常创办的广州电灯公司。至20世纪初叶，辛亥革命的成功和第一次世界大战的爆发为岭南近代工商业的进一步发展提供了契机和动力，近代工商业的发展又促进了市场的繁荣。在广州，"这一时期，惠爱路、新华路、太平路、长堤大马路、西堤等地出现了很多百货批发、零售店，商业活动十分活跃。华侨在投资工业的同时，又形成了投资商业的热点，先施公司与大新公司便是这一时期最负盛名的两大侨资百货公司。"[8]

近代时期的岭南商业建筑的主要代表现存的还有不少，这里仅就广州的近代商业建筑进行简要的介绍分析（表5-1）。

近代广州商业建筑举例[9]　　　　表 5-1

序号	建筑名称	现在地址	结构特征	风格特征
1	宝华义洋行	广州沙面南街 14 号	2 层，砖木	折中主义风格
2	东方汇理银行	广州沙面南街 18 号	2 层，砖木	折中主义风格
3	中法实业银行	广州沙面南街 22 号	2 层，砖木	折中主义风格
4	於仁保险公司	广州沙面南街 28 号	2 层，砖木	券廊式风格
5	海关总署	广州沙面南街 38 号、40 号	2 层，砖木	折中主义风格
6	太古轮船公司	广州沙面南街 48 号	3 层，砖木	折中主义风格
7	新沙逊洋行	广州沙面南街 50 号	5 层，钢筋混凝土	券廊式风格
8	万国宝通银行	广州沙面大街 46 号	3 层，钢筋混凝土	券廊式风格
9	汇丰银行	广州沙面大街 54 号	4 层，钢筋混凝土	新古典式风格
10	英国洛士利银行	广州沙面大街 62 号	3 层，砖木	券廊式风格
11	葛理福孚公司	广州沙面北街 39、41 号	4 层，钢筋混凝土	新古典式风格
12	大新公司	广州沿江西中 49 号	8 层，钢筋混凝土	新古典式风格
13	爱群大厦	广州沿江西路 113 号	13 层，钢筋混凝土	中西合璧风格
14	新华酒店	广州人民南路 2 号	7 层，钢筋混凝土	新古典式风格
15	新亚大酒店	广州人民南路 10 号	6 层，钢筋混凝土	新古典式风格

其中最具代表性的是汇丰银行（图 5-6）和爱群大厦（图 5-7）。汇丰银行地处主次道路的转角处，平面规整，立面采用古典柱式，顶楼以突出的穹顶为标志，构图庄重严谨，建筑底层和入口又饰以圆窗和装饰性门框，与纯粹的古典式

（a）

（b）

图 5-6　汇丰银行旧照和现状

(a) (b) (c)

图 5-7 爱群大厦旧照和现状

风格相区别，属新古典式建筑风格。爱群大厦为中西合璧式风格的建筑，既吸收了西方摩天大楼的设计手法，又具有岭南建筑的艺术特色。一方面，其外墙设计强调垂直线条，追求高耸的艺术效果；另一方面，其整体布局采用沿街周边布置的方式，首层沿街采用岭南流行的骑楼形式。它是广州第一座钢筋水泥框架结构的高层建筑，直至1968年广州宾馆建成，素有南中国建筑之冠的美誉。

三、岭南近代民间建筑及其发展动因

民间建筑是岭南建筑中非常重要的类型。近代岭南文化虽然造就了诸如洪秀全、郑观应、孙中山、容闳、康有为、詹天佑、冯如、梁启超等一批精英人物，但总体上看还是以民间文化为主体的。在近代，中国民间文化总体上日渐僵化，近代岭南民间文化的勃勃生机和发展活力显得特别引人注目，而且，岭南民间文化的基本精神和人文品格在民间建筑中得到了鲜明而生动的体现，可以说，近代岭南民间建筑是近代岭南文化尤其是近代岭南民间文化的缩影。

从宏观意义上说，近代岭南民间建筑的发展是与近代时期岭南地区的社会状况、经济条件以及地理环境和文化传统密切相关的，其中，经济条件是最主要的因素。从近代岭南民间建筑发展的经济条件看，如果说因鸦片战争而加剧的外国列强对岭南地区的资本输出和商品输出是推动近代岭南民间建筑加速变化发展的历史契机，那么，此后由洋务运动所引领的民族工商业的勃兴则是推动近代岭南民间建筑变化发展的更重要的原因。

岭南近代民间建筑十分丰富，从样式来看，有骑楼、茶楼、祠堂、西关大屋、新型富绅别墅及碉楼、庐、竹筒屋、围屋等各式民居。由于岭南幅员广阔，地理条件复杂多样，经济状况差别很大，因此，建筑发展极不平衡，其建筑活动主要集中在大中城市和侨乡地区。鉴于下文将有关于侨乡建筑的专门论述，这里讨论的只是侨乡之外的岭南近代民间建筑，并以岭南中心城市广州为主。

茶楼是岭南建筑的一大特色，广州老字号茶楼更是凭借其深厚的文化积淀和多样的建筑风格而成为了广州传统民居的一道独特景观，不仅表征了岭南建筑的文化地域性格，而且透射出了岭南文化的价值取向、社会心理、思维方式和审美理想。透过广州老字号茶楼，人们既可追忆昔日广州的市井繁荣和生活百态，又可体验和感悟岭南文化的人文精神和民风民情。

广州人的"叹"茶风俗源远流长，广州茶楼亦有其流变演化的历程。早年的茶肆低矮简陋，俗称"二厘馆"。真正意义上的茶楼最迟在18世纪中下叶即已诞生，其标志是历史上久负盛名的成珠楼（清乾隆年间即已开业）。经洋务运动至光绪年间，随着广州商贸的繁荣，广州茶楼大兴，以位于十三行街的"三元楼"的建成为端绪，惠如、多如、太如、东如、南如、瑞如、福如、天如及陶陶居、陆羽居、福来居相继出现，在当时并称为"九如三居"。由于茶楼能满足人们洽谈生意、交际应酬、休闲娱乐、谈婚论嫁的需要，因此，不仅生意兴隆，深受欢迎，而且陈设讲究，趣味高雅。广州茶楼建筑风格多样，有宫殿式、村舍式、园林式、画舫式。随着商业等社会经济的发展，广州茶楼不断推陈出新。20世纪崛起的文园、谟觞、南园、西园这"四大茶楼"更是富绅文人、小姐阔少的去所。

近代广州茶楼中（图5-8），最享盛誉的是陶陶居、莲香楼、惠如楼。陶陶居（图5-9）位于第十甫路，原名葡萄居，于光绪六年（1880年）转手由一陈姓老板经营时易名为陶陶居，后又转由黄静波掌管。黄老板经营有方，邀康有为题写店名，又以"陶陶"二字作鹤顶格，公开征集对联，这样既提升了茶楼的文化品位，也扩大了茶楼的知名度。中厅所悬便是头奖对联：陶潜善饮伊尹善烹恰相逢作座中君子，陶侃惜分大禹惜寸最可惜是杯里光阴。

从建筑样式看，近代早期茶楼如陶陶居、莲香楼、惠如楼，多是在传统民居竹筒屋的基础上，采用西洋建筑的局部装饰和立面处理，外观庄重华丽，室内古色古香。

骑楼是近代岭南建筑的又一景观和特色所在，也是城市民居建筑的主要形

图5-8 清代广州茶楼（左）

图5-9 广州陶陶居茶楼旧照（右）

第五章 岭南近代建筑的类型发展与美学特征

式之一。骑楼建筑在近代岭南产生和发展的动因是多方面的（第二章已有分析论述，不再赘述），但从根本上讲，是由于适应岭南的气候特点和近代岭南城市工商业快速发展的需要。这正是骑楼建筑的自然适应性和社会适应性。也正是这个原因，使得骑楼建筑在岭南城市及周边地区城市中广泛流行，如广西的北海、福建的厦门、江西的赣州等。吴庆洲教授从六个主要方面分析了骑楼风靡近代广州的原因[10]，实质上还是在于骑楼建筑的自然适应性和社会适应性。在广东范围内，骑楼街景最为壮观的要数广州、江门、汕头、湛江四市（图5-10~图5-12）。

在近代广州，新兴的民间建筑类型除茶楼、骑楼外，还有西关大屋、竹筒屋、东山新型别墅等。

西关大屋是清末同治、光绪年间广州富户在广州城西一带兴建的住房形式，是今日广州传统民间建筑中很有特色的一种（图5-13、图5-14）。典型的西关大屋为三开间平面，坐北朝南，砖木结构，中轴线上的空间布局由南往北依次是门廊、门官厅、轿厅、大厅、头房、天井、二厅、二房、天井。西关

图5-10　广州上下九骑楼

图5-11　江门台山骑楼（左）
图5-12　汕头骑楼（右）

图5-13　西关大屋（左）
图5-14　西关大屋（右）

大屋室内讲究,"在建筑装饰艺术上,西关大屋集木雕、石雕、砖雕、陶塑、灰塑、壁画、石景、琉璃通花、铁通花、蚀刻彩色玻璃等民间传统装饰工艺之大成,产生了丰富多彩、典雅高贵的艺术效果。"[11]

竹筒屋是对近代时期珠江三角洲地区那种开间小、进深大的民居建筑的形象称呼,在今天的佛山、中山均能见到,而在广州的霞飞坊、盐运西、将军东、西街一带更是多见。鸦片战争前,即有竹筒屋存在,其最大的空间特征体现在天井上,室内的通风、采光、排水等都是通过天井来解决的。19世纪下半叶后,由于西方建筑技术的传入,竹筒屋的建筑也出现了一些变化,产生了两三层的楼房建筑,建筑风格也有多样化的表现,有西方古典主义式的,也有复兴传统中西合璧的。

图 5-15　陈廉仲故居

与西关大屋和竹筒屋相提并论的还有广州东山一带的新型别墅(图5-15),亦称东山花园式洋房。这类建筑大多建于1928~1936年之间,房主多为军政官僚和华侨。其特点表现在受西方建筑风格影响,大多建有柱式门廊,其中以梅花村的陈济棠公馆最为典型。

近代岭南民间建筑除了上述这些新的形式外,还有诸如客家地区的大型围屋、粤中地区的三间两廊式传统民居建筑、潮汕地区的中庭式传统民居建筑以及由此组合而成的"驷马拖车"、"百鸟朝凤"等大型民居建筑群,虽然它们在近代有些变化,但主要还是承袭了传统,没有突出鲜明的近代特色,故此从略。

四、岭南近代宗教与文化建筑及其发展动因

岭南近代时期的宗教与文化建筑,可依据其建造动机和发展动因而分为侵略性的教会建筑和发展性的教育建筑,并且以侵略性的教会建筑为主体。

1861年,英法两国依据《天津条约》强租广州沙面。此后,外国列强纷至沓来,为实现其军事扩张、殖民统治和经济侵略的目的,在广州建成了一个"国中之国"——广州沙面西洋建筑群。如果说沙面建筑群的建立尚只是外国列强实现侵略的第一块营地,对岭南社会的影响程度有限,那么,教会建筑则是外国列强全面实现其侵略野心的标志,是继沙面建筑之后,企图从文化上、思想上、心理上控制中国而在岭南出现的又一类建筑。这类建筑包括教会、教堂、学校、医院、青年会、布道会、图书馆等,形式多样,类型丰富,其中以教会学校的数量和规模为最大。教会建筑多为外国人设计,中国人建造,这与沙面西洋建筑群是一样的。不同的是,教会建筑出于传教布道的目的,为了更易于为国人心理所接受,外国设计师们往往根据自己的理解大胆借鉴中国传统建筑形式,出现了不中不西、亦

中亦西的建筑样式。对此,刚恒毅主教的话很有代表性:"建筑对我们的人,不只是美术问题,而实是吾人传教的一种方法。我们既然在中国宣传福音,(建筑)理应采用中国艺术,才能表现出吾人尊重和爱好这广大民族的文化、智慧的传统。采用中国艺术也正是肯定了天主教的大公精神。"[12]

教会建筑中著名的有历时25年于1888年落成的圣心大教堂(图5-16),这是目前国内乃至东南亚最大的、最完善的天主教堂,因整座建筑主要用花岗石砌筑而成,又称石室。石室的形制和格局基本上是法国巴黎圣母院的移植,由于其建造年代比巴黎圣母院晚700年,在技术上更显完善,在艺术上更显成熟。当然,若从建筑的技术个性和人文品格来审视,圣心大教堂由于移植了巴黎圣母院的形

图5-16a 圣心大教堂旧照(左)
图5-16b 圣心大教堂现状(右)

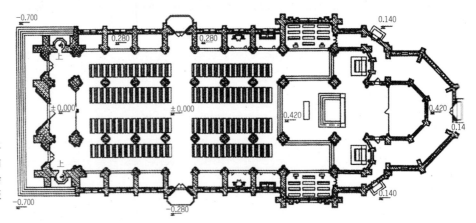

图5-16c 圣心大教堂平面图(引自:董黎.岭南建筑丛书:岭南近代教会建筑.中国建筑工业出版社,2005:156)

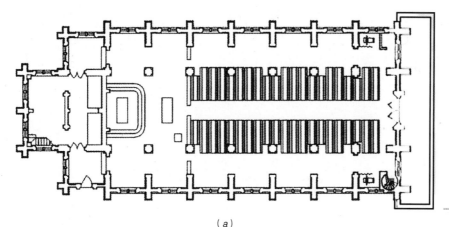
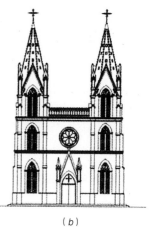

(a)　　　　　　　　　　　　　　　　　(b)

制和格局，所以难以归附于岭南建筑之列，但是，从岭南近代建筑文化的发展变迁及其阶段性特征来看，圣心大教堂的确是外国列强对中国继军事侵略之后进行传教布道以实现文化控制的典型。

湛江维多尔天主教堂（又称湛江霞山天主教堂）是近代广东的砖石结构的哥特式教堂的典范（图5-17）。"近代中国的西方教会势力在早期时是以法国居于主要地位的，所以，20世纪之前的教堂基本上是天主教堂，且多为法国传教士所建，而天主教堂大多建在了广大的乡村。"[13]

1843年，英国人马礼逊在香港创办英华书院，成为了岭南教会学校的先声。1866年，美国教会在广州创办南华医学堂，成为了我国第一所西医专科学校。美国在广州创办的教会学校中最有影响的当属1888年创办的"格致书院"，它是声名远扬的岭南大学的前身。在岭南大学（现中山大学主体）的主体建筑中，结构方式一般为钢筋混凝土结构，形式上则融中外于一体，如马丁堂、格兰堂、怀士堂、荣光堂、惺亭、哲生堂、陆佑堂。

1872年，美国长庄会在广州创办真光书院，为广州女校的先锋，也是这一时期中外建筑形式结合得较为成功的作品。1889年，中国基督徒廖德山创办培正书院，主要建筑有白课堂及一些寄宿舍，后几经发展，现为广州培正中学。

上述教会学校在传播西方科学文化和中西文化交流方面起到了一定的促进作用，但根本目的在于进行文化侵略，因此，可以称为侵略性教会建筑。

岭南近代文化建筑还有具另类性质的，姑且称为发展性的教育建筑，如1888年创立的广雅书院（图5-18）。广雅书院，坐北向南，四周设有护院河，占地面积达12万平方米。主要建筑物建在中轴线上，其他建筑物建在东、西两侧，反映了传统秩序观念。在中轴线上，

图5-17a 湛江维多尔天主教堂平面图（又称湛江霞山天主教堂）（引自：董黎. 岭南建筑丛书：岭南近代教会建筑. 中国建筑工业出版社，2005：158）（左上）

图5-17b 湛江维多尔天主教堂北立面图（又称湛江霞山天主教堂）（引自：董黎. 岭南建筑丛书：岭南近代教会建筑. 中国建筑工业出版社，2005：159）（右上）

图5-18 广雅书院（引自："中国广州网"网站，http://www.guangzhou.gov.cn/node_392/node_393/node_394/node_596/2002-04/101849373317830.shtml）（下）

（a） （b）

图5-19a 勤勤大学（引自："广商校园风"网站，http://www.gdccbbs.com/thread-114004-1-1.html?sid=I25iC2）（左）

图5-19b 林克明设计的勤勤大学教育学院（右）

有院门、山长楼、礼堂、无邪堂、冠冕楼，两侧设东斋和西斋，还有清佳堂、岭南祠、莲韬馆等。书院内地方广阔，建筑美观，林木茂繁，水清木秀，环境十分幽静。护院河则是广雅书院整体布局的最大特色。

1934年7月1日正式成立的勤勤大学（图5-19）、1924创办的广东大学（校址初设广州文明路，即今广东省博物馆，后迁石牌五山，即今华南理工大学），其建造初衷和发展动因在于培育国民，造就人材，其建筑风格主要是中国传统形式。

五、岭南近代庭园建筑及其发展动因

岭南地区地理气候特殊，语言、戏剧、音乐、绘画、工艺自成一体，园林亦呈现出独特风格。在近代岭南建筑中，庭园建筑是最富文化意蕴和审美感染力的建筑类型。近代岭南园林，从其建造背景来看，都是富商巨贾的私家宅园，无论是近代前期建造的顺德清晖园、佛山梁园、东莞可园、番禺余荫山房，还是近代后期兴建的潮阳西园、开平立园、广州"四大园林酒家"，都是如此。

私家园林在近代岭南兴起，宏观上与社会变迁有关，是社会变迁使然。南汉以后，岭南较少大规模治园，到了明清，逐渐趋向私家造园发展。近代时期，"岭南战事较频繁，原有园林多遭毁。深居名山的寺庙园林，由于历代道、佛、儒各教派的倾轧，各行其是，也多处于较凌乱状态。唯有生根于民居的岭南庭园，哪怕风吹浪打，仍生而复始，俊茎升华，成为岭南园林的核心，为近代海内外所称道。"[14] 从微观上说，近代岭南园林的发展原因在于园主的经济殷实、较高的文化艺术修养及对"求真而传神，务实而写意"的岭南园林艺术精神的秉承。

近代岭南园林以清新旷达、素朴生动为艺术格调，依势而设，强调园林的自然特质。造园因意立构，由外而内，布局平易开朗，较少有江南园林的深庭曲院的空间构设。庭园潇洒，层次分明，建筑重视选址，造型洗练简洁，色调明朗，装修注重本土特色，朴实素秀，构成了通透典雅、轻盈畅朗的特色鲜明的岭南风格，既有别于北方皇家园林之壮丽，又相异于江南文人园林之纤秀。

近代岭南园林可以其建筑风格和时代特征而分为前后两类。前期以"粤中四大园林"为代表。番禺的余荫山房（图5-20）始建于清同治三年（1864年），举人邬燕天聘名工巧匠，借鉴苏杭庭园建筑艺术所建，园内空间由游廊式拱桥而分东、西两半，东部以八角形的玲珑水榭为中心，西部以近似方形的荷花池为中心。园内亭台池馆布置精巧，空间意境以深柳堂、临池别馆、孔雀亭为最。顺德清晖园（图5-21）的最大特点是布局合理、因势造景，体现了很好的自然适应性和岭南建筑的地方色彩，其著名建筑有船厅、惜荫书屋、水榭等。东莞可园（图5-22）始建于清道光三十年（1850年），小巧玲珑，意境高远，园内各种建筑高低错落，曲折回环，小中见大，静中有趣，可谓岭南园林之珍品。佛山梁园（图5-23）为道光年间梁九华所建。它包括十二石斋、寒香馆、群星草堂和汾江草庐这四组毗连的建筑群，为"粤中四大园林"之规模最大者。园内的群星草堂、秋爽轩等主体建筑，玲珑雅致，回廊环绕，绿树婆娑，满园秀色。

近代后期的岭南园林的发展明显受到西洋建筑风格的影响，特别是建筑局部装饰和构件，注重吸收外来建筑技术、工艺，表现出了融合中西的构园理念，标

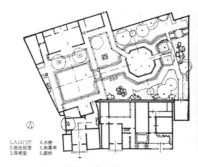

图5-20a 余荫山房平面图（引自：夏昌世，莫伯治. 岭南庭园. 中国建筑工业出版社，2008：63）

图5-20b 余荫山房八角亭

图5-20c 余荫山房廊桥

图5-20d 余荫山房建筑装饰

图5-20e 余荫山房建筑装饰

图5-20f 余荫山房题对

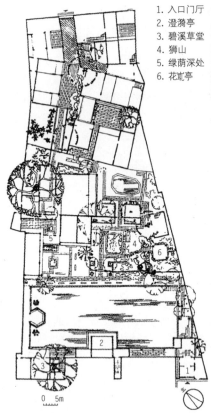

1. 入口门厅
2. 澄漪亭
3. 碧溪草堂
4. 狮山
5. 绿荫深处
6. 花㽲亭

图 5-21b　顺德清晖园水庭

图 5-21c　顺德清晖园细部

图 5-21a　顺德清晖园平面图（引自：夏昌世，莫伯治．岭南庭园．中国建筑工业出版社，2008：88）

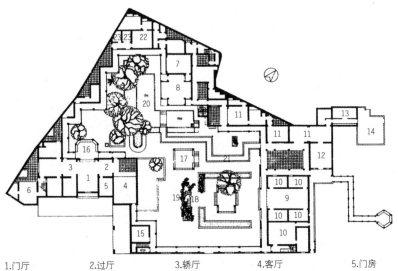

图 5-22　东莞可园平面图（引自：陆元鼎，杨谷生．中国民居建筑．华南理工大学出版社，2003：516）

1. 门厅　　2. 过厅　　3. 轿厅　　4. 客厅　　5. 门房
6. 更楼　　7. 可楼　　8. 双清室　　9. 正厅　　10. 居室
11. 绿漪楼　12. 船厅　13. 观鱼簃　14. 钓鱼台　15. 客房
16. 擘红小榭　17. 竺台　18. 拜月亭　19. 狮子上楼台　20. 金鱼池
21. 藤萝架　22. 厨房　23. 厕所

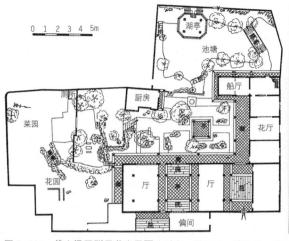

图5-23a 佛山梁园群星草堂平面（引自：夏昌世，莫伯治.岭南庭园.中国建筑工业出版社，2008：74）　　图5-23b 佛山梁园园景

图5-23c 佛山梁园园景　　　　　　　　　　　图5-23d 佛山梁园室内家具

志着近代岭南园林的文化转型。这类园林多见于侨乡，开平立园和潮阳西园是典型代表。对此，"岭南近代侨乡建筑"一节中将展开详论，故此从略。

第二节　岭南近代侨乡建筑及其审美文化特征

华侨，即对长期侨居在外国的中国人的总称，在亚洲、非洲、欧洲、美洲、大洋洲都有分布。他们不但为侨居国的经济和社会发展作出了贡献，而且也为祖国的建设和发展，特别是在中外经济和文化交流方面，发挥了很大的作用。

自古以来，岭南地区就是沟通中外关系的重要门户。在15、16世纪时，由于中国对海外贸易的开辟，便有小规模的岭南人移居东南亚。元末明初，由于资本主义的萌芽及清初长达20多年的"迁界令"，移居国外的岭南人明显增多。然而，华人大规模地移居海外并扩布到全世界则是1840年鸦片战争以后的事。

鸦片战争后，在资本主义列强的压力下，清政府被迫开放"海禁"，并同意各国可以自由雇用中国工人，西方资本主义国家便兴起了掠夺中国劳工的"苦力贸易"，在岭南沿海省份，假借招工之名，引诱大批破产农民和一些城市失业贫民出洋，供其劳役。特别是1848年和1851年，美国和澳大利亚先后发现金矿，急需大量的廉价劳工。另一方面，国内人口过剩，粮食不足，人民的生计困难，加之政治动荡，小农经济在资本主义势力的入侵之下趋于瓦解，也迫使人民不得不出洋谋生。这种特殊的时代社会背景，导致在近代中国的百年时间里出现了一个华人移民国外的高潮。

广东是我国最大的侨乡，包括粤东潮汕侨乡、粤北兴梅侨乡和粤中广府侨乡这三个主要区域。广东华侨的人口数量之多、来源分布之广、成就影响之大，均为全国各省之最。在近代岭南的经济和社会发展中，广东华侨发挥了不可低估的作用。20世纪初叶，尤其是20世纪二三十年代，岭南华侨掀起了一股投资侨乡、建设侨乡的热潮。这一方面归因于华侨在海外的成功、殷实的经济基础和爱国爱乡之情，另一方面也有赖于清政府的华侨政策由"弃民"到"侨商"的转变。

在广东范围内，粤中五邑地区、粤北兴梅地区、粤东潮汕地区是最集中、最典型的华侨之乡。在近代岭南建筑中，侨乡建筑不仅成就突出，而且风格独特，成为了近代岭南建筑文化的特色景观，具有丰富而深刻的审美文化意义。

一、近代五邑侨乡建筑及其审美文化特征

五邑，即地处珠江三角洲西部的新会、开平、台山、恩平、鹤山五个县级市的别称，隶属江门市。江门五邑是我国著名的侨乡，据统计，江门籍海外华侨和港澳台同胞共逾300万。从华侨的居留地来看，侨居欧美国家的人数最多。

江门五邑的侨乡建筑在近代岭南侨乡建筑乃至中国侨乡建筑中个性最为突出，特色最为鲜明。首先，它是我国侨乡建筑中保存最完好的。连绵几公里的城镇商业骑楼、形态各异的村野碉楼，构成了一道道壮丽的景观，确证了五邑华侨的智慧。其次，五邑侨乡建筑类型之丰富和数量之多是其他地区不可比拟的。再次，它经历了中外建筑文化由接触到冲突到融汇创新的全过程，最大程度地体现了近代岭南建筑的三大最主要特征：中西合璧的时代性特征、适合气候地理的自然适应性特征和兼容并蓄的文化综合性特征。

从20世纪初年到20世纪30年代日军入侵的近40年时间是近代五邑侨乡建筑的形成期。1902年，《南京条约》使江门开辟为对外通商口岸，此后，五邑地区商贸活动大增，也促进了建筑的发展，特别是民国时期的头25年，包括五邑地区在内的广东原来的许多州府县城掀起了拆围墙、开马路的市政建设高潮，进一步推动了侨乡建筑的发展。

就建筑功能特征而言，近代五邑侨乡建筑主要有三大类型。一类是以商贸活动为主的沿河、沿街的骑楼式建筑，一类是用于居住的洋楼、别墅、庐与碉楼建筑，一类是包括祠堂、教堂、学堂、学校等的公共建筑。在建筑样式上，以骑楼

建筑和碉楼建筑最为典型和最具特色。

五邑侨乡的沿街沿河骑楼建筑的兴建主要集中于 1929~1933 年的 5 年内，如江门的堤中路（表 5-2），台山的通济路，开平赤坎的东堤、西堤，这是侨乡城镇建筑的主体。

江门沿街、沿河骑楼表　　表 5-2

道路＼分项	修筑年代	道路长度	道路宽度	骑楼宽度	结构特征
堤东路	1930 年	2800	12	3.6	4.5 米以上，砖木结构
堤中路	1930 年	778	10	3.6	4.5 米以上，砖木结构
堤西路	1930 年	275	10	3.6	4.5 米以上，砖木结构
兴宁路	1929 年	480	7.8	3	4.5 米以上，砖木结构
镇东路	1929 年	338	8	3	4.5 米以上，砖木结构
书院路	1929 年	392	8.5	3	4.5 米以上，砖木结构
太平路	1929 年	100	8	3	4.5 米以上，砖木结构
莲平路	1930 年	460	8	3	4.5 米以上，砖木结构
上步路	1933 年	140	6.8	3	4.5 米以上，砖木结构
新市路	1933 年	300		3	4.5 米以上，砖木结构
		单位：米	单位：米	单位：米	

碉楼乃广泛分布于五邑侨乡的民居建筑。碉楼建筑的文化心理背景是海外华侨考虑到防洪、防风、防匪的要求而使用先进的材料为家人建造起形似碉堡的住房。碉楼往往建于村前、村后等险要位置，以利于瞭望敌情，而且通常是钢筋混凝土结构，非常坚固，易守难攻。碉楼又以使用方式的差别而分为暂住型和常住型。前者的目的在于防御，因此，在四角建望风台或在顶层设悬挑回廊以便观察敌情（图 5-24）；后者的目的则是居住兼防御，为取得良好的采光和通风而进行

图 5-24　五邑侨乡碉楼

（a）

（b）

图 5-25　五邑侨乡碉楼

灵活机动的平面布局（图 5-25）。现存的侨乡碉楼多建于 20 世纪二三十年代，开平市的碉楼数量、规模及保存完好度皆居五邑之首。

粤中五邑侨乡是广府侨乡的核心区域。广府侨乡是指广东境内广府民系（粤语系）的侨乡区域，以珠江三角洲地区为中心，包括"广州（含番禺、花县、增城、从化）、佛山、中山、南海、顺德、东莞、三水、肇庆、清远、信宜以及五邑地区等"。[15] 近代广府侨乡建筑以其覆盖的地域面积最广、建筑形制最丰富、保存数量最多而成为了近代岭南侨乡建筑文化中的代表。作为近代岭南建筑的重要组成部分，近代广府侨乡建筑显示了"古今中西之争"的时代风貌，记录了近代岭南建筑发展经由自我调适和理性选择到融汇创新的艰辛和成就，具有鲜明的开放性特征、兼容性特征和创新性特征。

（一）开放性特征

就政治、经济等文化层面的意义上说，近代中国的开放与当代中国的开放有着本质区别。前者是被动的开放，是以战败为契机、以民族自救为指归的，因而民众最初是怀着屈辱和无奈的心理被迫接受的；后者是主动的开放，其目标在于强国富民，以实现中华民族的伟大复兴。然而，由于岭南文化是以"俗"文化（民间文化）为主体的，加之，以广州为中心的广府文化具有 2000 多年未曾中断的对外经贸交流的传统和优势，因此，开放性既是近代广府文化的基本特点，也是广府侨乡建筑发展的文化背景和心理基础。从这个意义上说，近代广府侨乡建筑的开放性又是相对主动、相对自觉的，是与近代岭南文化精神的开放兼容、择善而从的民众心理相一致的。

近代广府侨乡建筑的开放性主要是由海外华侨（华侨文化主体）引起的，因为"华侨文化拥有内地文化欠缺的许多优势，包括反映近代西方文化的重要成果，信息灵活，更新快以及经济基础比较雄厚等"。[16] 华侨文化的积极作用，使得近代广府侨乡建筑文化的开放局面具有"意识强、范围广、内容多、影响大"的特点。

一方面，近代广府侨乡建筑体现出了积极主动和全局的开放意识。近代广府侨乡的建筑发展和近代中国租界（如上海、广州沙面）建筑的发展是不同的。租界建筑以直接输入式为主，是帝国主义和殖民主义强行推进的西方文化，对西方建筑文化的吸收的被动和屈辱性从"闻铁路而心惊，睹电杆而泪下"和"鬼楼"、"夷馆"的感言和称呼中可以窥见。近代广府侨乡建筑的开放有明显的主动性，是侨乡人民在接触和学习西方文化后而表现出的希冀民族独立自强的全局意识和开放心态，体现出了华侨文化恋祖爱乡、实业兴国、敢为人先的特质。特别是五邑地区的碉楼建筑，它们的建筑外观多是"金山伯"

们用自己带回来的居住国建筑的印象碎片和从国外寄回来的"普市卡"（乡民叫做"公仔纸"）上印有世界各地风光与不同国家建筑的明信片为依据指导工匠建造的。

另一方面，近代广府侨乡建筑的开放性主要体现为大胆使用国外先进材料，引进建筑技术，在结构形式和造型艺术上借鉴国外建筑文化。首先，在材料上表现为自觉引进西方建筑材料——钢筋、水泥等，如开平蚬冈的瑞石楼（1925年）（图5-26），在修建和装修时就大胆地运用了钢筋、钢板、水泥、柚木、坤甸等国外的建筑材料和装饰材料。由于新材料的运用，带动了对西方建筑技术的引进，使建筑艺术具有了更大的表现空间，所以，在高度上，瑞石楼突破了广府地区传统建筑的高度，有9层25米高，结构为钢筋混凝土结构，墙体坚固结实，从而在建筑外观上既浸透着西方建筑的浪漫和华贵之气，又给人坚实厚重之感，曾享有开平"第一楼"的美誉。广府侨乡地区大量可见的骑楼，既可以看到有砖石、钢筋、混凝土等先进材料的运用，又可以看到在内部构造中梁板的运用和外部的拱券式结构。在建筑的外观造型上，琳琅满目，千姿百态，对外国建筑文化的开放、吸收、整合更为全面、主动、丰富，尤以五邑侨乡地区为最。碉楼和庐是五邑侨乡建筑的代表和特色所在。由于受侨居地文化影响，五邑侨乡建筑风格各异，数量众多，蔚为壮观（图5-27），仅开平现存的碉楼就有1466座，建筑式样有"廊楼式、罗马式、英国古堡式、德国哥特式、西班牙式、伊斯兰式等"[17]，几乎囊括了全世界所有的风格流派。广府侨乡建筑不仅在建筑形制上借鉴西方建筑艺术风格，在部件上也融入了许多的西方建筑元素，如西式立柱、券廊、穹顶、彩色玻璃、百叶窗等，表现出了侨乡建筑对西方建筑文化从总体到局部、从形式到内容的全方位开放，由此形成了多姿多彩的侨村，如台山斗山的浮月村、开平塘口和赤坎、新会古井五福村、恩平圣堂的侨村等。

（二）兼容性特征

从建筑文化的发展历程来看，兼容性的实质就是"折中中外，融合古今"。

图5-26 开平蚬冈瑞石楼（左）

图5-27 五邑侨乡碉楼群（引自：陆元鼎.岭南建筑丛书：岭南人文、性格、建筑.中国建筑工业出版社，2005：61）（右）

近代广府侨乡建筑的发展，从宏观上看是处于中国传统建筑文化解体、转型和重新建构的一个大的历史潮流下的，与中国近代建筑的发展是同步的；但是在微观上，侨乡建筑的转型和重新建构的引发点不同，它是由华侨文化的主动"开放性"所引发并且整个过程都是在华侨文化的直接参与和推动下进行的。由于华人华侨接触学习西方文化而产生的审美心理上的差异性，近代广府侨乡建筑在城镇布局和单体建筑上表现出了突出的兼容性。

近代广府侨乡地区的城镇布局一方面表现为集家庙（祠堂）、私塾、民居为一体的大型建筑群，另一方面，在一定程度上融入了西方的城市理念，表现出了城市功能区的划分和城市体系的建构。如增城瓜岭村、开平县长沙区西降村都是著名的侨村，在村落布局上，都沿用了传统粤中广府地区的梳式布局，并设立公共祠堂，其中，增城瓜岭村在占地不到100亩的范围内就拥有8个祠堂，而开平县长沙区西降村更突出了宗祠在布局上的中心地位，这种在大型建筑群中设立祠堂的做法和祠堂所处的位置，都反映了广府侨乡地区所遵循的传统儒家思维引导下的家族宗法制度。但是在组合排列上，侨民体现出了有规划的西方城市的布局方式，即对于家畜的喂养，在村落中有专门的区域，以利人畜分离，另外，在村落外围制高点、入口处等设置碉楼，以保证村民安全。这种有规划的城市功能划分在近代广州城市体现得更为明显，如西关商业、城内行政、东山住宅区等城市分区，另外还设有电灯、自来水、汽车等相关市政设施，体现出了近代城镇建筑的新风貌。

从微观上看，近代广府侨乡建筑的兼容性还表现在单体建筑上，主要以三种方式出现：传统平面布局和西洋立面的结合；洋人设计和国人建造施工的结合；装饰内容和题材上的中西结合。在侨乡的几种常见建筑中，三间两廊改良式的侨居、碉楼、庐以及骑楼，都体现了传统平面布局和西洋立面的结合，在平面上，三间两廊改良式的侨居、碉楼、庐沿用的是广府传统三间两廊的布局方式，骑楼在平面上主要是传统竹筒屋的布局方式，在外观上都吸收和借鉴了西方的建筑文化，呈现出中西建筑文化兼容的风貌。另外，洋人设计和国人建造施工结合的代表作是开平三埠镇荻海咀墟的风采堂（1914年），它的主体建筑之一——风采楼就是"以五百金，雇西人骛新绘式"[18]，所以，在其各部分的尺度上都比较符合西洋古典建筑盛行的"黄金分割比"，只是由于国人施工，在数据上都有一些出入，其中的西方建筑符号都有些简化，如柱式虽然在柱头花饰处类似希腊、罗马柱，但柱身却没有凹槽。在装饰内容和题材上的中西结合典范是位于开平塘口镇北义乡的立园（1936年），以"泮立"和"泮文"两座（图5-28、图5-29）最为富丽堂皇的别墅为例，其屋顶采用中国宫殿式的风格——绿色的琉璃瓦、飘逸的檐角、栩栩如生的吻兽，在房身部位采取希腊式圆柱和古罗马式的艺术雕刻支柱，在窗户设计上取材欧美式，将中西风格和谐地糅合在一起，具有浓厚的西洋风味，室内装饰装修沿用此法，既有水磨彩色意大利石地板、欧美式壁炉、东洋式雕刻

图 5-28 泮立楼（左）
图 5-29 泮文楼（右）

顶棚、吊挂西式煤油灯，也有以"刘备三顾草庐"为题材的岭南传统灰塑艺术和涂金木雕画"六国大封相"、红木雕刻桌椅等传统装饰手法，呈现出了一种独特的建筑艺术风貌。又如开平碉楼，大胆地吸收了西方各历史时期的建筑符号，如古希腊的柱廊、古罗马的拱券和柱式、伊斯兰的叶形拱券和铁雕、哥特时期的拱券、巴洛克建筑的山花、新文艺运动的装饰手法以及工业派的建筑艺术表现形式等，是中国传统建筑模式与西方多种建筑类型相互交融的产物。素有"开平第一楼"美称的蚬岗镇锦江里的瑞石楼，不仅继承了中国传统建筑文化的特质，还吸收了大量的外来建筑符号。外部装饰"洋气"十足，充满欧陆风情，有仿罗马式风格的四角托柱，爱奥尼风格的拱券式柱廊，巴洛克风格的山花图案和古罗马风格的穹隆顶。内部设置则保留了传统的岭南建筑模式，第一层到第六层，每层的楣扇都镌刻了绿色字体的对联，有楷书、隶书、魏碑、篆书等多种书法，琳琅满目，颇具书香之气。第一层至第五层楼体，每层都有不同的线脚和柱饰，增加了建筑的立面效果，各层的窗裙、窗楣、窗山花的造型和构图也各异；第五层顶部的仿罗马拱券和四角别致的托拄代替了其他碉楼中常见的卷草托脚，形成向上的自然过渡，具有很强的审美冲击；第六层是具有爱奥尼风格的列柱与拱券组成的柱廊；第七层为平台，四角建有圆顶的角亭，南北面有巴洛克风格的山花；第八层平台中立有一座西式塔亭；第九层是罗马风格的小凉亭。整座大楼中西合璧，富丽堂皇，在村落中鹤立鸡群，傲视群雄，惟我独尊，显示出了无与伦比的霸气与傲气，充分反映了楼主的价值理念、文化心理和审美情趣。

兼容性是近代广府侨乡建筑艺术的发展原则，也是侨乡建筑文化不断开放的结果。它代表着侨乡建筑文化的自我反省和对新的建筑形式和建筑风格的积极探索,其最终指归就是侨乡建筑文化的发展创新。

(三)创新性特征

按照陆元鼎先生在《岭南人文·性格·建筑》一书中对"创新"所作的阐释,"创新的过程是先抄袭,后模仿,再创造。抄袭是照抄,不动脑筋。模仿时就要有一些变化,就是创新的第一步,有一点创新的表现。再创造,就必须创新,而且要进一步思考,不但要实践,而且要从理论上去思考,灵活变通就是进行创造的一种方法。"[19] 我们可以看到侨乡建筑创新时所走过的艰难历程,从三间两廊式传统民居到以传统风格为主的三间两廊式改良式侨居,再到具有明显西方建筑特色的碉楼、庐,甚至碉楼的发展演变(由"旧式碉楼"到碉楼再到裙式碉楼的演变),都标志着创新性是广府侨乡建筑发展的目标和不懈的追求。

近代广府侨乡建筑的发展极具开拓创新的意识,中国最早的混凝土、砖石混合结构的建筑——岭南大学马丁堂,当时室内空间最大的会堂建筑——广州中山纪念堂(1931年)以及后来被誉为"南中国建筑高度之冠"的爱群大厦(1937年)都是在广府大地找到了根基。广府侨乡建筑无疑在吸收西方建筑先进文化、开拓创新上起到了先锋作用,它主要表现为,在对西方建筑文化积极借鉴的基础上,对广府传统建筑的自我改良、对新形式和新功能的自觉探求,并逐渐开始注意到建筑以人的使用功能为中心的现代主义思想本质。

由于在材料上借鉴和吸收了西方建材的优点,近代广府侨乡建筑在结构上发生了深刻的变革。民居建筑在类型上得到了丰富和扩大,产生出许多新的建筑形式,同时也对传统的建筑起到了积极的改良作用。如竹筒屋的屋顶由传统的坡顶向平顶转变,从而有效地扩大了房屋的对外空间;随着新建材的使用,竹筒屋的结构也由单层独户住宅变为多层的分户式住宅,以适应城市人口发展的需要;近代文化交流和经济发展的产物——骑楼,被认为是"竹筒屋模式诸多变体中最经济、实用、科学、合理的一种建筑类型"[20];而侨乡新型民居建筑——庐,一方面打破了传统民居封闭内向的结构特点,增设了露台或阳台,对外开窗,形成了开敞外向的空间,房间的分割也趋于灵活,另一方面,有些庐还吸收了西式古典大厅的处理方式,出现了楼井空间,使上下空间相互渗透,也是传统天井空间的竖向发展;别墅式侨居的重要特点是私密性更强,一反建筑围合院落的传统布局,采用的是在房屋外围布置庭院,而且建筑内部空间更加灵活,完全突破了传统民居竹筒屋、明字屋和三间两廊的布局方式,以充分满足人的使用功能为目的,同时在外观形式上对西方建筑进行了直接的模仿,偏离了传统,极具主人的个性特征,也反映了建筑审美活动的主体性特征。

在侨乡公共建筑中,为满足社会功能的需求,传统布局思维进一步被瓦解。集中在20世纪20~30年代的"中国固有形式"的建筑活动中,涌现出了一大批优秀的建筑,其特点是依靠功能,采取新的平面布局,采用钢结构、钢筋混凝土和砖石承重的混合结构,尝试性地将中国传统的大屋顶与建筑的使用功能相结合,这一时期产生了诸如中山纪念堂、市府合署大楼、中山图书馆、岭南大学马丁堂、石牌中山大学等代表性建筑，它们在结构、布局和功能上都接受了西方建筑文化，与原来的民族传统建筑造型和功能状况都有所不同，是民族文化的自我创新。到了近代后期，建筑文化发展到中西合璧风格时，建筑样式逐渐趋于成熟，这时的代表作品是建于1937年的广州爱群大厦，由建筑师李炳垣和陈荣枝设计修建。"他们既借鉴美国当时创摩天大厦新风格的纽约伍尔沃斯大厦（Woolworth Building）的设计手法，又在哥特式复兴风格中渗入岭南建筑风格。为了创造竖线条，所有窗都采用上下对齐的竖向长窗，并且在各个立面的窗两旁都布置了上下贯通的凸壁柱（或称"倚柱"），这样，在阳光下既形成竖向阴影，又使窗口得到侧向遮阳。"[21] 同时，参照了当时广州传统民居的天井采光通风的设计手法，在中部留出140平方米的楼面作开敞式天井，并在首层大厅里设置冷气设备，这些建筑设计和装饰手法不可谓不大胆、不创新，它促使着广府建筑文化进一步成熟。

在广府侨乡建筑的发展历程中，开放、融合、创新是密不可分的，它们共同构成了广府侨乡建筑完整的时代审美文化特征：开放是基础、融合是手段、创新是目标。它们共同促使着广府侨乡建筑蓬勃发展，也造就了侨乡建筑独特的人文魅力，同时也引领了近代建筑的走向，在中华文化体系中占有特殊的地位。

二、近代兴梅侨乡建筑及其审美文化特征

兴梅地区，位于粤东山区，包括梅县及梅属各县，属"八山一水一田"的客家地区。近代时期，条件恶劣、人多田少导致兴梅地区客家人生活艰难，大批客家人迁徙至东南亚及世界其他地区。据统计，至1950年，东南亚国家有客家华侨130多万。[22] 虽然就华侨的数量及分布的广泛性而言，兴梅侨乡远不及广府、潮汕等重点侨乡，虽然兴梅侨乡建筑难以担当近代岭南侨乡建筑的代表和典型，但兴梅侨乡建筑的发展同样体现了近代岭南建筑的时代历史主题，即中外建筑文化由冲突混杂到交融合璧，而且表现出了另一番风貌，有着独特的美学特征和文化个性。

客家华侨以印度尼西亚、马来西亚、泰国等东南亚国家为主要居留地。他们在国外辛勤劳作，努力经营，发家致富后始终不忘家乡，通过信局、水客、银行[23]等方式纷纷汇款回乡，以买田建房、赡养家眷，或参与投资设厂、捐资办学等慈善公益事业，为家乡的建设发展作出了巨大贡献。以捐资办学为例，"在兴梅地区，1905年，印度尼西亚客属华侨捐款1.3万两银元兴办三堡学堂。1908~1940年间，据估计，华侨在梅县捐资办学共达100万国币元以上。据调查，解放前，梅县80%以上的中小学是海外侨胞捐资创办的，其中东山中学、安仁小学是华侨较早捐建的学校。"[24]

从建筑平面形式分析，兴梅侨乡建筑类型主要有老式围龙屋、新式围龙屋、枕式围龙屋、堂横式、四合式、杠式楼（图5-30~

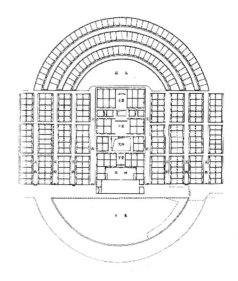

图5-30 老式围垅屋——仁厚温公祠平面

图 5-31 新式围垅屋——万秋楼

图 5-35）六种。老式围龙屋沿袭传统围垅屋的形制，其特点是以堂屋为中心，一般分二堂屋、三堂屋，然后在两侧加横屋，后部围屋呈半圆形，分一围、二围、三围等多种。如梅县白宫镇富良美村的棣华居（图 5-36）和梅县南口镇侨乡村的德馨堂（图 5-37）就是此类典型，前者始建于 1918 年，落成于 1922 年，是一围的，后者始建于 1905 年，落成于 1917 年，是二围的。新式围垅屋的特点在于，围屋的平面形状改为三心圆弧长形或圆弧半径加大以减少围屋进深，立面有传统式，亦有外国式。1915 年建造的梅县隆文镇的文琳庄和建于 1925～1930 年的梅县程江万秋楼是两个典型代表。枕式围垅屋将围屋的弧形平面形状改成一字长条形，俗称枕头屋，其代表建筑有建于 1904 年的梅县南口的南华又庐、1934 年

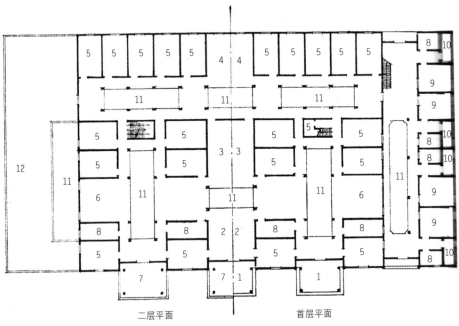

图 5-32 枕式围垅屋——联芳楼平面（引自：陆琦．中国民居建筑丛书：广东民居．中国建筑工业出版社，2008：198）

1-入口 2-前厅 3-中厅 4-后厅 5-房 6-侧厅 7-阳台 8-贮藏 9-厨房 10-厕所 11-天井 12-平台

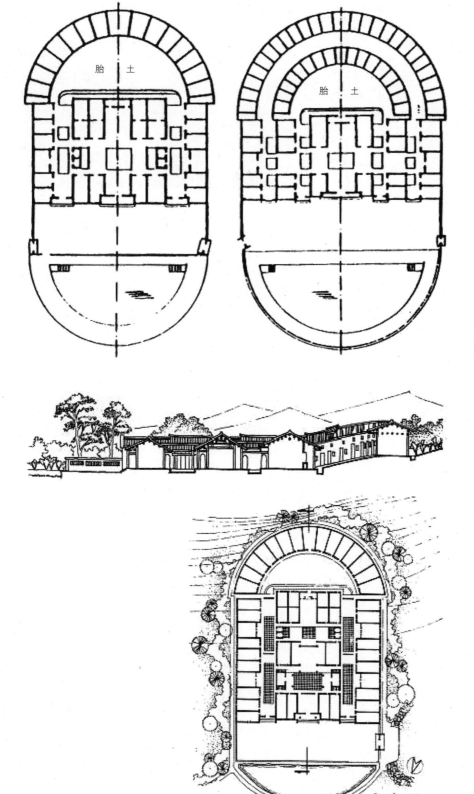

图 5-33 堂横式——围龙屋平面

图 5-34 梅县南口宁安庐

透视

图 5-36　梅县白宫镇富良美村的棣华居

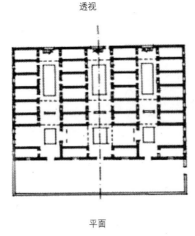

平面

图 5-35　四杠屋——梅县松口民居

图 5-37　梅县南口镇侨乡村的德馨堂

建成的梅县白宫的联芳楼（图 5-38）和建于 1925 年的梅江区城北的联辉楼（图 5-39）等。

老式围龙屋、新式围龙屋和枕式围龙屋是兴梅侨乡近代建筑的三种最主要的平面形制。虽然这三种平面形制的运用难以显出其历时性关系和特征，但这几种建筑形制的广泛运用却透射出了兴梅侨乡建筑的文化地域性格，传达出了其建筑文化的个性特征。

其一，聚族而居的居住模式反映了对传统儒家文化的认同和持守。兴梅侨乡建筑"聚族而居"的居住模式和建筑文化是通过"点"、"线"围合的构图法则和组合关系来体现的。"点"所描述的是以祖堂为核心的公共活动空间，祖堂供奉着列祖列宗，代表着至尊和永恒。"线"所描述的是处于外围，绕祖堂布置的众多家庭的居住用房，表现出了对祖宗的敬仰和尊崇。"这种点、线围合的形式创造了一种极为完整、严谨的建筑形式，它具有向心性、整体性、秩序性的特点"[25]，非常直观地反映了客家聚居建筑的主次分明、尊卑有序的礼制思想及崇祖敬宗的宗族观念，反映了既"辨异"又"和同"的四项要求和功能特点，体现了礼乐相济的文化精神。

图5-38 梅县白宫镇联芳楼

图5-39 梅州联辉楼

其二，形式多样的客家侨乡建筑充分显示了对自然、社会和人文的高度适应性（图5-40）。在自然适应性上，充分适应气候、地理、地形特点，布局灵活，就地取材。在社会适应性上，它以外闭内敞的形式能很好地适应安居乐业的要求，增强防御性，以点线围合的方式能很好地适应人口的增长和家族的扩大。在人文适应性上，主要体现为建筑空间的变化。厅堂是礼制建筑，红白喜事皆在此进行，要求庄严、神圣，因此，建筑空间高大宽阔；横屋和围屋属生活居住建筑，要求独立简朴，舒适宜人，建筑空间相对厅堂就矮小一些；而浴厕、柴房要求更低，其空间尺度也更小，只要能抬头进出即可。

其三，建筑选址的风水观念反映了客家侨乡对建筑环境的审美选择。客家侨乡建筑的选址总是有山靠山，有岗靠岗，前有溪水或池塘，表达了上应苍天、下合大地的吉祥祈求，体现了人居环境开发的实践经验以及关于人居环境的审美认识和心理欲求，即"阳宅须教择地形，背山面水称人心"之所谓也，追求的是天时、地利、人和的融洽之境。

图5-40a 张弼士故居

图5-40b 南华又庐内部的礼制空间

最后，值得注意的是，兴梅侨乡建筑的种种平面形式以及传统式平面和外围式立面的处理手法反映了客家华侨虽然已具开放的心态，对外国先进的建筑材料、建筑技术、装饰手法等主动而积极地吸纳整合，但内心存有的对中国传统文化的尊崇依然根深蒂固，依然感情深厚。这与慎终追远的客家文化精神是密切相联的，若与广府侨乡，特别是五邑侨乡相比较，人们的印象会更加深刻。如果说，五邑侨乡建筑已经表现出对中西建筑文化的积极整合和主动创新，并开始了新的建筑文化的创造，那么，兴梅侨乡建筑面对中外建筑文化的交流碰撞，尚处于艰难的理性抉择阶段，尚未达到实质性的融汇创新，更多地表现为在沿袭传统建筑文化之时试探性地借鉴外国建筑符号和建筑技术。

三、近代潮汕侨乡建筑及其审美文化特征

潮汕侨乡位于广东省的东南部，濒临南海，东与台湾岛隔海相望，东北面与福建省相毗连，俗称"省尾国角"，现由汕头、潮州、揭阳三个地级市构成。

近代时期，大量的华侨投资极大地推动了潮汕地区城市和乡村的建筑发展，从而形成了近代潮汕侨乡建筑的风貌。借助于近代华侨投资的强力推动，源远流长而又风格独特的潮汕民系文化铸塑了近代潮汕侨乡建筑的审美文化特征。

（一）博采众长的开放品格

粤东潮汕地区地理位置（图5-41）得天独厚，有着悠久的对外开放交流史。据史料记载，潮汕自隋唐始便与域外进行贸易往来和文化交流。对外贸易和文化交流促进了潮汕经济的流通和繁荣，同时也从外地引进了许多新的物产和新

图5-41 粤东潮汕地区地理位置（引自："潮汕网"网站，http://www.chaoshannet.com）

的生产技术，从而使潮汕文化呈现出传统文化与海洋文化融合共生、交相辉映的风貌格局。到了近代，特别是清末民初潮汕侨乡形成之时，潮汕建筑文化异常突出地显露出了博采众长的开放品格。如潮汕园林在模仿苏州园林的基础上开始吸纳西洋建筑文化，大量运用花色玻璃，形成与江南园林、北方园林不同的风格特点，表现出了开放性、兼容性和多元性的审美文化特征。潮州莼园天啸楼和潮阳西园的庭院式书斋就是两大典范。前者是一座具有西洋建筑特点的两层的潮式民居，整个建筑将苏州精美的浮雕和西洋味的圆窗彩色玻璃巧妙结合，传统文化与外来文化和谐交融，是不露痕迹的中西合璧。潮阳西园（图5-42）的庭院式书斋，其南面有按中国传统样式建造的水阁，榕阁门窗又采用彩色玻璃，明亮而绚丽，北面假山依墙垒叠，岩高洞幽，缘洞上下，峰峦起伏，中间稍留片地，或设琴台，或安棋盘、蕉榻，是明显的江南园林风格。假山和水阁之间又设一潭池水，石山下有钢筋混凝土结构的半地下室，与池水相隔一面镶嵌大幅玻璃，起名水晶宫。假山临水一面又设西式精工制作的喷泉台，利用科学原理制造独具情趣的喷水效果。水晶宫及喷泉台的设计手法，在中国园林里独树一帜，是非常明显的西方造园手法（图5-43）。因开放而具有开创意识，因兼容而不断丰富，对于新的园林形式的借鉴与尝试使潮汕园林不断发展，也体现了潮人开放、融通、博采众长的民系品格。

近代潮汕侨乡建筑博采众长的开放品格并非意味着对传统潮汕建筑文化的否弃，而是在传承和弘扬优秀传统建筑文化的同时海纳百川。综观广大乡村留存的民国以前数百年间兴建的建筑，建筑构件或装饰细部尽管有细微变化之处，但总体形制上基本不变，平面布局为严谨的三合院、四合院形式单体独立或多单元组合，以"下山虎"（图5-44）、"四点金"（图5-45）为最基本的形式，在此基

(a)

(b)

图5-42　潮阳西园

图5-43a 潮阳西园水晶宫（左）
图5-43b 潮阳西园（右）

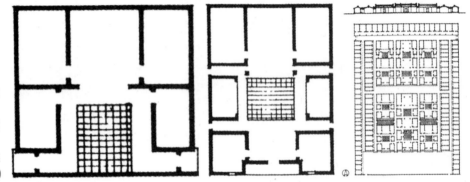

图5-44 "下山虎"平面布局（左）
图5-45 "四点金"平面布局（中）
图5-46 揭阳市港后乡某村"驷马拖车"平面图（右）

础上组合衍生出了"百鸟朝凤"、"三壁连"、"驷马拖车"（图5-46）等较为大型的民居形式。至20世纪30年代，潮汕侨乡初步形成，汕头已发展成为粤东、赣南、闽西南的一个主要的货物集散地和南中国的重要贸易港口。据1933年的统计，全市有各类商行3411家，交易额为6.92亿元。[26] 经济贸易的飞速发展以及大量侨资的投入，极大地推动了汕头、潮州的城市建设和建筑发展。1921年，汕头市政厅成立，1930年，全面的市政建设启动。几年的功夫，狭窄的马路被外马路、中山路、民族路、至平路、安平路、商平路、围平路、西堤路等新马路所取代。南生公司、中原酒家、永平酒楼等高至七八层的建筑拔地而起，陆续形成了"小公园"（图5-47）等新的商业中心，大小商号3000多家，商业之盛位居全国第七。与此同时，潮州城商业亦发展迅速，新型的百货公司不断涌现，商行多达2413家。这一时期，汕头、潮州、揭阳等地建立的众多的骑楼建筑、西式风格建筑、教堂等，不仅反映了近代潮汕地区的经济繁荣，而且表明了近代潮汕侨乡建筑的开放品格。这种开放性主要体现为

图5-47 汕头"小公园"

对于西方建筑样式和建筑符号、装饰题材和装饰手法的普遍借鉴和广泛运用。如建于1932年的南生百货公司，它是规模宏大的7层骑楼式建筑，顶楼装饰西式尖塔，已是完全西化的商业建筑，第一、二层经营苏广洋杂百货，第三、四层为中央酒楼，第五、六、七层为中央旅社，是当时粤东最大的商业场所。大楼外墙立面装饰细腻丰富，带涡卷的希腊爱奥尼柱头、中国古典的花卉图案浮雕等被广泛采用，令人叹为观止。楼内顶棚的横梁雕刻着花卉等浅浮雕，地面采用彩色地砖铺贴而成，楼梯一侧为艺术造型的铁栏杆，另一侧贴着带有鲜花绽放图案的瓷砖。楼内独树一帜的希腊立柱令人赏心悦目，雕花图案栩栩如生，拱廊设计巧夺天工，脚线点缀其间，小花、檐部、钻心石，无一不是设计者的杰作，透射出了开放兼容的设计思维。

（二）经世致用的商业意识

潮人的经商传统源远流长，主要原因在于潮汕地区地狭人稠，人口与资源和环境的矛盾很大，激烈的竞争环境迫使潮人外出到海内外经商谋生，逐步形成了社会风气。潮商在商业上精打细算，极善经营，闻名海内外，在海内外商界颇有影响力，被誉为"中国的犹太人"。这种强烈的重商主义逐步渗透到民系精神中，至今仍有潮谚："想一夜还是钱好"，"有钱脚步响，无钱人梭（衰）行路定倒退"，体现了潮人浓厚的务实逐利的进取精神。

潮汕华侨身在异国，心系故乡，他们同样通过信局、水客、银行等方式汇款回家，为侨乡的城镇建设和经济社会发展做出了十分巨大的贡献。可以说，华侨汇款是近代潮汕侨乡建筑得以发展的最为重要的原因之一。据《潮州志》载："内地乡村所有新祠厦屋，更十之八九系出侨资盖建。"据统计，汕头市有侨房2000多座，绝大部分是在1929~1932年间建造的。据估计，汕头市于20世纪二三十年代兴建的楼房中，华侨的投资占2/3。1889年创办的"福成行"、"和祥行"，1893年创办的"吉祥行"，1899年创办的"吉源行"，都是华侨合资所为。不仅如此，潮汕华侨捐资办学、赈济灾民更是惠及众人，享誉遐迩，名垂史册。

潮汕华侨热爱故乡，认同"叶落归根"。据《1902—1911年潮海关10年报告》估计，从汕头口岸出洋的移民"最后有75%回来"。潮汕华侨致富后回乡光宗耀祖，同时，受"置田建屋"的传统思维影响，有所积累便回乡建造房屋，商业投资也以房地产业为第一选择。据统计，1919~1949年，华侨在汕头投资房地产业达到1426家，其中1929~1932年是高峰期，1949年，前华侨在汕头建造的2000多座楼房大部分是这几年兴建的。[27] 加上1927年以后潮汕侨乡市政建设的推波助澜，大量侨资的注入，改变了汕头、潮州、普宁等城市的布局及风貌，尤以适应近代商贸发展的骑楼建筑为代表。广东现今的21个地级市，拥有骑楼密度最高的是汕头、潮州，这也说明了潮人对商业的重视。同时，侨资也使潮汕乡村近代建筑发展迅速，侨资民宅、祠堂及商务性建筑等大量兴建，其中以新兴街、南盛里等乡村商务性建筑最为独特。

在清代,澄海樟林古港因为是难得的深水港而成为粤东第一大港,被誉为"粤东通洋总汇"。为促进樟林港的商贸发展,在古港的出海口兴建了乡村商务性建筑——新兴街。新兴街全长200米,由54间双层的货栈组成,商贸繁荣,万商云集,吞吐着海内外进出粤东的人流及货物,成为了当时广东省占1/6的纳税大户。新兴街经济的发展也带动了周边民间商务性园林建筑的发展,如建于当时的樟林园林西塘,既是园主洪植翁为了招待南北商贾而构建的精巧园林式住宅,又是当时经济发展催生的结果。这种强烈的商业背景使这座潮汕园林带上了与江南园林淡泊归隐的园林风格截然不同的世俗化特点,其社交、娱乐的功能相当明显。

"南盛里"是独特的海港地理位置与潮人重商善贾精神相结合的又一侨乡建筑代表,是一处典型的潮汕民宅建筑群,由旅居新加坡的侨胞蓝金生于1900年投资兴建,历时17年竣工(图5-48)。南盛里位于澄海市东里镇观一村,为樟林古港出海口,以五巷三埕一池为网络,构成了疏密有致的建筑构架。南向的每条巷口都对应着一个码头,当年的红头船可以直抵这里,巷道宽都在3米以上,平时货物的装卸进出不致拥塞。南盛里占地近6公顷,大小房屋70座共671间,气势恢宏,外表壮观,装饰精美,精巧的嵌瓷泥塑屋脊,飞檐翘首的屋檐,华丽精细的雕花木门扇,镏金彩色的木雕托脚,还有各式各样的壁雕石刻。

经世致用的商业意识与务实变通的民系心态,是互为表里、紧密联系的,共同构成了潮汕民系的核心价值观。对此,潮汕侨乡的建筑技术观就是很好的说明,如建筑取材的因地制宜和建筑技术的灵活变通。

潮汕地区地少人多,林木资源不丰富,因而大量采用石材和海滨贝壳烧制贝灰。贝灰三合土,不仅取材方便、成本低廉,而且体现了极好的工程物理性能,被广泛应用于建造房屋、高塔,就算在侨居地也不例外。泰国吞武里王朝具有中国血统的郑信王于1781年(清乾隆四十六年)就曾向清廷致国书,要求以货物"换取建筑材料,以备兴建王宫之用"[28],据目睹当时景况的法国人托平说:"中国人在暹罗拥有四十条船,每年从中国载回制砖的黏土、水泥和贝壳灰。"[29]

潮汕地区潮湿、炎热,多蚁患,因而广泛采用石材构筑梁枋、柱、墙身、基础、门框、窗棂等,对咸湿强劲的海风具有良好的抗蚀性。此外,潮汕侨乡还广泛应用石材建造了石牌桥、石塔、石桥等大型建筑物,如潮州城内,仅太平路就有47座石牌坊。多雨的气候及咸湿的侵蚀性海风催生了潮汕的嵌瓷装饰艺术(图5-49、图5-50)。潮州盛产陶瓷,开始时艺人们以贝灰、碎片嵌成各种简单图案,

图5-48 汕头澄海侨居"南盛里"

图 5-49 潮汕建筑嵌瓷艺术　　　　　　　　图 5-50 潮汕建筑嵌瓷艺术

附于建筑物上作为装饰,由于取材简便,颜色鲜艳,不怕日晒雨淋,永不褪色,晶莹的反光给人一种变幻多姿的美感,因而得到了迅速发展。制作上,一般是用石灰、红糖和草纸调匀成灰浆,再平贴或浮嵌成各种花鸟、人物、博古图样。立体嵌瓷则先用铁丝扎好骨架,灰浆塑造雏形后再镶贴。嵌瓷广泛应用于祠堂、庙宇、民居等建筑物的屋脊、屋檐、门楼、照壁等处,题材有龙凤、山水、人物、动植物等。

潮人从当地气候地理条件出发,在结构处理上发明了穿斗式与抬梁式共用的混合结构法,既体现了整体性好、刚性大、抗风能力强的结构优点,又造就了宽敞的室内空间。这种混合结构法普遍运用于大中型民居堂屋中。此外,如适度降低建筑高度,减缓屋顶坡度,檐下设置封檐板以阻挡气流进入,屋瓦加固成垄以增加屋顶重量,控制建筑平面阔深比例,内筑纵墙以强化山墙的稳定性……,如此等等,不一而足,潮汕侨乡建筑在建筑技术上的处理和创新充分显示了潮汕民系经世致用、务实变通的文化心理。

（三）精雕细刻的炫富心理

"精细",堪称潮汕民系性格的核心特点。生产中,潮汕人精耕细作;商贸时,潮汕人精打细算;工艺上,潮汕人精雕细刻。近代潮汕侨乡建筑的装饰艺术,其精湛的技艺、精细的做工、精美的形象,令人赞叹不已,叹为观止,透射出了建筑主人富足骄傲的炫耀心理。

近代时期,潮汕建筑装饰继承了传统的手法,以木雕、石雕、嵌瓷和彩画四种工艺为主。无论木雕还是石雕,都讲究"匀匀、杂杂、通通"[30],构图饱满,虚实有致,精雕细刻,形神兼备,形象生动,极具观赏性。嵌瓷和灰塑更是就地取材、适合当地气候特点的独特工艺。熙公祠的《渔樵耕读》和《渔夫撒网》石雕、存心善堂的嵌瓷都是主人们为了炫耀财富,延聘出众的匠师争奇斗巧的装饰杰作。潮汕建筑极重装饰,特别是一些有钱有势的富家望族,相竞豪奢,争夸壮丽,不惜破费。据《潮州府志》记:"望族营造屋庐,必建立家庙,尤为壮丽。三阳及澄饶惠普七邑,间阎饶裕,虽市镇也多鸟革翚飞。家有千金,必构书斋,雕梁画

第五章　岭南近代建筑的类型发展与美学特征 —— 155

栋，缀以池台竹树。"[31] 神龛和斗栱装饰更是贴金嵌银，光彩夺目，以夸耀乡里。故在潮汕地区，素有"京都帝王府，潮汕百姓家"的民谚。

潮汕建筑精细装饰的炫耀性最突出地体现在色彩的处理上，不论是木雕、石雕，还是嵌瓷，在色彩上都喜用鲜明亮丽、对比度高的颜色，以凸显装饰。木雕用金漆粉刷，在暗黑的梁架屋顶的衬托下更显金碧辉煌；石雕则开创性地采用色彩加工，使整个画面更有层次感，更有视觉冲击力；嵌瓷更是采用五颜六色、璀璨夺目的彩瓷拼成，历久长新的颜色与黝黑的屋面形成强烈的对比。屋内的檀木漆成红色，椽子则漆成蓝色，称为"红楹蓝桷"，这种色彩上的处理使原来基调偏于灰暗的潮汕民居增色不少，同时也成了炫耀财富与地位的形式之一。

绚丽多彩的潮汕嵌瓷装饰反映了潮人精雕细刻的炫富心理，被广泛应用于祠堂、庙宇、民居等建筑物的屋脊、屋檐、门楼、照壁等处。屋脊嵌瓷多以双龙戏珠、双凤朝牡丹等雕饰为题材，屋角嵌瓷多以反映古代人物为题材，如汕头市区老妈宫（即天后宫）的嵌瓷装饰有《盗仙草》、《宝莲灯》、《郭子仪拜月》等，毗邻天后宫的关帝庙有《三英战吕布》、《龙虎会》等。至于照壁上的嵌瓷多以飞禽走兽等图案为题材，如麒麟、狮象、龙虎等大型动物。相对于潮汕民居而言，其装饰的重点是门楼、屋面和厅堂内部。为了争奇斗巧，潮人各出奇招，招聘不同的艺人队伍，各自承包一半工程，完工后优胜者还可获优厚奖金。这种出于炫耀目的的竞技促使一批以装饰工艺著称的祠堂诞生，如潮州己略黄公祠、潮安从熙公祠等。己略黄公祠中的木雕堪称一绝，布满梁枋、椽和柱间的精妙绝伦的金漆木雕，繁而不杂，不仅细部精美且整体布局疏密有度，显得辉煌雅致，气度非凡。以石雕著称的从熙公祠，由旅居柔佛（马来西亚）的侨领陈旭年于清同治九年（1870年）开始兴建，光绪九年（1884年）竣工，历时14年，耗资26万余银元。其门前四幅精美的石雕方肚，分别以仕农工商、渔樵耕读、花鸟虫鱼为题材，很好地运用了"之"字形的构图，将不同时空的人、事、物集中在同一画面上，表现了最富戏剧性的瞬间。特别是"渔樵耕读图"（图5-51）上的牵牛石绳，细如火柴却股数清晰，弯曲自如，"渔夫撒网图"（图5-52）的网线，体积微小，网眼张弛有度，

图 5-51 从熙公祠《渔樵耕读》石雕（左）
图 5-52 从熙公祠《渔夫撒网》石雕（右）

折纹疏密自然，堪称巧夺天工，令人叹为观止。这种在建筑装饰上的精雕细刻以及极尽所能的炫耀性处理手法，显然是长期商业文化熏陶下养成的"重门面"、喜炫耀的强烈炫富心态的反映。

潮汕近代侨乡建筑的文化地域性格是十分鲜明而突出的，潮汕近代侨乡建筑的审美文化意蕴是相对深厚且极为独特的，值得深入系统地研究。博采众长的开放品格、经世致用的商业意识、精雕细刻的炫富心理三个方面只是潮汕近代侨乡建筑审美文化的概貌和大要，未及诸多细微，如建筑风水观。

风水观念和阴阳五行之说对近代潮汕侨乡建筑的影响的确深广。虽然风水观念对建筑的影响不是近代潮汕所独有，在整个岭南建筑乃至全国其他地区亦广泛存在，但是，相比而言，在潮汕建筑中表现得最为突出。从深层原因看，这与长期从事机遇与风险并存的商贸活动的潮汕人的文化心理是直接相关的，其目的在于祈求吉祥，人康财旺。比如潮汕民居的装饰，山墙墙头有金、水、木、火、土五大类（图5-53），又派生出古木、大北水、大土、火星等形式，其中以曲线形的水墙和金字形的金墙最为多见。这是因为，依据五行相生相克之说，金生水，水克火，其心里意图便是采用压邪这种祈望平安的隐喻手法，达到防火压火、保屋守平安之目的。不仅如此，潮汕的建筑布局和村寨选址亦十分讲究风水，注重位向。更有甚者，风水八字演化为木匠师傅的行工模数。"潮汕木匠师确定门窗净尺寸，按'财、病、离、义、官、劫、害、本'八字推算，每字木尺1.8寸，每八字为一个大字1.44木尺。'病、劫'用于庙宇；'义、财、本'用于民宅；'官、义、本'用于官邸、衙门；'离、义、本'用于佛堂、庵寺；'财、本'用于商店、行铺。"[32] 如此等等，不一而足，可见天地风水观念对近代潮汕建筑的深刻影响。

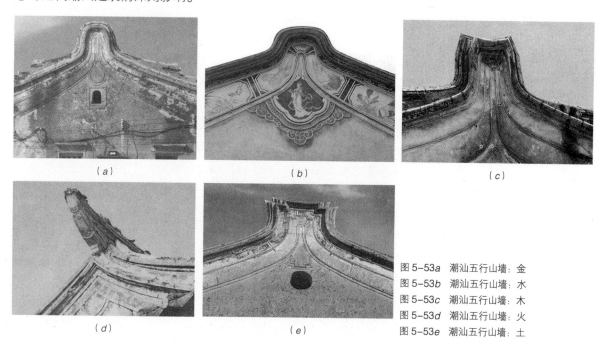

图5-53a 潮汕五行山墙：金
图5-53b 潮汕五行山墙：水
图5-53c 潮汕五行山墙：木
图5-53d 潮汕五行山墙：火
图5-53e 潮汕五行山墙：土

第三节 岭南近代建筑的审美属性及典例分析

本书第三章在讨论建筑的审美属性时从建筑的自然适应性、建筑的社会适应性和建筑的人文适应性三个层面对建筑的文化地域性格进行了宏观的理论分析。从某种意义上说,作为建筑的文化地域性格的三个层面,建筑的自然适应性、建筑的社会适应性和建筑的人文适应性其实就是建筑的地域性、时代性和文化性的表现。我们之所以要以文化地域性格的概念来界定岭南建筑,之所以认为岭南近代建筑审美文化研究具有特别的意义,最主要的原因在于岭南近代建筑及其美学特征是在特定的地域、特定的时代和特别的文化背景下生长和表现出来的。然而,关于近代岭南建筑审美属性的分析研究不能脱离作为审美主体的人而单纯地从建筑到建筑地去进行,而必须立足于人对建筑的审美活动,因为建筑美学研究的逻辑起点在于人对建筑的审美活动。

大量的建筑审美实践表明,人们的建筑审美活动是从对建筑的造型形式、风格特征和环境意象的感知开始的,然后再进入到对建筑的空间关系的体味和对建筑意境的体验,这也表明了建筑审美心理过程的历时性和阶段性。故此,下面将分造型特征、意境特征和环境特征三个主要方面讨论近代岭南建筑的审美属性,并结合近代岭南建筑的几个典型代表展开具体分析。

一、中西合璧:岭南近代建筑的造型美(以开平风采堂、汕头陈慈黉故居、梅州联芳楼为例)

中西合璧可以说是整个中国近代建筑的时代风貌和风格特征,近代,大连、天津、青岛、上海、南京、武汉、厦门等沿海沿江城市和地区都有中西结合式的建筑。但是,与国内其他城市和地区相比较,近代岭南建筑的中西合璧特色最为突出,最为广泛,最具主动性和创新性,以致标志了岭南建筑的文化转型。尤其值得注意的是,西方建筑和外来建筑文化对岭南近代建筑产生影响的广泛性和全面性以及近代岭南建筑融汇西洋建筑和外来建筑文化的主动性、积极性和创造性,是其他城市和地区所不能比拟的。也就是说,近代时期,岭南以外的其他沿海沿江城市虽然也不同程度地受到外国建筑特别是西洋建筑的影响,出现了外国领事馆、海关、洋行等外来建筑形式,但这种影响是局部的、有限的,尚未也不可能改变所在城市和地区的建筑性质和整体风格。而近代岭南地区,从粤东到粤西,尤其是粤中地区,无论城镇还是乡村,都普遍受到外来建筑的深刻影响,西洋建筑柱式、装饰手法、建筑技术和建筑材料得到广泛采用,西洋建筑对岭南城乡这种广泛而深刻的影响使得岭南建筑文化的性质为之改变。究其原因,乃近代岭南建筑的文化地域性格使然。

虽然近代中国沿海沿江城市和地区或多或少地出现了多种类型的西式建筑,表面上呈现出建筑文化的开放性,其实,这种表面上的开放性也是在近代中国遭遇军事惨败和经济压迫的背景下怀着痛楚和悲愤之情被迫而行的，是高压之下的被动开放性。而近代岭南建筑则不同，其中西合璧建筑显示的开放性是主动的开放，是积极的开放，是为了综合创新的开放。近代岭南侨乡建筑就是很好的说明，它不是在西方文化的直接侵略和高压下发生的，这时没有外国的传教士的参与，完全是广大华侨自觉自愿建造起来的。

这种积极主动的开放是近代岭南建筑文化面对"古今中西之争"由自我调适经理性抉择到综合创新的发展历程的逻辑结果。究其原因，依然乃近代岭南建筑的文化地域性格使然。

近代岭南建筑的中西合璧特征主要是针对其造型形式和外观表现而言的审美属性。若从融合中西的具体表现来看，近代岭南建筑的中西合璧主要有四种情形：一是传统平面布局和西洋立面样式的结合；二是洋人设计和国人施工建造的结合；三是中西建筑技术和建筑材料的优选使用；四是装饰内容和题材上的中西结合以及中西建筑文化符号的创造性借用。这里以开平风采堂、汕头陈慈黉故居、梅州联芳楼为例加以说明。

先看风采堂。风采堂即位于开平三埠镇的余氏祠堂的代称，始建于光绪三十二年（1906年），于民国三年（1914年）告竣。其主体建筑由"风采堂"和"风采楼"两部分组成。就其总体布局而言，平面处理在注重功能需要的基础上，追求紧凑集中，与20世纪西方建筑流行的集中式平面极为相似。其平面构图的具体手法反映了广东侨乡近代建筑兼容并包、会通中西的价值取向、意匠追求和审美个性。

其一，主次分明，强弱得当，富有韵律感。其正面柱廊的柱间距离的处理采用明间大、次间小的手法，轴线明晰，中心突出，使立面效果在动态变化中得以强化（图5-54）。同时，又运用了对比、衬托、呼应的手法，两翼建筑在立面上作了不同处理，由五段加大到七段。两翼的窗户从学校的功能出发，采用了大玻璃窗，打破了传统祠堂的封闭感。中座的空廊和两翼的墙面构成了阴与阳的对比，侧翼的两层分划衬托了中座的高大，然而又采用柱廊，使之与中座处理有所呼应，又和下层的实墙形成虚实对比，使得侧翼的轻巧感和挺拔感进一步增强。

图5-54　风采堂正面柱廊

其二，中西结合，大胆创新。最引人注目的是中部大堂的"轩"和封火山墙的杰出处理。中部大堂的"轩"（图5-55），以铸铁构件的八边形的一半突出于第一内院中，别具一格。规则布置的18列山墙，通过夸张手法，做成75°锐角，气势非凡，给人以强烈的标志感（图5-56）。同时，又与高低结合、错落有致的屋顶形式相统一，形成了轮廓变化丰富的屋顶天际线（图5-57）。此外，以中西结合的手法对左右两条直通长巷的入口檐部进行处理：顶部是西式山花处理，稍下则是中国式的琉璃瓦小挑檐和中国风格的山水壁画。在柱式运用上，五花八门，一层一样（图5-58）。在细部处理上，从左到右、从上到下都采用方形和圆形的间隔花饰。

其三，讲究比例关系，用心推敲比例，追求空间意境和形式美。中部大堂的处理合理地使用了室内设计和建筑平衡原理，两个侧廊有强烈的规则式平衡，而每个侧廊又都是一个对称的平衡单元。由于大堂各柱间距尺度的恰到好处，人们站在大门的明间处观望中堂，不存在任何视线遮挡，视觉效果绝佳。经实测发现，无论风采堂还是风采楼，其平面或立面尺度比例关系（开间尺度比，层高尺度比，各层之间的门窗尺度比）都在刻意追求形式美的经典法则：0.618

图5-55 风采堂中部大堂的"轩"

图5-56 夸张处理的山墙

图5-57 屋顶组合错落有致

图5-58 柱券的运用

的黄金分割比（图5-59）。

此外，岭南传统的石雕、木雕、砖雕、彩绘在风采堂的应用，丰富和强化了建筑的文化内涵和审美感染力。

通过风采堂这个实例，我们可以清楚地看到，近代岭南建筑在"西学东渐"的大潮中进行文化抉择时表现出了既不能固守传统而无动于衷，又不能全盘西化而一味抄袭的综合创新的价值取向以及中西建筑文化共生共荣的主动开放心态。[33]

图5-59　风采楼入口

次看陈慈黉故居。陈慈黉故居位于粤东澄海市隆都镇前美村，是潮汕地区中西合璧建筑风格的典型代表，是国内罕见的大型侨居建筑，有"潮汕小故宫"之美誉（图5-60）。该建筑始建于清宣统二年（1910年），占地面积2.54万

图5-60a　陈慈黉故居屋顶

图5-60b　陈慈黉故居内院

图5-60c　陈慈黉故居屋顶

图5-60d　陈慈黉故居屋顶

第五章　岭南近代建筑的类型发展与美学特征——161

平方米，有 4 座家庭住宅，共 540 间厅房，包括郎中第（俗称老向东）、善居室（俗称新向东）、寿康里（俗称新向南）和别墅三庐。郎中第，是为纪念陈慈黉之父而建的，陈慈黉之父曾官拜"郎中"，故名郎中第。整座建筑物为龙虎门硬山顶"驷马拖车"式，龙虎门内置舍南、舍北书斋各一座，两厢为平房，四周由骑楼、天桥连接，有房 126 间，厅 32 间。寿康里，民国 9 年（1920 年）兴建，格局与郎中第基本相同，与"三庐"成犄角之势，有房 95 间，厅 21 间，门窗嵌各色玻璃，闪光透亮，金碧辉煌。善居室，始建于民国 19 年（1930 年），建造时间为 20 年，为双层四进阶"驷马拖车"式建筑，是 4 个单元之中最庞大、最壮观的一个。四周及中包为洋楼，厢房仿北京故宫之东西宫建筑，各成若干院落，每院落分设辕门，前后左右以天桥相通。善居室既吸收西洋之阳台、敞窗的建筑风格，又运用传统的走廊、行拱、树扉等建筑形式，外观庄严朴素，院落和表门秀丽大方，窗棂、斗栱典雅精巧。整个建筑共有房 166 间，厅 36 间。"三庐"别墅，俗称小姐楼、娘仔楼，为二层楼房，有房 26 间，厅 4 间，天台交错重叠，临池近野。

潮汕传统民居的大型宅院的布局以"中庭式"为基本形式，俗称"四点金"或"下山虎"。"四点金"类似北方"四合院"，整体为一方形，中轴线上为前厅、天井、后厅，前后两厅各有东西两间旁房，占据整个庭院的四角，故称"四点金"，东西两廊连接着前后两房。"四点金"减去两个前房，东西两廊如老虎的两只前脚，伸手在外，有"下山虎"之称。以"四点金"加上"花巷"排屋组成"单背剑"、"双背剑"建筑群，以多座"四点金"相组合而成"驷马拖车"建筑群，又以"驷马拖车"扩展为"百鸟朝凤"建筑群（图 5-61）。

图 5-61　百鸟朝凤建筑群

陈慈黉故居的平面布局沿用了潮汕传统民居"四点金"的基本形式，每座宅院都采用"百鸟朝凤"的传统格局，规模宏大，极为壮观，亭台楼阁，阳台通廊，上有天桥环绕，下有院落穿巷，空间组合丰富，节奏感强（图 5-62）。

除布局上的地方特色外，整个建筑装饰装修亦值得称道，既有古朴典雅的金漆木雕，又有透露西方文化气息的彩塑，还有多处脊檩饰以阴阳太极图案的彩绘（图 5-63）。此外，钢筋、水泥、马赛克等外国建筑新材料得到了广泛运用，其审美效果突出。有学者认为："老向东的立面造型与传统建筑差别不大，所不

图 5-62a 陈慈黉故居天井和通廊

图 5-62b 陈慈黉故居厅堂

图 5-62c 陈慈黉故居山墙、山花装饰

同的是运用了新材料，如外来的马赛克、缸砖铺地面等。这些色彩艳丽的马赛克贴于门框周围，以强调入口，在窗框、栏板、柱、檐部、女儿墙等易于观赏的地方也都大量使用。彩色马赛克的题材常用趋于自然的花卉和各种图案等，它丰富了立面造型。"[34]

再看联芳楼。联芳楼给人印象最深刻的便是其中西合璧的建筑风格和富丽堂皇的建筑装饰，堪称近代岭南客家民居建筑的典范。联芳楼坐落在梅县白宫镇良美村，乃印尼华侨丘生祥兄弟合资兴建，始建于1931年，于1934年告竣。从中西合璧的类型看，联芳楼是传统平面布局和西洋立面造型的结合。联芳楼的平面布局基本维系客家民居的三堂四横的传统模式，中轴对称突出，功能分区明确，外闭内敞，适应聚族而居、血缘繁衍、几代同堂的传统客家风俗习惯和生活方式。但立面造型洋气十足，主立面正门制高点设一穹隆顶方亭，上面写有楷书繁体的"联芳楼"三个大字（图5-64），远远便可望见。左右两个侧门的顶部饰以半圆拱券山花，三个门廊的首层都布置有四根象征力量和坚固的多立克石柱，并与用来装饰立面且均匀布置贴墙的爱奥尼石柱（图5-65）既形成对比，又取得和谐，整个主正面显得很有气势，非常壮观。在装饰手法题材和风格上，亦可谓中西交融，既有中国传统的木雕，又有西洋古典的浮雕，正立面在柱头、柱顶处饰以巴洛克式、洛可可式浮雕，而在入口和窗顶等醒目位置则采用大鹏展翅（图5-66）和狮子滚球等中国式浮雕，走进大门，来到厅堂，满目全是精致美观的通花木雕，古

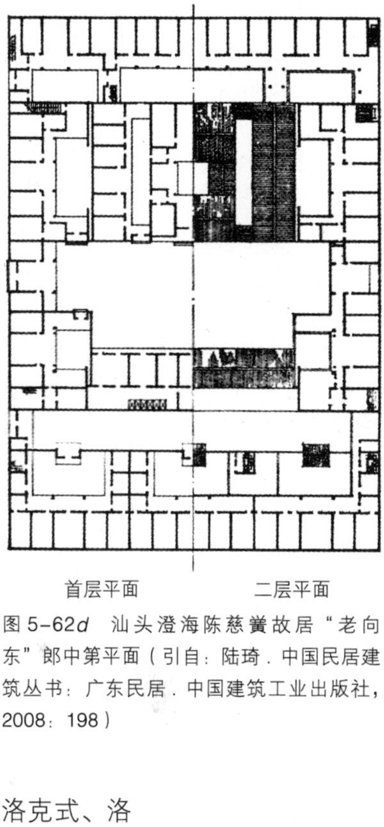

首层平面　　二层平面

图 5-62d 汕头澄海陈慈黉故居"老向东"郎中第平面（引自：陆琦．中国民居建筑丛书：广东民居．中国建筑工业出版社，2008：198）

图 5-63 脊檩彩绘——阴阳八卦图案（左）
图 5-64 联芳楼（右）

图 5-65 联芳楼柱式（左）
图 5-66 联芳楼窗饰（右）

色古香,透射出浓郁的传统文化内涵。其装饰图案,如"三阳开泰"、"平升三级"、"花开富贵"等大多表达的是祈求吉祥、进官加爵、延年长寿、家族兴旺之类的内心希冀。

二、礼乐相济和自然真趣:岭南近代建筑的意境美(以广州陈家祠、东莞可园为例)

意境和意象虽有广泛而密切的联系,但不是等同的一个概念,都有其特殊的内在规定性。意境和意象都以情景交融为内容特征,但是,外延上,意象大于意境,内涵上,意境大于意象。从审美活动的主客体关系看,意象的"意"乃审美个体的情感意趣,而意境的"意"却是"道"[35]的隐喻和体现。意象的审美过程是审美主体对物象所隐喻的文化精神的体悟,即对宇宙、人生、历史的一种哲理性感受和领悟。[36]因此,可以说,意象是"实"的物相存在,而意境是"虚"的意义存在。

近代岭南建筑的意境内涵就在于建筑布局、空间组合,装饰装修所隐喻的文化精神,特别是装饰装修所反映和隐喻的文化精神。这是近代岭南建筑的审美属性或美学特征的一个重要内容。

装饰装修技艺是显示近代岭南建筑审美艺术水平的重要方面。从地域上看,潮汕建筑表现得最为突出。潮汕建筑装饰工艺类型多种多样,木雕、石雕、灰雕、嵌瓷等,都具有高超技艺,特别值得一提的是潮汕木雕、石雕与嵌瓷。潮汕木雕追求"匀匀、杂杂、通通",前文已有述及,在此不赘。潮汕石雕,构图饱满,虚实有致,层次丰富,极具神韵,若与闽南石雕相比较,则可看出,闽南石雕更突出线条和造型的比例控制,而潮汕石雕更强调石雕形象的神韵和文化内涵。与气候特点相适应的潮汕嵌瓷,色彩丰富,造型丰满,借鉴木雕、石雕的理念,突出构图的整体性,讲究情、境、态的刻画,呈现出了与闽南嵌瓷的精巧雅致相区别的风格,也与台湾嵌瓷的综合风格相异。总的来说,潮汕建筑装饰既能根据不同的建筑类型和不同的功能场合创造多样的工艺风格,又能从文化地域出发选用富有地方性的装饰题材，取得精美而独特的装饰效果。

广府建筑虽不及潮汕建筑那样普遍重视装饰装修，但也有不少装饰精美的建筑作品，如广州陈家祠，其装饰效果堪称岭南建筑之最，令人叹为观止。透过陈家祠的建筑装饰艺术，我们可以强烈地感受到隐喻其中的礼乐相济的传统文化精神，这在一定程度上反映出了近代岭南建筑的意境特征。

礼乐相济是儒家文化的一个基本思想。"礼乐相济"的"礼"要求人们遵奉上下尊卑的宗法秩序，"乐"则勉励人们进取有为，和合与共，即先秦儒家所谓的"礼辨异，乐和同"。"乐者为同，礼者为异。同则相亲，异则相敬。乐胜则流，礼胜则离。"[37] 相敬则不争，相亲则不怨，不争不怨，天下安宁。也就是说，个体的感性心理欲求和社会的理性道德规范应取得和谐统一，这正是孔子美学思想的核心所在。[38]

陈家祠位于广州中山七路，是陈氏书院的俗称，它始建于清光绪十六年（1890年），于1894年竣工，乃广东全省七十二县陈姓族人集资兴建，是具有教化和祭祀双重功能的大型建筑（图5-67）。

图5-67 陈家祠主立面

陈家祠的建筑意境首先表现为通过平面布局来体现传统礼制思想和宗法观念，它在总体布局上按"三进三路九堂两厢杪"进行布设，采用了传统中轴对称和遵规守正的手法，依封建礼制的法定祭祀程序和要求布置平面与空间，核心建筑"聚贤堂"在高度、面阔、进深上都是最大的。

陈家祠的建筑意境更主要地是通过种类丰富、内容广泛的装饰艺术来创造的。从装饰类型看，木雕、石雕、砖雕、陶塑、灰塑、铸造、壁画及书法对联，应有尽有，极为丰富；从装饰部位看，考虑到观赏视野和建筑气势的烘托，以门饰、壁饰和脊饰为重点，特别是主殿"聚贤堂"的正脊陶塑，"全长27米多，两脊面部塑造着绚丽多姿的龙凤楼阁，其间巧妙地布置着各种不同性格、阶层、类别的神仙、人物，还有多姿多彩的鸟兽、植物，组成一幅幅有条不紊的立体画面。"[39] 这里要强调的是，陈家祠装饰题材内容的地方特色和装饰图案隐喻象征的独特手法，这对于建筑意境的点化起到了最为直接而重要的作用。就装饰题材内容而言，大量选取岭南地区的山川名胜、风土人情、民间传说、历史故事、四时花果和鸟兽虫鱼等，如连廊上的灰塑的"镇海层楼"、"琶洲砥柱"、"西樵云瀑"等清代羊城八景中的内容。石、木、砖雕中有动植物题材28种之多，民间传说和历史故事情节作为装饰题材内容的有60余种，"八仙飘海"、"三顾茅庐"、"群英会"等，让人目不暇接。还有如"渔樵耕读"、"渔舟晚唱"等描绘岭南乡村风光的题材内容。多种多样的装饰图案往往采取水玉比德、谐音取意、民谚传说等方式来寓情托意，深化和提升建筑的文化内涵，而且配以题名、题诗、题对，以点化其深邃而高远的意境（图5-68）。

对于礼乐相济的传统文化精神的隐喻和象征还较为广泛地存在于客家聚居建筑中，其点线围合、祖堂居中的布局便是隐喻和象征的直观形式。

近代岭南建筑的意境内涵除儒家"礼乐相济"精神外，还有崇尚自然的道家精神。东莞可园的意境特征由此而出，表现为自然真趣的价值取向。

图5-68　陈家祠装饰

可园位于东莞西南城郊博厦，始建于清道光末年，于同治三年（1864年）建成，占地2204.5平方米，为当时的江西布政使张敬修斥资建造的。在造园过程中，园主张敬修广邀居巢、居廉等岭南名流，往返琢磨，以深造诣。张敬修自撰的《可楼记》云："居不幽者，志不广，览不远者，怀不畅。吾营'可园'，自喜颇得幽致……而窘于边幅，乃加楼于'可堂'之上，亦名曰'可楼'……盖至是，则山河大地举可私而有之。苏子曰：'万物皆备于我矣！'"显然，营造可园的目的在于居幽览远，追求自然真趣的审美意境，这也可以从园主友人居巢的题咏中得到印

图 5-69 可园园景

证。居巢曾题诗："水流云自还，适意偶成筑，拼偿百万钱，买邻依水竹。"

自然真趣的意境首先是通过幽畅的布局风格来创设的。可园虽然占地不广，但建筑内容非常丰富，亭台楼阁，廊榭房轩，厅堂室舍，一应俱全。全园布设一楼五亭、六阁、十九厅、十五房，整个布局虚实有度（图5-69），随曲合方，小中见大，境幽视畅。全园以"连房广厦"的手法将东南和西北两大建筑群用曲廊和引廊连接，各组建筑间又用檐廊、前轩、过厅、套间、敞廊等过渡空间联成群组，构成一个外闭内敞的大庭院空间，以深奥曲折之境，给人幽隐天趣之感，激发人们的审美情思。位于入口前庭的卷棚屋面的"听秋居"、位于门厅之侧的半边亭式的"擘红小榭"和意构风野的"草草草堂"，还有可轩、双清室、诗人石等，都是点化意境之佳构（图5-70）。"为取得活泼、轻快的园林气氛，建筑不设置明确的中轴线，但在平面组合上却依据功能和景观的要求，构成三个中心，分别组成三条小轴线。一条是以门厅和'擘红小榭'组成的轴线；一条是以双清室与桂花厅组成的轴线；一条是以可堂组成的轴线。其他建筑按此三个中心组合，在变化中求统一，故平面构图较完整，空间程序主次分明，颇有韵味。"[40]

（a） 　　　　　　　　　　（b）

图 5-70a 可园船厅
图 5-70b 可园双清室

自然真趣的可园意境还体现在园景的因借处理上。关于园景的创造处理，计成强调"巧于因借，精在体宜"、"虽由人作，宛自天开"，并明确概括出了"远借、邻借、仰借、俯借"的全方位借景方式。李渔在《闲情偶寄》中曾举例分析："以内视外，固是一幅便面山水；而从外视内，亦是一幅扇头人物。"计成更是明确指出："层阁重楼，迥出云霄之上，隐现无穷之态，招摇不尽之春。""轩楹高爽，窗户虚邻，纳千顷之汪洋，收四时之烂漫。"

图 5-71　可园邀山阁

可园选址于可湖之畔，园基不拘形式和方向，因地制宜，目的正在于因景就筑和因筑得景，其主要建筑的位置、高低变化和虚实、开合处理，亦是为了园景之需。如可轩之邀山阁（图 5-71），檐高 15.6 米，沿楼之扶梯登阁，视野逐步扩大，俯察园外村舍桑麻，野趣犹生，与内庭景色形成强烈的对比。若从四面虚窗远眺，心中顿生"江流天地外，山色有无中"的幽隐旷远之境，弥补了因园内幅地窄小而引起的"游目不骋"。远近诸山，江岛江帆，"莫不奔赴于烟树出没中"，"去来于笔砚几席之上"。

岭南文化是多元文化的聚合体，而多元文化的聚合又锤炼和培育出了岭南文化不断增加的融合力。意境作为文化精神的体现，在近代岭南建筑中表现出了多元多层面的文化精神内涵，有礼乐相济的传统儒家的文化意蕴，也有崇尚自然的传统道家的审美取向，还有开放融合、择善而从的海洋文化性格，经世致用的商业文化特征……限于篇幅，姑且述及要点而不及其余了。

三、天人合一：岭南近代建筑的环境美（以梅州棣华居、广州市府合署为例）

近代岭南建筑的审美属性既有中西合璧的布局造型，也有礼乐相济、崇尚自然的意境特征，还有天人合一的环境意向，本文第三章第三节曾就建筑环境美学特征进行过宏观上的理论分析，并从环境理想、环境模式和环境意向三个主要层面论述了中国传统建筑的环境美，这里结合梅州棣华居和广州市府合署对近代岭南建筑的环境美学特征做进一步的讨论。

梅州棣华居是一座典型的传统式客家围垅屋，由旅印尼华侨丘翼卿于 1914 年兴建，1921 年建成，属三堂四横一围垅式。棣华居的环境特征突出，环境意象极富感染力。棣华居的外部环境明显反映了"五位四灵"的环境意向，表明了风水观念的深刻影响。五位四灵模式是风水术所追求的具体表现，既有讲求秩序性和集中性的"五位"，又有道家"四灵"的神仙观念。棣华居前筑污池，后靠山丘，以实现风水经典《阳宅十书》中提出的"前有污池谓之朱雀，后有丘陵谓之玄武"要求。不仅如此，棣华居堂前的半月形污池和围内的半月形化胎构成了一虚一实的形态对比，反映了一阴一阳的哲理观念。五位四灵的环境模式，建筑选址的风水观念，在思想背景和文化渊源上是以天人合一观念为根基的。天人合一是中国文化所追求的理想和精神，在中国传统哲学的四大思想资源那里，无论原始儒道，还是中国佛学，亦或宋明理学，都是如此。相比而言，儒家天人合一的环境理想侧重于强化和突出建筑平面布局和空间组合结构的群体性、集中性、秩序性、教化性，注重建筑环境的人伦道德的审美文化内涵的表达；而道家天人合一的环境理想则表现为注重对自然的直接因借，与山水环境契合无间。故宫建筑群就是儒家天人合一环境理想的生动显现，梅州棣华居的建筑平面布局和空间组织也是如此。中轴线上布置的是威严高贵的前堂、中堂、后堂，直至龙厅，横屋厅、横屋间及围屋间便以此为中心对称布置。整一和合，主次分明，秩序井然，这就是棣华居内部环境意象的特征。

显然，和谐统一是天人合一环境理想的根本要求。如果说棣华居只是近代岭南建筑中乡村民居的代表，那么，广州市府合署作为城市建筑的代表，同样表现了和谐统一的环境意象追求。

广州市府合署是著名岭南建筑师林克明先生设计的，其建筑风格、造型形式、选址要求都是在"和而不同"的最高设计理念的指导下进行的。"和"既要与已经建成的中山纪念堂、孙中山纪念碑等取得整体和谐，从而形成鲜明的环境意象，又不能套用中山纪念堂的造型形式，而必须具有自身的性格特点，有一定的特色，有所"不同"。1989年，90岁高龄的林克明先生回忆说："考虑到此地处于广州市中轴线上，从北而南依次为越秀山中山纪念碑、中山纪念堂、市府合署、中央公园、维新路（即现起义路）、海珠广场、海珠桥。市府建筑群必须与这种独特的环境条件相协调。在这条南北中轴线上，中山纪念碑和纪念堂是建筑处理的重点，市府合署只能是纪念堂的配角。在我的设计中，为了与纪念堂取得造型风格的协调，市府合署借鉴了传统建筑形式，但在体量、高度和色彩等方面的处理又不同于中山纪念堂。纪念堂的顶高为55米，必须突出这一控制高度，而市府合署最大高度则设计为35米。此外，市府合署的屋顶采用绿剪边金黄琉璃瓦，与纪念堂大片的蓝琉璃瓦形成强烈的气氛对比，使得两组建筑既有协调统一的构成要素，又各具特色。"[41] 如今，鸟瞰广州城市中心，一条南起海珠桥，北至越秀山孙中山纪念碑的长达12公里的城市中轴线呈现眼前。它以严肃的民族风格和对孙中山先生光辉业绩的讴歌和缅怀为规划意图，以独特的城市规划表达城市意象，让人体悟到广州这座历史文化名城在近代更是一座革命的城市、英雄的城市。当人们走近市府合署，无不为之与中山纪念堂之间的互相辉映、相得益彰而大加赞叹，无不为之和谐统一的环境意象所感染。

图 5-72 中山故居（左）
图 5-73 中山纪念堂（右）

以上，我们依据建筑审美过程的历时性和阶段性，结合实例分析对近代岭南建筑的审美属性从造型形式、意境特征和环境意象这几个方面进行了探讨。需要补充说明的是，任何一座建筑的审美属性都不可能是单一的，如中山故居（图 5-72），其审美属性既有造型风格上的，也有文化精神上的，还有环境意象方面的。就造型风格而言，中山故居呈现出了传统平面布局和西洋立面造型相结合的特点，成功借用拱券、廊柱等西洋建筑符号；从文化精神看，它的布局和造型本身就说明了会通中西、综合创新的文化心理和价值取向，也是孙中山先生求新图变的革命精神的生动而具体的体现；在环境意象上，它以融于自然为主要特点。中山纪念堂也是如此，其八边形（图 5-73）的外观造型极具视觉冲击力，背靠越秀山，前筑大广场，更显建筑的雄伟和庄重肃穆的环境气氛。

但是，在现实的建筑审美活动中，一座建筑所具有的多层面的审美属性不可能同时与审美主体发生关系，对审美主体的情感刺激和满足的程度也不可能是等同的，这是由审美主体的个体差异性和情感自由性决定的。正是这个原因，对应于审美心理过程的阶段性，建筑审美属性才有如前文所述的三个主要层面的划分。由于建筑艺术主要是一门空间艺术，其空间形态和造型特征往往是人们在审美活动中最先关注的，人们总是在获得对建筑形象的感知之后，才追思和感悟蕴涵其中的文化精神，进入到审美体验和审美超越阶段的。

本章注释：

[1] 陈从周，章明. 上海近代建筑史稿. 上海：上海三联书店，1988：23.

[2] 吴庆洲. 广州建筑. 广州：广东省地图出版社，2000：144-145.

[3] 华南理工大学编委会. 中国著名建筑师林克明. 北京：科学普及出版社，1991：52.

[4] 华南理工大学编委会. 中国著名建筑师林克明. 北京：科学普及出版社，1991：56.

[5] 陈泽泓. 潮汕文化概说. 广州：广东人民出版社，2001：401.

[6] 陈泽泓. 潮汕文化概说. 广州：广东人民出版社，2001：404.

[7] 陈泽泓. 潮汕文化概说. 广州：广东人民出版社，2001：405.

[8] 杨万秀，钟卓安. 广州简史. 广州：广东人民出版社，1996：381.

[9] 马秀之. 中国近代建筑总览·广州篇. 北京：中国建筑工业出版社，1992：36-70.

[10] 吴庆洲. 广州建筑. 广州：广东地图出版社，2000：117-119.

[11] 吴庆洲. 广州建筑. 广州：广东省地图出版社，2000：202.
[12] 刚恒毅. 中国天主教美术. 台湾光启出版社，1968：21-22.
[13] 董黎. 岭南近代教会建筑. 北京：中国建筑工业出版社，2005：161.
[14] 刘管平. 岭南古典园林. 建筑师. 北京：中国建筑工业出版社，1987，27：161-172.
[15] 龚伯洪. 广府华人华侨史. 广州：广东高等教育出版社，2003：2.
[16] 司徒尚纪. 广东文化地理. 广州：广东人民出版社，1993：67.
[17] 梅伟强，张国雄. 五邑华人华侨史. 广州：广东高等教育出版社，2001：350.
[18] 颜紫燕. 广东开平风采堂. 华中建筑. 1987，2：79-81.
[19] 陆元鼎. 岭南人文·性格·建筑. 北京：中国建筑工业出版社，2005：49.
[20] 潘安. 广州城市传统民居考. 华中建筑. 1996，4：106.
[21] 汤国华. 岭南近代建筑的杰作——广州爱群大厦. 华中建筑. 2001，5：98.
[22] 林家劲等. 近代广东侨汇研究. 广州：中山大学出版社，1999：13-14.
[23] 信局、水客、银行是近代兴梅地区、潮汕地区的主要侨汇方式。
[24] 林家劲等. 近代广东侨汇研究. 广州：中山大学出版社，1999：36.
[25] 潘安. 客家民系与客家聚居建筑. 北京：中国建筑工业出版社，1998：137.
[26] 赵春晨，陈历明. 潮汕百年履痕 [M]. 广州：花城出版社，2001：132.
[27] 杨群熙. 华侨与近代潮汕经济 [M]. 汕头：汕头大学出版社，1997：43.
[28] 谢犹荣. 暹罗国志. 1949：54.
[29] 许肇林. 中华文化的传播与海外华人. 东南亚研究. 1996，1：24-27.
[30] 著名潮州木雕艺术家张鉴轩曾将潮州木雕的特点归纳为六个字：匀匀、杂杂、通通。"匀匀"指虚实布置中的物体或形象要做到主次分明，"杂杂"即要求内容丰富饱满，既要有层次，又要有穿插；"通通"即指镂空雕透的手法。
[31] 乾隆. 潮州府志.
[32] 陈泽泓. 潮汕文化概说. 广州：广东人民出版社，2001：666.
[33] 唐孝祥. 继承革新　经世致用——从开平风采堂看近代岭南建筑的特征. 广东建筑装饰. 1999，8.
[34] 魏彦钧. 广东侨乡民居. 中国传统民居与文化. 北京：中国建筑工业版社，1991：133.
[35] 意境是中国美学的重要范畴。这里的"道"不等于道家的"道"，而是指文化精神。
[36] 叶朗. 胸中之竹——走向现代之中国美学. 合肥：安徽教育出版社，1998：55-57.
[37] 北京大学哲学系美学教研室. 中国美学史资料选编. 北京：中华书局，1980：60.
[38] 李泽厚，刘刚纪. 中国美学史. 北京：中国社会科学出版社，1984：151-152.
[39] 罗雨林. 岭南建筑明珠——广州陈氏书院. 广州：岭南美术出版社，1996：38.
[40] 罗雨林. 岭南建筑明珠——广州陈氏书院. 广州：岭南美术出版社，1996：38.
[41] 华南理工大学编委会. 中国著名建筑师林克明. 北京：科技普及出版社，1991：4.

第六章 岭南近代建筑的审美文化启示

第一节 总结岭南建筑的技术个性

建筑的技术个性，是指建筑的平面布局、立面造型、空间组织、细部处理等方面的技艺表现手法和特征。建筑的技艺表现，从建筑的平面布局到立面造型，抑或空间组织和细部处理，都必须遵循建筑的客观适应性原理，即对自然的气候条件、地理环境的适应和对社会的生活习俗和人的身心需求的适应。建筑是人为且为人的居住环境，所以，在"人为"时，即进行建筑的设计建造时，一方面要认真思考当地的气候特点、地形地势来考虑建筑的布局和造型，另一方面，又要坚持以人为本的原则，始终不忘建筑为人所用、满足人们的实用和审美需要的双重目的，从而实现"回归自然、回归环境、回归人性"的建筑设计理想，以便显露建筑的技术个性。岭南建筑于此有其独到之长，涌现出无数建筑佳作，赢得了人们的普遍赞誉。

岭南地处南海之北、南岭之南，丘陵起伏，河涌纵横，属热带、亚热带丘陵地区。岭南地区的气候特点主要是潮湿、炎热、多台风。这种特殊的地理气候条件是决定岭南建筑的最根本因素，换言之，岭南建筑的客观适应性首先表现在解决通风、隔热、遮阳等问题上。在这些方面，岭南建筑不仅有近代时期的经验传承，更有现当代的探索创新，从而汇成了独特的岭南风格。

岭南近代建筑，为了达到通风、隔热、遮阳的目的，尽管呈现出多种不同的建筑类型，但都表现出了完善的客观适应性。如在岭南近代园林中，番禺的余荫山房、佛山的梁园、开平的立园对敞廊设置和通透性围合空间的运用，虽然形态相殊，却显示出了适应岭南气候地理特点的共性。又如岭南近代民居建筑，在通风、隔热、遮阳、防潮、防白蚁、防台风等诸多方面表现出了相当高的技术水平，很有启发和借鉴意义。如果说天井和巷道等形式体现了秉承中国传统建筑文化的岭南近代民居建筑解决通风问题的技术个性，那么，骑楼建筑形式则是岭南近代建筑融汇中西建筑文化以解决遮阳与隔热问题的成功尝试，而且形成了岭南建筑的一道特色景观。

与岭南近代建筑相比较，岭南现当代建筑的技术个性更大程度上显现于建筑对地理环境条件的适应、建筑造型风格的出新以及探索建筑与环境相协调、与自然相结合的新颖设计手法。这一方面反映了现当代岭南建筑师们对中西建筑文化的继承创新，另一方面也反映了现当代岭南建筑师们理论自觉性的增强。这里需要指出的是，岭南现当代建筑的技术个性的形成和强化并非单一的理论层面的研究，而是随着建筑创作实践的发展而不断提高的。

如上所述，1958年夏昌世先生在《建筑学报》第10期上发表了题为《亚热带建筑的降温问题——遮阳·隔热·通风》的学术论文。不仅如此，夏昌世教授还以积极的态度、创新的精神将其建筑思想运用于建筑实践之中。建于1957年的原中山医学院（现中山医科大学，位于广州市中山二路）生理生化大楼就是他设计创作的，这是建国以来具有岭南特点的最早建筑实例。该建筑坐北朝南，夏先生首次使用遮阳板巧妙地解决了采光遮阳问题，造型新颖，给人以全新的感受。当时，由于受该建筑使用遮阳板的影响，广东不少地方模仿这种手法进行了大量的建筑实践，而且还出现了通花窗等一些新的手法，从而汇成了新中国岭南建筑创作的第一个高潮。

岭南建筑界在不断的认真讨论中，对于当时那种具有岭南特点的建筑上的创新手法（如隔热板、通花窗），由于其符合广东的地理气候实际，基本上是持肯定态度的，这给20世纪50年代末60年代初岭南建筑实践的蓬勃发展和不断扩大创造了良好的思想舆论条件，推动了岭南建筑的实践探索。其中有两座代表性建筑。一是由建筑大师莫伯治主持设计的矿泉别墅。这是一座"U"形布局的宾馆建筑，其创新和成功之处在于：建筑的布局随形就势，开敞自由，通透实用。整个别墅首层（支柱层）全部架空，周围与水面、花草相连，自然得体，环境宜人。二层作客房用，与首层以内外两梯相连，方便舒适。第二座代表性建筑是友谊剧院，其最大的特色是造型新颖，空间通透。对这种通常被认为是对称性的建筑在立面上采取不对称的处理手法，而且很通透，与室外园林环境相结合，充分反映了剧院建筑的类型特点。

时至"文革"，全国建筑界万马齐喑，岭南建筑也同样处于停滞状态。直到1973年，建筑界的沉寂局面才首先由岭南建筑所打破，其标志是中国出口商品交易会场馆在广州落成。当时，我国为了发展经济和对外贸易的需要，计划建造出口商品展览会。与上海等其他地方相比，广州以其得天独厚的历史条件、地理条件、人文条件而被确定为选址。与（广州）中国出口商品交易会工程相联系，其他配套建筑工程也纷纷上马，如被誉为开我国高层建筑风气之先的33层的白云宾馆。关于六七十年代岭南建筑的创新实践，后来人们形象地归纳为：板式建筑带形窗，高层平顶加裙房，高低错落相结合，遮阳板加通花窗。这表征了岭南建筑的技术个性的一个新的发展阶段。80年代伊始，对岭南建筑的技术个性的探索和表现进入了一个更高的境界，如白天鹅宾馆标志着岭南建筑对建筑的地域性、时代性和文化性的深层理解和综合揭示。90年代建成的西汉南越王墓博物馆，不但表现出对岭南建筑的技术个性的娴熟运用和自由驾驭，而且显示出对岭南建筑的人文品格的深层求索。

人们在观摩岭南建筑之后往往感受强烈，对其技术个性印象深刻。一是平面开敞、空间通透、造型新颖、色彩淡雅，与环境相协调、与自然相融合，结合庭园进行建筑设计。二是高低结合，虚实对比，建筑组群富于韵律感。三是线条的曲直结合，气韵生动。然而，要概括岭南建筑的技术个性并非易事，因为它们本身处于不断的积累、发展和创新演变的过程之中。

第二节　传承岭南建筑的人文品格

建筑的人文品格主要是通过建筑布局、风格造型、空间组合和细部处理等建筑形象要素所表现出来的艺术哲理、设计思维、文化精神和审美情趣。与建筑的技术个性相比较，建筑的人文品格是隐形的、间接的、抽象的，而建筑的技术个性是显性的、直观的、形象的。建筑的人文品格和建筑的技术个性的有机结合，共同构成了建筑美生成的客观条件。建筑的人文品格是一个民族、一个地区的文化精神的具体体现，岭南建筑的人文品格也反映了岭南文化的本质特征和基本精神。概括起来，主要有以下几个方面。

一是兼容并蓄的开放品格。岭南建筑的兼容并蓄的开放品格是岭南文化的融通性和开放性的一种外在表现。岭南文化本身就是许多不同特质的文化融汇而成的，开放融通性是其重要的文化机制。岭南文化的形成过程本身就是一种交融、一种综合、一种凝练，尤其是岭南近代文化，"在融汇中西优秀文化传统的基础上，不仅实现了创造性的文化转换和文化重构，而且也完成了由'得风气之先'向'开风气之先'的飞跃，孕育了推动中国文化向近代形态转变的岭南近代文化精神。"岭南建筑的兼容并蓄的开放品格在岭南近代的园林、民居等多种建筑类型中得到了鲜明的表现。如建于1926年的开平立园，是旅美华侨谢维立以西洋建筑的特点，结合中国园林优美雅致的风格，按照《红楼梦》中的大观园的布局兴建的。又如1934年建成的广东梅县白宫镇的联芳楼，是一座中西合璧、富丽堂皇的客家民居建筑。该建筑的平面布局基本维系了客家民居三堂四横的传统模式，但立面造型则洋气十足，正立面在柱头、柱顶处采用了西方的巴洛克、洛可可等风格的浮雕。现当代岭南建筑以更强的自觉意识会通中西，以求继承创新，综合发展。

二是整体和合的系统思维。设计思维是建筑观的重要内容。岭南建筑在设计思维上追求建筑与环境、与自然、与亭园、与园林的亲和及结合，表现出了整体和合的系统思维取向。如著名岭南建筑师林克明先生设计并于1934年10月竣工的广州市府合署（现市府大楼），"为了配合中山纪念堂建筑的周围环境和风格，合署大楼在建筑形象艺术处理中采用宫殿式，屋顶铺制黄色琉璃瓦，内部天花采用中国式纹样。"在回忆1956年设计广东省科学馆时说到，他当时详细分析了建筑环境条件，重点解决了建筑与环境配合及建筑形象的问题。他说："科学馆位于中山纪念堂西侧，根据周围的环境，应起陪衬烘托作用，它与纪念堂、市府合署等形成了一个完整和谐的建筑组群。"[1]佘畯南大师曾以友谊剧院的设计为例专门论述过剧院建筑的统一性和整体性："在友谊剧院的设计中，我们特别强调统一性，因为，缺乏统一性，就会使人感到零乱。整体性是统一性的高度表现，我们的构思力求体现剧院建筑的整体性。首先，剧院建筑是它周围环境中的一个组成部分，它要为增添美景而出现于大自然环境之中，它要同四周绿化环境结合成整体，充分表达南方花园剧院的特点。其次，剧院建筑是由无数的极其平凡的局部有机构成的，这些局部之间存在着主次关系，而每个局部必须为其整体的统一性服务。在友谊剧院的设计中，我们十分注意这一点，在处理各个局部时，强调主次的关系，以一般衬托重点，突出重点。例如，前厅的空间不大，不宜设置两座主梯和采用对称式布局，我们把主梯作为前厅中的一个重点装饰小品，安排在大厅之右端。由于主梯作为大厅的一个局部来处理，所以它虽然占有前厅的一个局部空间，但不削弱前厅建筑空间的整体性，为了把上下空间连接在一起以加强空间的完整性，又把夹层栏杆的黑色扶手伸延下来与主梯的扶手连接成为一条带。"[2] 莫伯治先生对整体和合的设计思维有着自己的更具体的说明："在我的建筑创作过程中，往往涉及一个重要的思维领域，就是遵从客观因素的科学分析，如基地环境的处理（包括地势、地质、气象、建筑环境），现代功能的满足，新材料性质的体现，新技术发展的运用等。透过这些分析，从建筑的体形、空间、构造以至构图的处理，与上述客观因素固有的内在本质之间达到形神相通，表里统一。"[3] 莫伯治先生主持设计的广州北园酒家、广州泮溪酒家、广州矿泉别墅、广东深圳银湖宾馆等是不可多得的岭南建筑佳作。置身其中，便可强烈地感受到建筑对自然的复归感和建筑与环境的亲和感。

　　三是勇于创新的创作精神。创新是建筑创作的共同追求和奋斗目标，在岭南建筑中表现得尤为突出。林克明先生在谈及建筑传统的继承和创新时说到，由于时代背景的不同，社会生产力发展水平的差异，如果跟在古人后面亦步亦趋，盲目搬用木结构的处理手法，而不去充分利用新建筑材料的特性，就无助于建筑形式的创新。因此，他在设计原中山大学第二期教学楼工程时，有意作了改进和创新，采用了简化的仿木结构形式，取消了檐下斗栱而代之以用简洁的仿木挑檐构件。又如广州友谊剧院，在门厅的处理上，是国内首先打破惯用的双梯对称手法的实例。80年代中期，王世仁先生在论及"广州风格"时亦曾指出："70年代以后，高层建筑兴起，如何在现代化的高层建筑中体现民族形式，成为了创作中的一个难题。广州的建筑师们提出了自己的方法，综合起来是：①扩大底层空间，布置成中国式园林环境；②室内装修借鉴传统形式；③重点部位加以民族形式的符号装饰。这种方法也逐渐被其他地区的高层建筑所吸取。"[4]

　　岭南建筑的创新精神不仅表现在建筑形式和表现手法的创新上，而且还表现在对建筑文化内涵的深层求索和建筑意境的美学追求上，西汉南越王墓博物馆、岭南画派纪念馆就是很好的例证。齐康先生曾这样评说："岭南画派纪念馆是莫老（莫伯治先生，引者注）在建筑艺术创作上大胆地从具象的建筑形象转变到抽象与具象相结合的作品，使建筑造型与画派的画意相吻合。这是一座新作，使人仰慕，它反映了展览建筑的性格，又反映了抽象建筑造型的诗意。从艺术上讲，做到了源于岭南画派的创作生涯，又高于这生涯。"[5]

第三节 加强岭南建筑学派研究

岭南建筑,得风气之先,又曾开风气之先,印证了岭南建筑学派的探索与创新,表现出了融会古今中西的开放兼容的文化地域性格,体现了高度的自然适应性、社会适应性和人文适应性,备受国人称赞和世人关注。近代以来,岭南建筑学派继承、发展和创新的岭南建筑文化是中国建筑文化乃至世界建筑文化的珍贵财富,开展和加强岭南建筑学派的思想和理论研究,意义重大且适逢其时,显示出了其学术的重要性和研究的必要性。

开展和加强岭南建筑学派的研究,对于丰富和深化亚热带建筑科学的学术研究,对于推动当代岭南建筑创作和当代建筑创新,对于推进中国建筑历史与理论研究、推进中国建筑设计及其理论研究,无疑具有重大的意义和影响。

开展和加强岭南建筑学派研究,目的在于分析总结岭南建筑学派名师名家的创作经验和思想理论,在于全面梳理岭南建筑学派的思想渊源和体系构成,论述岭南建筑学派的思想体系自觉形成的学理标志、逻辑发展和学界影响,在于阐释岭南建筑不断发展并领先全国的过程性和规律性,分析岭南建筑经典作品的文化内涵和美学特征,总结岭南建筑学派的教育特色和产学研一体的成功经验,深入研究岭南建筑的技术个性与人文品格。

1979年,著名建筑评论家、清华大学教授曾昭奋先生在《建筑师》杂志总第17期发表了题为《建筑评论的思考与期待——兼及"京派"、"广派"、"海派"》的文章,最早把中国建筑新风格定为北京的"京派"、上海的"海派"和广州的"广派"("岭南派"),并归纳出"岭南派"建筑风格的特色是:自由、自然和符合人们活动规律的平面安排;明快、开朗和形式多样的立面和体形;与园林绿化和城市或地域环境的有机结合。这是学界明确自觉地对岭南建筑学派进行学理研究的开始。

自从曾昭奋教授提出"广派"("岭南派")的风格和特色后,建筑界对"广派"建筑的发展更加关注。1989年,著名建筑评论家艾定增教授明确提出了"岭南建筑学派"的学术概念。"岭南建筑学派在地域上指的是以广州为中心的主要分布在珠江三角洲及桂林、南宁、汕头、深圳、珠海、湛江和海口等地的近代建筑主流,在时间上指的是19世纪中期以来的建筑新风格的发展与成熟,其中也包括大大滞后了的理论。"[6]他还指出:"岭南建筑学派与岭南音乐和岭南绘画具有同步性……它的发展经过以下几个过程:首先是洋人带来的洋建筑的输入,接着是由侨乡开始的土洋结合、中西合璧式的建筑(也有园林庭园的大量出现),再就是中外建筑师有意识地将中西建筑糅合在一起(其中有强调民族形式的广州中山纪念堂、原中山大学及岭南大学等,也有强调西方形式的,而且数量较多)。最近40年则是中西融合、古为今用的初步成熟期。"艾定增先生从八个方面评介了建国后40年来岭南建筑学派的主要成就:①宁变勿仿,宁今勿古。②追求意境,力臻神似。③因借环境,融为一体。④群体布局,组合空间。⑤清新明快,千姿百态。⑥室内设计，丰富多彩。⑦景园文脉，推陈出新。⑧神似之路，殊途同归。

在杨永生先生主编的《建筑百家评论集》中，岭南建筑界的蔡德道和郑振纮分别以《岭南建筑是否已消失》和《不惑之年的困惑——评析岭南建筑的后劲》为题，不约而同地指出了现代岭南建筑在20世纪五六十年代兴起，在七八十年代声名远播于全国，至90年代中期以后却趋于沉寂的现象，呼吁加强岭南建筑的反思和岭南建筑学派的研究。

新世纪初年见证了岭南建筑学派不断发展的又一高峰。岭南建筑学派建筑师们以2010年上海世博会中国馆、侵华日军南京大屠杀遇难同胞纪念馆扩建工程、2008年北京奥运摔跤馆和羽毛球馆、华南理工大学逸夫人文馆、珠江新城双塔（西塔）、华南师范大学南海分院等众多建筑精品领先全国，走向世界。在2008年4月12日华南理工大学建筑学院建筑创作思想研讨会上，中国建筑学会秘书长周畅先生，中国工程院院士、中国建筑设计大师何镜堂教授，中国建筑设计大师袁培煌先生、郭明卓先生以及王建国教授、曾坚教授、赵辰教授、赵万民教授、李保峰教授等众多专家，都高度评价了岭南建筑学派的突出成就和内涵丰富的思想体系。正如会议主持人李保峰教授进行会议总结时所言，专家发言不约而同，具有高度的一致性，充分肯定和高度评价了岭南建筑学派的自成体系的建筑创作思想及其建筑创作方法论、环境观和整体观、务实传统、精品意识、团队精神。这次会议可以说是岭南建筑学派当代建筑创作研讨专题会，必将促进和推动岭南建筑学派的创作发展和学术研究。

开展和加强岭南建筑学派研究，要求我们运用理论层面的交叉综合研究与实践层面的调查考证研究相结合的研究方法，具体而言，基于建筑是技术与艺术相结合的人居环境的认识，一方面运用文献法和调研法，认真梳理岭南建筑学派的思想渊源、发展脉络、经典作品、代表人物及其核心观点，另一方面以建筑学方法为基础，运用历史学、文化学、美学、社会学等人文学科综合交叉研究法，理清岭南建筑学派的思想体系的逻辑性、结构性和层次性，阐释岭南建筑不断发展并领先全国的过程性和规律性，分析岭南建筑经典作品的文化内涵和美学特征，总结岭南建筑的技术个性与人文品格，以期丰富和深化亚热带建筑科学的学术研究，推动当代岭南建筑创作的传承与更新。

从内容上看，开展和加强岭南建筑学派研究，首先要注重三个主要方面：一是以史为纲，从价值取向、思维方式、社会心理、审美理想四个方面全面梳理自近代以来岭南建筑学派的思想渊源和体系构成，着重论述岭南建筑学派的思想体系自觉形成的学理标志、逻辑发展和学界影响。岭南建筑学派的发展凸显于四个重要时期：20世纪二三十年代、20世纪五六十年代、20世纪七八十年代、21世纪之初。二是以人为线，系统研究岭南建筑学派建筑师们和建筑学家们的创作理念和建筑思想，重点研究以林克明、杨锡宗、胡德元为代表的现代主义创作观，以夏昌世、陈伯齐、莫伯治、佘畯南、何镜堂为代表的关于岭南特色建筑的理论探索和创作实践以及以龙庆忠为代表的关于中国建筑史（开辟建筑防灾学学科）

的理论研究，以陆元鼎为代表的关于中国传统民居的理论研究和以吴庆洲为代表的关于中国城市史的理论研究。此外，岭南建筑学派的传人和研究主体中的不少中青年建筑师和专家学者们，以自己的精品创作和学术见地传播和弘扬了岭南建筑文化精神，同样属于岭南建筑学派研究的对象范围。三是以岭南建筑精品为点，以建筑个案研究的形式分析岭南建筑经典作品的文化精神、技术个性、人文品格和美学特征，重点研究开全国风气之先和引领建筑潮流的岭南建筑经典作品。换言之，开展和加强岭南建筑学派研究的主要任务在于三个层面：岭南建筑学派的学理渊源、岭南建筑学派的名家思想、岭南建筑学派的创作实践。当然，岭南建筑学派的研究内容必将会随着研究工作的日益深化而不断地拓展和发展。

本章注释：

[1] 华南理工大学编委会. 中国著名建筑师林克明. 北京：科学普及出版社，1991：5.

[2] 曾昭奋. 佘畯南选集. 北京：中国建筑工业出版社，1997：60.

[3] 曾昭奋. 莫伯治集. 广州：华南理工大学出版社，1994：29.

[4] 王世仁. 理性与浪漫的交织. 北京：中国建筑工业出版社，1987：183.

[5] 齐康. 个性与创意. 莫伯治集. 广州：华南理工大学出版社，1994：259.

[6] 艾定增. 神似之路——岭南建筑学派四十年. 建筑学报. 1989，10：20-23.

主要参考文献

1. [英]罗杰·斯克鲁登.建筑美学.刘先觉译.北京：中国建筑工业出版社，1992.
2. [英]彼得·柯林斯.现代建筑设计思想的演变.北京：中国建筑工业出版社，1987.
3. 吴良镛.广义建筑学.北京：清华大学出版社，1989.
4. 陆元鼎，魏彦钧.广东民居.北京：中国建筑工业出版社，1990.
5. 侯幼彬.中国建筑美学.哈尔滨：黑龙江科学技术出版社，1997.
6. 汪正章.建筑美学.北京：人民出版社，1991.
7. 余东升.中西建筑美学比较研究.武汉：华中理工大学出版社，1992.
8. 许祖华.建筑美学原理及应用.南宁：广西科学技术出版社，1997.
9. 王振复.建筑美学.台北：台湾地景企业股份有限公司，1993.
10. 王世仁等.建筑美学.北京：科技普及出版社，1991.
11. 孙祥斌等.建筑美学.上海：学林出版社，1997.
12. 王世仁.理性与浪漫的交织.北京：中国建筑工业出版社，1987.
13. 刘敦桢.中国古代建筑史.北京：中国建筑工业出版社，1984.
14. 陈志华.外国建筑史.北京：中国建筑工业出版社，1979.
15. 同济大学等.外国近现代建筑史.北京：中国建筑工业出版社，1982.
16. 郭湖生.中华古都.台北：空间出版社，1997.
17. 陆元鼎.岭南人文·性格·建筑.北京：中国建筑工业出版社，2005.
18. 潘谷西.中国建筑史.北京：中国建筑工业出版社，2004.
19. 龙炳颐.中国传统民居建筑.香港：香港区域市政局出版，1991.
20. 吴焕加.论现代西方建筑.北京：中国建筑工业出版社，1997.
21. 高介华.建筑与文化论集.武汉：湖北美术出版社，1993.
22. 高介华.建筑与文化论集.武汉：华中理工大学出版社，1996.
23. 曾昭奋.莫伯治集.广州：华南理工大学出版社，1994.
24. 吴焕加，吕舟.建筑史研究论文集.北京：中国建筑工业出版社，1996.
25. 王化君，顾孟潮.建筑－社会－文化.北京：中国人民大学出版社，1991.
26. 林克明.北京：科学普及出版社，1991.
27. 华夏精粹编委会.华夏精粹（上、中、下）.北京：中国建筑工业出版社，1994.
28. 杨永生.建筑百家言.北京：中国建筑工业出版社，1998.
29. 刘晓明.风水与中国社会.南昌：江西高校出版社，1995.

30. 陈从周. 中国园林. 广州：广东旅游出版社，1996.
31. 吴庆洲. 广州建筑. 广州：广东省地图出版社，2000.
32. 吴庆洲. 建筑哲理、意匠与文化. 北京：中国建筑工业出版社，2005.
33. 程建军. 开平碉楼——中西合璧的侨乡文化景观. 北京：中国建筑工业出版社，2007.
34. 陆琦. 岭南园林艺术. 北京：中国建筑工业出版社，2004.
35. 董黎. 中国教会大学建筑研究. 珠海：珠海出版社，1998.
36. 潘安. 客家民系与客家聚居建筑. 北京：中国建筑工业出版社，1998.
37. 陈凯峰. 建筑文化学. 上海：同济大学出版社，1996.
38. 刘沛林. 风水——中国人的环境观. 上海：上海三联书店，1995.
39. 刘沛林. 古村落——和谐的人居空间. 上海：上海三联书店，1997.
40. 金学智. 中国园林美学. 北京：中国建筑工业出版社，2000.
41. 汪坦，张复合. 第五次中国近代建筑史研究讨论会论文集. 北京：中国建筑工业出版社，1998.
42. 杨秉德. 中国近代城市与建筑. 北京：中国建筑工业出版社，1993.
43. 张复合. 中国近代建筑研究与保护. 北京：清华大学出版社，1999.
44. 梁思成. 清式营造则例. 北京：中国建筑工业出版社，1981.
45. 赵鑫珊. 建筑是首哲理诗——对世界建筑艺术的哲学思考. 天津：百花文艺出版，1998.
46. 中国大百科全书. 建筑·园林·城市规划卷. 北京：中国大百科全书出版社，1988.
47. 支文军，徐千里. 体验建筑. 上海：同济大学出版社，2000.
48.（日）伊东忠太. 中国建筑史. 北京：商务印书馆，1998.
49. 文化部文物保护科研所. 中国古建筑修缮技术. 北京：中国建筑工业出版社，1983.
50. 丁俊清，肖健雄. 温州乡土建筑. 上海：同济大学出版社，2000.
51. 万书元. 当代西方建筑美学. 南京：东南大学出版社，2001.
52. 马秀之等. 中国近代建筑总览. 广州篇. 北京：中国建筑工业出版社，1992.
53.（美）托伯特·哈姆林. 建筑形式美的原则. 北京：中国建筑工业出版社，1982.
54. 陈从周，章明. 上海近代建筑史稿. 上海：上海三联书店，1988.
55. 华南理工大学编委会. 中国著名建筑师林克明. 北京：科学普及出版社，1991.
56. 陆元鼎. 中国传统民居与文化. 北京：中国建筑工业出版社，1991.
57. 罗雨林. 岭南建筑明珠——广州陈氏书院. 广州：岭南美术出版社，1996.
58. 北京大学哲学系美学教研室. 中国美学史资料选编（上）. 北京：中华书局，1980.
59. 北京大学哲学系美学教研室编. 西方美学家论美和美感. 北京：商务印书馆，

1980.

60. 敏泽. 中国美学思想史. 济南：齐鲁书社，1989.
61. 李泽厚，刘纲纪. 中国美学史. 北京：中国社会科学出版社，1987.
62. 叶朗. 中国美学史大纲. 上海：上海人民出版社，1985.
63. 朱光潜. 西方美学史. 北京：人民文学出版社，1979.
64. 朱立元. 现代西方美学史. 上海：上海文艺出版社，1996.
65. （德）黑格尔·美学. 朱光潜译. 北京：商务印书馆，1979.
66. 蒋孔阳. 德国古典美学. 北京：商务印书馆，1980.
67. 宗白华. 艺境. 北京：北京大学出版社，1987.
68. 宗白华. 美学散步. 上海：上海人民出版社，1981.
69. 卢善庆. 近代中西美学比较. 长沙：湖南出版社，1991.
70. 朱狄. 当代西方美学. 北京：人民出版社，1984.
71. 王兴华. 中国美学论稿. 天津：南开大学出版社，1993.
72. 聂振斌. 中国近代美学思想史. 北京：中国社会科学出版社，1991.
73. 林同华. 宗白华美学思想研究. 沈阳：辽宁人民出版社，1987.
74. 文艺美学丛书编辑委员会. 蔡元培美学文选. 北京：北京大学出版社，1983.
75. 张法. 中西美学与文化精神. 北京：北京大学出版社，1994.
76. 阎国忠. 古希腊罗马美学. 北京：北京大学出版社，1983.
77. [日]笠原仲二. 古代中国人的美意识. 魏常海译. 北京：北京大学版社，1987.
78. 樊美筠. 中国传统美学的当代阐释. 北京：中国社会科学出版社，1997.
79. 祁志祥. 佛教美学. 上海：上海人民出版社，1997.
80. 王世德. 美学词典. 北京：知识出版社，1989.
81. 王明居. 模糊美学. 北京：中国文联出版公司，1998.
82. 徐恒醇. 实用技术美学. 天津：天津科学技术出版社，1995.
83. 郑元者. 图腾美学与现代人类. 上海：学林出版社，1992.
84. 赵宪章. 西方形式美学. 上海：上海人民出版社，1996.
85. 黄集伟. 审美社会学. 北京：人民出版社，1991.
86. 周来祥. 再论美是和谐. 南宁：广西师范大学出版社，1996.
87. 北京大学哲学系美学教研室编. 中国美学史资料选编（下）. 北京：中华书局，1981.
88. 刘纲强. 王国维美论文选. 长沙：湖南人民出版社，1987.
89. 王生平. 天人合一与神人合一：中西美学的文化比较. 石家庄：河北人民出版社，1989.
90. 文艺美学丛书编委会编. 美学向导. 北京：北京大学出版社，1982.
91. 蔡仪. 美学原理. 长沙：湖南人民出版社，1985.
92. 李泽厚. 美学三书·美的历程. 合肥：安徽文艺出版社，1999.
93. 叶朗. 现代美学体系. 北京：北京大学出版社，1999.

94. 普列汉诺夫美学论文集. 北京：人民出版社，1983.

95. 杜夫海纳. 美学与哲学. 北京：中国社会科学出版社，1985.

96. 欧阳友权. 艺术美学. 长沙：中南工业大学出版社，1999.

97. 刘天华. 画境文心. 北京：三联书店，1994.

98. 叶朗. 胸中之竹——走向现代之中国美学. 合肥：安徽教育出版社，1998.

99. 牟宗三. 中国哲学之特质. 上海：上海古籍出版社，1997.

100. 牟宗三. 中西哲学之会通十四讲. 上海：上海古籍出版社，1997.

101. 金吾伦. 跨学科研究引论. 北京：中国编译出版社，1997.

102. [英] 罗素. 西方哲学史. 北京：商务印书馆，1976.

103. 李泽厚. 中国古代思想史论. 合肥：安徽文艺出版社，1994.

104. 张岱年，方克立. 中国文化概论. 北京：北京师范大学出版社，1994.

105. 李宗桂. 中国文化概论. 广州：中山大学出版社，1988.

106. 张立文. 和合学概论. 北京：首都师范大学出版社，1996.

107. 成复旺. 中国古代的人学与美学. 北京：中国人民大学出版社，1992.

108. 张法. 中西美学与文化精神. 北京：北京大学出版社，1994.

109. 张皓. 中国美学范畴与传统文化. 武汉：湖北教育出版社，1996.

110. 王树人，喻柏林. 传统智慧再发现. 北京：作家出版社，1996.

111. 蒙培元. 中国哲学主体思维. 北京：人民出版社，1993.

112. 葛懋春. 梁启超哲学思想论文选. 北京：北京大学出版社，1984.

113. 杨适. 中西人论之冲突. 北京：中国人民大学出版社，1993.

114. 龚书铎. 中国近代文化探索. 北京：北京师范大学出版社，1988.

115. 盛宁. 人文困惑与反思. 北京：三联书店，1997.

116. 韩林德. 境生象外. 北京：三联书店，1995.

117. 谢谦. 中国古代宗教与礼乐文化. 成都：四川人民出版社，1996.

118. 李锦全等. 岭南思想史. 广州：广东人民出版社，1993.

119. 李公明. 广东美术史. 广州：广东人民出版社，1993.

120. 覃召文. 岭南禅文化. 广州：广东人民出版社，1996.

121. 刘圣宜，宋德华. 岭南近代对外文化交流史. 广州：广东人民出版社，1996.

122. 罗雨林. 荔湾明珠. 北京：中国文联出版公司，1998.

123. 袁伟时. 中国现代思想散论. 广州：广东教育出版社，1998.

124. 袁伟时. 路标与灵魂的拷问. 广州：广东人民出版社，1998.

125. 郑刚. 岭南文化向何处去. 广州：广东旅游出版社，1997.

126. 胡波. 岭南文化与孙中山. 广州：中山大学出版社，1997.

127. 周桂钿. 中国传统哲学. 北京：北京师范大学出版社，1990.

128. [英] 罗素. 西方哲学史. 何兆武、李约瑟译. 北京：商务印书馆，1976.

129. 朱狄. 原始文化研究. 北京：三联书店，1988.

130. 李泽厚. 中国近代思想史论. 北京：人民出版社，1979.

131. 朱狄. 当代西方艺术哲学. 北京：人民出版社，1994.
132. 李连科. 哲学价值论. 北京：中国人民大学出版社，1991.
133. 马建勋. 圆点哲学. 广州：广东人民出版社，1998.
134. 肖峰. 科学精神与人文精神. 北京：中国人民大学出版社，1994.
135. 冯契. 人的自由与真善美. 上海：华东师范大学出版社，1996.
136. 冯契. 中国近代哲学史. 上海：上海人民出版社，1989.
137. 康有为. 大同书. 沈阳：辽宁人民出版社，1990.
138. 胡朴安. 中华全国风物志（上）. 中州古籍出版社，1990.
139. 费正清. 剑桥中国晚清史（上）. 北京：中国社会科学出版社，1985.
140. 叶嘉莹. 王国维及其文学批评. 广州：广东人民出版社，1982.
141. 黄鹤. 中国传统文化释要. 广州：华南理工大学出版社，1999.
142. 郑振铎. 晚清文选. 生活出版社，1937.
143. 蔡元培全集. 北京：中华书局，1984.
144. 孙周兴. 海德格尔选集（上）. 上海：上海三联书店，1996.
145. 李连科. 价值哲学引论. 北京：商务印书馆，1999.
146. 普里戈金. 从混沌到有序. 上海：上海译文出版社，1987.
147. （英）罗素. 走向幸福：罗素作品集. 北京：中国社会出版社，1997.
148. 弗兰克·戈布尔. 第三思潮：马斯洛心理学. 上海：上海译文出版社，1987.
149. 周晓虹. 现代社会心理学. 南京：江苏人民出版社，1991.
150. 普列汉诺夫. 论艺术〈没有地址的信〉. 北京：三联书店，1963.
151. 司马云杰. 文化社会学. 济南：山东人民出版社，1990.
152. 钱钟书. 中国诗与中国画. 上海：上海古籍出版社，1979.
153. 杨万秀，钟卓安. 广州简史. 广州：广东人民出版社，1996.
154. 刚恒毅. 中国天主教美术. 台湾光启出版社，1968.
155. 林家劲等. 近代广东侨汇研究. 广州：中山大学出版社，1999.
156. 陈泽泓. 潮汕文化概说. 广州：广东人民出版社，2001.
157. 杨坚平. 潮汕民间美术全集. 潮州木雕. 汕头：汕头大学出版社，2000.
158. L. Wittgenstein. Culture And Value. The University of Chicago Press 1984.
159. Nasar, Jack L. Environmental aesthetics: theory, research and applications. New York press, 1992.
160. Jeffery William Cody. Henry K. Murphy, An American Architect in China. Cornell University, 1989.
161. Gin-Djih Su. Chinese Architecture—Past and Contemporary. Hongkong: The Sin Poh Amalgamated (H.K.) LIMITED, 1964.
162. Dom Aadelbert Gresnigt O. S. B. Chinese Architecture, Building of Catholic University. Peking. 1928.

后　　记

　　承蒙我的导师陆元鼎教授的厚爱和鼓励,将本书列入"岭南建筑丛书"第二辑,并向中国建筑工业出版社推荐出版。本书是在《近代岭南建筑美学研究》(建筑学博士论丛,中国建筑工业出版社,2003年)的基础上修改、增补、整理而成的。本书纠正了原书的几处错误,还进行了章节的结构调整和内容的增减处理,尽力吸收最新研究成果,反映学术研究现状,表达自己现时的学术理解。在增补处理本书图片的工作中,我的博士研究生郭焕宇讲师做了大量的工作,特此说明并致谢。

　　特别感谢中国建筑工业出版社多年来给予岭南建筑学术研究和民居建筑学术研究的关怀和帮助,感谢为"岭南建筑丛书"第二辑的编辑出版付出辛劳的中国建筑工业出版社第四图书中心的李东禧主任和唐旭编辑。